全国注册土木工程师（岩土）继续教育必修教材（之四）

岩土加固与处理工程技术新进展

住房和城乡建设部执业资格注册中心　组织编写

杨素春　柳建国　主　　编

中国建筑工业出版社

图书在版编目（CIP）数据

岩土加固与处理工程技术新进展/住房和城乡建设部
执业资格注册中心组织编写；杨素春等主编. —北京：
中国建筑工业出版社，2017.8
全国注册土木工程师（岩土）继续教育必修教材
（之四）
ISBN 978-7-112-21011-4

Ⅰ. ①岩…　Ⅱ. ①住…②杨…　Ⅲ. ①岩土工
程-加固-继续教育-教材②岩土工程-地基处理-继续教
育-教材　Ⅳ. ①TU472

中国版本图书馆 CIP 数据核字（2017）第 164562 号

本书为全国注册土木工程师（岩土）继续教育必修教材。共分为 5 章：第 1
章吹填土地基处理技术，第 2 章膨胀土地基，第 3 章岩溶地基，第 4 章盐渍土地
区建筑技术，第 5 章场地土壤与地下水污染修复技术。本书以大量工程实例对相
应的施工新技术进行了系统的介绍，以帮助岩土工程师深入了解最新的施工技术
进展，补充更新专业知识。

责任编辑：付　娇　刘婷婷
责任校对：焦　乐　张　颖

全国注册土木工程师（岩土）继续教育必修教材（之四）
岩土加固与处理工程技术新进展
住房和城乡建设部执业资格注册中心　组织编写
杨素春　柳建国　主　编
*
中国建筑工业出版社出版、发行（北京海淀三里河路 9 号）
各地新华书店、建筑书店经销
霸州市顺浩图文科技发展有限公司制版
北京富生印刷厂印刷
*
开本：787×1092 毫米　1/16　印张：14　字数：346 千字
2017 年 8 月第一版　　2019 年 7 月第五次印刷
定价：**60.00** 元
ISBN 978-7-112-21011-4
（30651）

版权所有　翻印必究
如有印装质量问题，可寄本社退换
（邮政编码 100037）

编写委员会

主　　编：杨素春　柳建国

副 主 编：杨成斌　沈　扬　朱玉明　张智浩　韩　华

编 委 会：（以汉语拼音为序）

冯红超　耿鹤良　韩　华　李　安　李恒震　柳建国

沈　扬　吴剑波　席宁中　杨成斌　杨素春　张智浩

朱玉明

主编单位：北京中岩大地科技股份有限公司

北京市勘察设计研究院有限公司

参编单位：中国建筑科学研究院

河海大学

合肥工业大学

中冶建筑研究总院有限公司

前　言

受住房和城乡建设部执业资格注册中心委托编写此书，作为全国注册土木工程师（岩土）继续教育必修课教材。

全国注册土木工程师（岩土）继续教育已经进入了第四个周期，以往的三本必修课教材分别为：　教材之一《岩土工程可靠度》；教材之二《地基基础设计方法及实例》；教材之三《城市地下空间建设新技术》。实践表明，必修课教材的编制对注册土木工程师（岩土）的继续教育起到了非常重要的作用。

继续教育是面向注册岩土工程师，必修课教材编写要结合国家法律法规及行业技术发展现状，起到技术引领作用。本教材选题为《岩土加固与处理工程技术新进展》，内容包括特殊岩土场地地基处理及污染场地修复。总体思路是：选题内容尽量与前三本教材不重复；结合近年新发布或即将发布的几种特殊岩土场地及地基处理技术标准等，充分反映行业最新的发展趋势和要求。限于篇幅，黄土及冻土地基等本教材不涉及。

随着我国城市化进程，特殊岩土问题及环境岩土问题越来越突出。包括以前不适合作为重要建设用地的特殊岩土场地，如膨胀土、盐渍土地基和复杂岩溶地基等；以及沿海地区大面积吹填造地形成的新的不稳定场地；由于历史上工矿企业生产形成的污染场地的再利用及环境治理。针对以上特殊场地的地基基础问题及环境修复问题，目前工程界面临着许多新的挑战和机遇，原有的国家设计施工标准规范也大多没能涵盖。近年来，通过国内科研单位及工程界的共同努力，在理论和实践方面均取得了许多重大科技成果。在此基础上，不断总结经验，住房和城乡建设部组织编制、完成了几部相关的国家标准。包括《盐渍土地区建筑技术规范》、《吹填土地基处理技术规范》、《膨胀土地区建筑技术规范》及《岩溶地区建筑地基基础技术规范》等。本书力求结合以上相关标准，充分反映设计理论及工程技术发展进展；污染场地修复更是当前全新的技术问题，相关的标准体系还很不完善，特别是工程处理方面更是面临许多空白，本书力求全面地介绍和总结我国相关政策法规，以及国内外污染场地修复技术及其工程应用。

本教材由北京中岩大地科技股份有限公司、北京市勘察设计研究院有限公司、中国建筑科学研究院、河海大学、合肥工业大学及中冶建筑研究总院有限公司等单位专家学者编写。本书共分5章，第1章由沈扬、李安编写；第2章由朱玉明编写；第3章由张智浩编写；第4章由杨成斌、耿鹤良编写；第5章由韩华编写。吴剑波、冯红超、李恒震和席宁中也参加了部分编写工作。全书由杨素春、柳建国统稿。

本书在编写过程中，得到了有关专家的大力支持，同济大学李镜培教授、深圳市勘察测绘院有限公司李爱国专业总工和昆明理工大学曹净教授作为终审专家，对本书提出了宝贵的修改意见，在此谨表谢意。

感谢中国建筑工业出版社的大力支持和辛勤工作。

限于编者水平，不妥之处恳请指正。

编者

2017 年 6 月

目　　录

第1章 吹填土地基处理技术

1.1 吹填工程概述

1.1.1 吹填工程在中国开展情况

中国虽然幅员辽阔，但人均分布国土利用面积很不均匀，尤其在东部沿海地区，历来聚集着大量人口，且在 21 世纪初开始的这 10 年间，中国人口重心明显向东部沿海偏移，而与之相对应的是该地区可利用国土资源面积的急遽减少。为了解决"人多地少"的情况，东部沿海很多地区开始以吹填法为施工基础，利用滩涂或直接围海造地，以实现大面积陆域的增加。

新中国成立以来，据不完全统计，截至 2008 年，江苏、浙江、福建、广东等 10 省市的围海造地面积将近 800 万亩。近些年来，沿海发达地区掀起了一股围海造陆，向海洋要土地的热潮，如 2012 年深圳前海新区（如图 1.1-1）开始进行面积达 15km² 的填海工程，令前海在中国经济新一轮变革中越发引人关注。天津市临港工业区（图 1.1-2）一期 20km² 围海造陆工程环境影响通过国家工程院专家评估，一期围海工程于 2009 年已正式启动，此项围海造陆工程最终将造陆 50km²。2010 年海南海口市万绿园海口湾大规模的填海工程开始。此外，我国江苏、山东、上海和广西等十余个沿海省份的围海造地工程也在大规模展开。利用疏浚淤泥吹填造陆，既能降低疏浚成本和工程投资，对海域水环境和生物环境的影响也能减到最少；更重要的是，可以获得大面积相对廉价的土地资源，能极大地加速沿海地区经济发展，是综合利用资源的理想途径，具有十分显著的经济、环境和社会效益。

图 1.1-1 深圳前海新区吹填工程

图 1.1-2 天津市临港工业区吹填工程

中国于 2015 年完成南沙部分岛礁陆域吹填工程。南沙岛礁建设除满足必要的军事防卫需求外，更多的是为各类民事需求服务，以更好地履行中国在海上搜救、防灾减灾、海洋科研、气象观察、生态环境保护、航行安全、渔业生产服务等方面承担的国际责任和义务。

1.1.2 吹填工程存在的主要问题

从我国河北、天津、山东、江苏、上海、浙江到福建、广东、广西等东部、南部沿海诸省，吹填土均有广泛分布，且伴随着匡围滩涂范围的扩大，分布区域不断增加。随着吹填围垦工程的不断开展，吹填土质也由早期的无黏性粉、砂粒料变为逐渐以黏粒含量占主要成分的软黏土为主体。中粗砂是最理想的吹填材料，而吹填所需要的砂土量远非陆域工程可比，$1km^2$ 吹填所需土量即以百万吨计。砂土也是其他工程理想的建筑材料，其价格影响因素主要在于运输。对于沿海地区的吹填工程，陆砂价格远远高于海砂，因此对于大规模填海来说，从内陆地区运输砂土的方式并不适用。较为经济且有效率的方法是就地开采，将浅滩的海砂利用起来，以吹填的方式形成新的陆地。将海底泥砂抽出堆积到浅层陆面，既加深了周边海域水深，又能增加陆域面积，于泊船和海岸防护均有益处。吹填土是由海水中通过搅吸等方式抽取，通过管道排放到围堰之中，开始只能看作泥砂的浊液，经过较长时间的晾晒，土中水分含量依然较多。吹填土的工程性质与颗粒组成密切相关：含砂量较多的吹填土，其渗透系数较大，土中水分能较快排出，颗粒间作用力能较快增大形成强度；含黏性土颗粒较多的吹填土，由于黏性土渗透系数较小，排水困难，因此土体的固结变形需要经过一段时间后才能完成。并且黏性土的渗透性和压缩指标都比同类天然沉积土差，其总压缩量的计算和固结时间判断一直是工程中的难题。在吹填过程中，泥沙结构遭到破坏，以细小颗粒的形式缓慢沉积，易形成片架结构，形成很大的孔隙，导致很多吹填土具有塑性指数大、天然含水率和孔隙比大、重度小、压缩性大和渗透性低等特点，因此吹填土地基比一般沉积软土地基工程性质更为复杂，尤其在自重作用下的固结受时间、颗粒含量等因素影响较大，为后续工程使用带来了更大的难度和挑战。吹填土区域的地基处理，已成为关乎国计民生的重大系统工程。

1.2 吹填场地形成与勘察

1.2.1 吹填场地形成

吹填场地应根据所在区域的土地和水域开发规划及吹填区的工程用途进行设计、施工。吹填区及分区布置在满足工程使用要求的前提下，应合理利用自然条件，尽量减少围堰工程量，降低工程造价，吹填区及分区布置方案还应考虑工期、船舶设备、吹填施工方法、后期地基处理等因素。吹填场地的形成是地基处理的基础，只有基于对吹填场地要求及场地土性质的充分了解，方能在后期相应选择不同的地基处理方式。

1. 吹填场地形成基本步骤

（1）在天然场地上构筑吹填围堰，形成吹填区。

1）吹填区一般根据工程使用要求及地基处理方法进行分区，分区面积可根据吹填区总面积、吹填土料、地基处理方法、施工工艺、现场条件等因素确定。

2）吹填围堰应进行稳定性分析与验算，保证围堰各施工阶段的稳定性。吹填围堰可分为黏土围堰、砂土围堰、抛石围堰、袋装土围堰、土工织物充填袋围堰、混合材料围堰等。各种围堰的适用范围及施工应符合现行国家标准、行业标准的有关规定。

3）吹填围堰设计标准应按吹填区用途及设计使用年限确定。吹填围堰设计应考虑因地基处理造成的沉降。吹填围堰的顶面标高可按下式计算：

$$H = H_R + H_C + H_A \tag{1.2-1}$$

式中　H——吹填围堰顶面设计标高（m）；

　　　H_R——吹填场地设计标高（m）；

　　　H_C——围堰预留沉降量（m），根据原地基及吹填土性质确定；

　　　H_A——安全超高（m），可取 0.1～0.3m。

（2）疏浚船舶通过吹填管线或其他吹填机械将取土区的土料水力输送到吹填区内。

（3）当吹填达到设计标高，排除地表积水后，形成吹填土场地。

吹填场地设计标高，除需考虑吹填过程中正常沉降外、还应考虑吹填后地基处理过程中吹填土沉降、下卧层沉降及施工期的工后沉降、地基处理后建、构筑物荷载对整体地基影响的沉降等。设计使用标高考虑了允许的平均施工超填高度，避免了因施工中各种因素造成的标高误差，保证场地使用。吹填工程设计时应计算吹填区的地基稳定性、沉降量、吹填土的固结度及超填量，并确定吹填场地设计标高及其允许偏差。

吹填场地设计标高可按下式计算：

$$H_R = H_d + \Delta h_1 + \Delta h_2 \tag{1.2-2}$$

式中　H_R——吹填场地设计标高（m）；

　　　H_d——吹填场地使用标高（m）；

　　　Δh_1——吹填土层的压缩量（s）及原地基沉降量（s_d）之和，s、s_d 分别按本章下述内容或根据工程经验确定（m）；

　　　Δh_2——吹填土因工后沉降而需增加的超填高度（m），根据上部结构和处理方法按计算沉降量或工程经验确定。

1）吹填土欠固结应力的计算如下：

吹填土欠固结应力应按下列公式分层计算，并以最上层吹填土作为第 1 层：

$$p_n = \gamma_0 h_0 + \frac{\gamma_n h_n}{2} - p_{cn} \quad (n=1) \tag{1.2-3}$$

$$p_n = \gamma_0 h_0 + \sum_{i=1}^{n-1} \gamma_i h_i + \frac{\gamma_n h_n}{2} - p_{cn} \quad (n \geqslant 2) \tag{1.2-4}$$

式中　p_n——第 n 层吹填土的欠固结应力（kPa）；

　　　g_0——吹填土上的覆盖土层的重度（kN/m³）；

　　　h_0——吹填土上的覆盖土层的厚度（m）；

　　　g_i——第 i 层吹填土的重度，地下水位以下取浮重度（kN/m³）；

　　　g_n——第 n 层吹填土的重度，地下水位以下取浮重度（kN/m³）；

　　　h_i——第 i 层吹填土的厚度（m）；

　　　h_n——第 n 层吹填土的厚度（m）；

　　　p_{cn}——第 n 层吹填土的前期固结压力（kPa），应通过试验确定。

2）吹填土层处理前的压缩量计算如下：

$$s = s_c + s_s \tag{1.2-5}$$

$$s_c = \sum_{i=1}^{n} \frac{a_i}{1 + e_{0i}} p_i h_i U_i \tag{1.2-6}$$

$$s_{\mathrm{s}} = \sum_{i=1}^{n} \frac{C_{ai}}{1+e_{0i}} \cdot \lg\left(\frac{t}{t_1}\right) \cdot h_i \tag{1.2-7}$$

式中　s——吹填土层的压缩量（m）；

　　　s_{c}——吹填土层的主固结压缩量（m）；

　　　s_{s}——吹填土层的次固结压缩量（m）；

　　　a_i——第 i 层吹填土的压缩系数（kPa^{-1}）；

　　　e_{0i}——第 i 层吹填土的初始孔隙比；

　　　C_{ai}——第 i 层吹填土的次固结系数，应通过试验确定；

　　　p_i——第 i 层吹填土的欠固结应力（kPa）；

　　　U_i——第 i 层吹填土的固结度，应通过试验确定；

　　　t_1——主固结度达到 100% 所需的时间；

　　　t——计算次固结沉降的时间，当主固结度已达到 100% 时，取 t 为固结发生总时间，当主固结小于 100% 时，取 $t=t_1$。

吹填土本身的自然沉降量可按本条规定的理论公式计算。在工程实践中，也可根据当地经验数据取值。吹填土欠固结应力的计算和吹填土层处理前的压缩量的计算是为了分析吹填土场的地基稳定性和欠固结特性，为计算沉降量和确定设计标高奠定基础。

　　3）原地基吹填后的沉降量的计算如下：

$$S_{\mathrm{d}} = \sum_{i=1}^{n} \frac{a_i}{1+e_{0i}} p h_i U_i \tag{1.2-8}$$

$$p = \gamma_0 h_0 + \sum_{i=1}^{n} \gamma_i h_i \tag{1.2-9}$$

式中　p——原地基土中的附加应力（kPa）；

　　　a_i——第 i 层原地基土的压缩系数（kPa^{-1}），应通过试验确定；

　　　e_{0i}——第 i 层原地基土的初始孔隙比，应通过试验确定；

　　　h_i——第 i 层原地基土的厚度（m），以原地基最上层土为第 1 层；

　　　U_i——第 i 层原地基土的固结度，应通过试验确定。

吹填后原地基的沉降量采用应力控制法，按吹填土厚度确定计算深度。

吹填工程设计时，如条件允许，可选定区域进行预吹填试验并采取代表性土样，根据土性选作原位测试项目。初步掌握吹填土特性，为吹填工程设计稳定性、沉降量、吹填土的固结度及超填量计算提供依据，为后续大规模施工创造经验。吹填标高允许偏差可按表 1.2-1 确定。

吹填标高允许偏差　　　　　　　　　　　　　　　　　表 1.2-1

偏差内容	工程要求和内容		允许偏差（m）
平均偏差	完工后吹填平均高程不允许低于设计吹填标高时		+0.20
	完工后吹填平均标高允许有正负偏差时		±0.15
最大偏差	未经机械整平	淤泥类土	±0.60
		粉砂、细砂	±0.70
		中、粗砂，砾砂	±0.90
		中、硬质黏性土	±1.00
		砾石	±1.10
	经过机械整平		±0.30

2. 吹填场地设计应注意的问题

吹填场地设计前，应根据吹填目的及吹填区用途，搜集有关吹填取土区和吹填区周边水文、气象、地形、地貌、吹填土质、吹填区余水的排放条件及周边环境、当地政府对环境保护的要求等基础资料。吹填场地设计时，应综合分析吹填土场地形成过程中吹填土的沉降量和欠固结特性，吹填土下卧层厚度和压缩性，吹填后建、构筑物对地基的整体沉降影响等因素，确定吹填土场地设计标高。

吹填施工前对吹填区场地、围堰底部的杂物进行清理。对已有的围堰、排水口、排水通道等应进行验收确认，不符合设计或使用要求的进行修补或拆除。围堰堰底清理与处理应根据基底土质进行。如埝基为坚硬土或旧埝基时，可将表面土翻松后再填新土。埝基为淤泥质土时，可采用土工织物、柴排、竹排垫底或施打塑料排水板等方法加固。埝基为砂质土时，可在埝基中间开槽，填以黏土以防管涌等处理方法。

吹填施工前应根据工程设计要求，结合现场条件和工程特点，编写吹填施工组织设计。吹填施工组织设计应根据取土区与吹填区距离、吹填土质等因素设计吹填施工方式，配置吹填施工船舶、设备。吹填施工组织设计尚应根据吹填后地基处理的要求，编制围堰施工、吹填管线架设等实施方案。吹填区内管线和排水口的布设应根据吹填区地形、几何形状、吹填土质的特性等条件，按有利于吹填土沉淀、吹填土质均匀分布、吹填平整度好、余水含泥量低及利于吹填后地基处理施工的原则确定。

吹填施工的分区分层应根据取土区土层的分布状况、挖泥设备性能、输泥距离等因素综合确定。吹填施工的分区分为吹填取土区分区与吹填区分区。取土区分区分层按本条执行。吹填区分区应按吹填质量、工期、吹填后地基处理等要求确定，并分区分阶段施工：

（1）工期要求不同时，按合同工期要求进行分区；

（2）对吹填土质要求不同或吹填后地基处理方案不同时，按土质要求或地基处理方案分区；

（3）吹填区面积较大、原有底质为软淤泥或吹填砂质土中有一定淤泥含量时，按避免底泥推移隆起和防止淤泥集中的要求分区。

吹填施工一般一次吹填至设计标高，当遇下列情况时可分层吹填：

（1）设计要求不同时间达到不同的吹填标高时；

（2）不同的吹填标高有不同的土质要求或需对不同土质进行分层地基处理时；

（3）吹填区底部为淤泥类土，吹填易引起底泥推移造成淤泥集中时；

（4）围堰高度不足，需用吹填土在吹填区分层修筑围堰时。

吹填围堰高度较大时可分层吹填。分层处理时，宜采取围堰吹填与场地吹填相结合的施工方法。分层吹填围堰如图 1.2-1 所示。

在软土场地上进行吹填时，应根据设计要求和现场观测数据，控制吹填加载的速率。在软弱地基上进行吹填，如果吹填速度过快，易促使软弱底泥推移，形成局部淤泥集中及隆起，造成吹填土地基的不均匀性。

吹填区工程及吹填围堰施工时应对吹

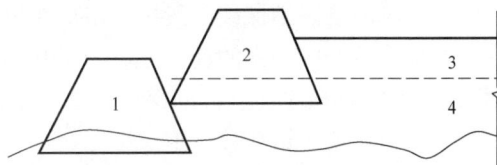

图 1.2-1 分层吹填围堰示意图
1——期围堰；2—二期围堰；3—第二层吹填土；4—第一层吹填土

填区的沉降、围堰的沉降与位移进行观测。具有护岸功能的永久性围堰工程的沉降和位移观测应符合现行行业标准的有关规定。测量应采用统一的平面与高程控制系统。吹填区的观测应包括原地面的沉降和吹填土本身的固结沉降观测，围堰的观测应包括围堰的沉降及水平位移、地基的沉降和孔隙水压力。沉降和位移观测的观测周期应根据地质情况及吹填要求确定。

1.2.2 吹填场地勘察

吹填取土区勘察应查明区内各类土的分布、性状和作为吹填土料的适用性，一般选择优质土、砂作为吹填料。根据吹填土地基处理后的用途及地基处理要求查明吹填区原岩土层及吹填土层的分布特点、岩土性质、水、土的化学成分及腐蚀性等工程地质条件。吹填区勘察除提供吹填土地基处理设计和施工所需的相关地质资料外，尚应提出吹填土地基处理方法的建议。

吹填区勘察分为吹填前场区勘察及吹填后场地勘察。吹填前场区勘察查明在吹填前场区的工程地质情况，尤其是场区的不良地质现象的分布，地下水、透水层的状况，分析作为吹填区场地的适用性，为吹填后地基处理做好前期准备。吹填后场地勘察需查明经吹填后吹填土的分布及原土层物理力学指标变化情况，为地基处理的设计、施工服务。

1. 吹填前场区勘察

（1）吹填前场区勘察应根据工程的性质、规模、现场地质条件等因素完成如下工作：

1）划分地质、地貌单元；

2）查明场区岩土层性质、分布规律、形成年代、成因类型、基岩的风化程度及埋藏条件；

3）查明与工程有关的地质构造和地震情况；

4）查明现场不良地质现象的分布范围、发育程度和形成原因；

5）查明透水砂层水平及垂直方向的分布；

6）查明地下水类型、埋深条件、含水层性质、化学成分，调查水位变化幅度、补给与径流；

7）提供地基变形计算参数，进行场区地基沉降计算；

8）分析场地各区段工程地质条件，分析评价场区围堰及地基的稳定性、均匀性，推荐适宜的建设地段。

（2）吹填前场区勘测点间距规定如下：

1）吹填前场区勘察应根据不同勘察阶段的要求、区域地形地貌和地质复杂程度等布置勘探线、点；

2）吹填前场区勘探线一般按网格形布置，围堰勘探线一般沿轴线布置；

3）吹填前场区勘察的勘探线、点间距应按表 1.2-2 确定，特殊地质条件地区可根据工程需要加密勘探线、点；勘探线、点应布置在最新的地形图上；

4）每个吹填区钻孔数量不应少于 3 个。

（3）吹填前场区勘察钻孔深度应根据工程类型、工程等级、场地工程地质条件、吹填土对原岩土层影响等因素确定，并应符合下列规定：

1）吹填前场区勘察的钻孔深度应根据设计吹填厚度、现场地质状况、吹填土特性等因素确定。一般性钻孔一般为 10m～20m，控制性钻孔一般为 20m～30m。

吹填前场区勘察勘探线、点间距   表 1.2-2

阶段	工程地区	地质条件	定义	勘探线间距(m)或条数	勘探点间距(m)
可研阶段	吹填区	复杂	地形起伏大,岩土性质变化大,地貌单元多	300~1500	300~1500
		一般	地形有起伏,岩土性质变化较大		
		简单	地形平坦,岩土性质单一,地貌单一		
	围堰	复杂	地形起伏大,岩土性质变化大,地貌单元多	沿轴线 1 条	100~300
		一般	地形有起伏,岩土性质变化较大		
		简单	地形平坦,岩土性质单一,地貌单一		
初设阶段	吹填区	复杂	地形起伏大,岩土性质变化大,地貌单元多	200~300	100~200
		一般	地形有起伏,岩土性质变化较大	300~600	300~600
		简单	地形平坦,岩土性质单一,地貌单一	600~1000	600~1000
	围堰	复杂	地形起伏大,岩土性质变化大,地貌单元多	沿轴线 1~3 条;横断面 2~3 点	20~50
		一般	地形有起伏,岩土性质变化较大		50~100
		简单	地形平坦,岩土性质单一,地貌单一		100~200
施工图阶段	吹填区	复杂	地形起伏大,岩土性质变化大,地貌单元多	100~200	50~100
		一般	地形有起伏,岩土性质变化较大	200~500	200~500
		简单	地形平坦,岩土性质单一,地貌单一	500~1000	500~1000
	围堰	复杂	地形起伏大,岩土性质变化大,地貌单元多	沿轴线 1~3 条;横断面 2~3 点	≤50
		一般	地形有起伏,岩土性质变化较大		≤75
		简单	地形平坦,岩土性质单一,地貌单一		≤150

2）围堰位置的钻孔深度应根据围堰的高度、作用和结构等因素确定。一般性钻孔深度一般为 15m~25m，控制性钻孔深度为 35m~40m。在预定勘探深度内遇 Q_3 以前地质年代坚硬的老土层、碎石土层、强风化岩层时，勘探深度可酌减，但进入勘探深度可酌减岩土层的深度不应小于 2m。

吹填前勘察场区钻孔深度控制主要考虑吹填土沉降影响及原土层承载能力，围堰区要考虑围堰的稳定，文中对钻孔深度给出了控制范围，勘察人员可以根据场地具体情况确定。

（4）吹填前场区勘察报告应包括下列内容：

1）勘察工作的依据、目的和任务；

2）拟建工程概况；

3）勘察工作布置和技术要求；

4）勘察工作完成情况；

5）场地地形、地貌、岩土分布情况；

6）岩土物理力学指标统计、分析和选用；

7）吹填前场区不良地质作用和特殊性岩土的描述和评价；

8）吹填前场地地下水评价；

9）吹填区场地适宜性评价，吹填围堰稳定性评价。

2. 吹填后场区勘察

（1）吹填后场地勘察的重点需查明吹填土分布的均匀性及其水平和垂直方向分布的差

异，特殊吹填土的性质等，应对吹填土的处理给出建议。吹填后场地勘察应在吹填前场区勘察的基础上根据地基处理工程需要完成如下工作：

1）划分吹填土地貌单元；

2）查明吹填土层的分布特点和吹填土性质；

3）查明吹填土层的厚度、水平和垂直方向的分布范围及相应物理力学性质指标；

4）查明吹填土的颗粒组成、均匀性及其水平和垂直方向的分布范围及相应物理力学性质指标；

5）查明吹填场地地下水、土的化学成分及对建筑材料的腐蚀性；

6）查明周边环境条件与吹填土地基处理工程的相互影响关系；

7）分析评价吹填后场地各区段工程地质条件，建议地基处理方案。

（2）吹填后场地勘测点间距要求如下：

1）吹填后场地勘察一般根据吹填管口的位置布置勘探线、点；吹填后场地勘察应考虑吹填施工时，因吹填管口的位置原因，造成的吹填土在场地形成过程中产生的不均匀性，并进行勘察线、点布置；

2）吹填后场地勘探线一般按网格形布置；

3）吹填后场地勘察的勘探线、点间距可分别按表 1.2-3 确定，勘探线、点应布置在吹填后的地形图上。吹填区吹填后勘察一般不再分阶段进行。吹填后勘察工作布置考虑到经吹填的吹填土可能在水平及垂直向的土的差异性及地基处理所需，参考国家标准场地初设阶段的布置原则，在吹填前勘察的基础上对勘探线、点间距进行适当加密；

4）吹填后，每个吹填分区钻孔数量不应少于 3 个。

吹填后场地勘察勘探线、点间距 表 1.2-3

工程地区	地质条件	定　义	勘探线间距 (m)	勘探点间距 (m)
吹填区	复杂	吹填后地形起伏大,吹填土水平分布不均匀,吹填土性质变化大	50～100	30～50
	一般	吹填后地形有起伏,吹填土水平分布较均匀,吹填土性质变化较大	75～150	50～75
	简单	吹填后地形平坦,吹填土水平分布均匀,吹填土性质单一	150～300	75～150

（3）吹填后场地钻孔深度

应根据吹填土厚度、吹填土对原岩土层影响等因素确定。一般性钻孔应穿透吹填层，进入原岩土层 2m～3m；控制性钻孔应进入原岩土压缩层底面下 1m～3m。

吹填后场地勘察钻孔深度考虑了吹填后吹填土的堆载作用造成下部土层的变化及对吹填土处理的影响作用。

（4）吹填后场地勘察一般采用如下方法：

1）吹填土为碎石土类时，一般采用动力触探试验等原位测试方法并采取扰动土样进行颗粒分析；

2）吹填土为砂土类、粉土类时，一般采用静力触探试验、动力触探试验、现场抽水试验及标准贯入试验等原位测试方法并采取扰动土样进行颗粒分析；必要时采用单动、双动三重管取土装置，采取吹填砂性土土样，确定砂性土密度；

3）吹填土为黏性土类时，一般采用钻探取样与十字板剪切试验、标准贯入试验、现场抽水试验及静力触探试验等测试方法；

4）吹填土为淤泥、淤泥质土类时，一般采用轻型钻机钻探取样进行十字板剪切试验；采取吹填淤泥、流泥、浮泥土样时，应采用封闭式全柱状取样器、薄壁取土器，采取原状土样。采取原状土样有困难时，采取扰动土样，测定含水率，推算土密度；

5）吹填土为混合土类时，一般采用钻探取样方法并根据混合土质情况，采用静力触探试验、动力触探试验、现场抽水试验或标准贯入试验等原位测试方法。

（5）吹填后勘察的主要目的是为地基处理服务，应根据地基处理工程的需要有针对地对原位测试和室内试验数据进行整理、分析。对于可能应用的地基处理方法、工艺所需的数据应分析其可靠度，去伪存真，认定无误后方可利用。吹填后勘察报告主要内容应满足吹填土地基处理工程的需求，对地基处理设计、施工所关心的问题在勘察报告中有所体现。

吹填后场地勘察报告应包括下列内容：

1）勘察工作的依据、目的和任务；

2）拟建工程概况；

3）勘察工作布置和技术要求；

4）勘察工作完成情况；

5）吹填场地地形、地貌、吹填土分布情况；

6）吹填土物理、力学、化学指标统计、分析和选用；

7）吹填土的均匀性、压缩性及特殊性吹填土的描述和评价；

8）评价场地水、土对建筑材料的腐蚀性，具有腐蚀性时，提出采取抗腐蚀措施建议；

9）根据吹填后地基使用要求，提出吹填土地基处理方法和处理深度的建议；

10）对工程施工和使用期可能发生的岩土工程问题进行预测，提出预防措施的建议。

3. 吹填土土工试验

土工试验的试验项目应根据工程需要和吹填土性质、特点确定。吹填区土工试验项目宜按表 1.2-4 确定。

（1）当吹填区要求进行渗流分析或地基处理时应进行渗透试验，并应符合下列规定：

1）试验采取的方法、适用土类按表 1.2-4 确定；

2）透水性很低的淤泥、淤泥质土可通过固结渗透试验确定渗透系数；

3）吹填土水平、垂直向渗透性相差较大时，应分别测定水平向、垂直向渗透系数；

4）土的渗透系数取值宜与现场抽水、注水试验的成果比较后确定。

（2）吹填土抗剪强度试验方法应根据地基处理工程设计和施工要求、工程竣工后地基土状态和土质特性、模拟土层的实际受荷情况和排水条件等选用，并应符合下列规定：

1）对淤泥质土、饱和黏性土，当加荷速率较快时宜采用三轴不固结不排水剪（UU）试验或十字板剪切试验；

2）对加荷速率不快的工程或排水条件好的土层宜采用三轴固结不排水剪（CU）试验或三轴固结排水剪（CD）试验；

3）当考虑吹填土在地基处理施工中或竣工后的实际固结应力对抗剪强度的影响时，应在不同固结应力时取样进行抗剪强度试验；

4）直接剪切试验的方法应根据地基处理加荷方法、加荷速率和吹填土排水条件、土质情况等采用。在选择施加荷重时，应考虑土的状态。

吹填区土工试验项目分类表 表 1. 2-4

试验项目	试验类别	试验项目		参数及曲线	适用土类
常规试验	物理指标	含水率、密度、相对密度(比重)		含水率、密度、相对密度(比重)	黏性土、淤泥质土、淤泥、流泥、浮泥、粉土、粉细砂、混合土
		界限含水率		液限、塑限、塑性指数、液性指数	粉土、黏性土、淤泥质土、淤泥、流泥、浮泥、混合土
		颗粒分析(比重计分析)		不均匀系数、曲率系数、黏粒含量、粒径分布曲线	各类土
	力学指标	直接快剪		内摩擦角、黏聚力、抗剪强度与垂直压力关系曲线	渗透系数小于 1.0×10^{-6} cm/s 且土质均匀的黏性土
		直接固结快剪		内摩擦角、黏聚力、抗剪强度与垂直压力关系曲线	黏性土、淤泥质土、粉土、适合的混合土
		自然休止角		干休止角、水下休止角	砂土、混合土
		无侧限抗压强度		抗压强度、灵敏度	黏性土、淤泥质土
		快速固结		$e \sim p$ 曲线、压缩系数、压缩模量	黏性土、淤泥质土、粉土、适合的混合土
特殊试验	水理指标	渗透	变水头	垂直向和水平向渗透系数	黏性土、粉土、适合的混合土
			常水头	渗透系数	砂土、混合土
			现场抽水试验	渗透系数	黏性土、砂土、粉土、适合的混合土
	力学指标	三轴压缩试验	不固结不排水剪(UU)	不固结不排水剪强度	黏性土、淤泥质土、粉土、砂土、混合土
			固结不排水剪测孔隙水压力(CU) 固结不排水剪(CU)	有效应力内摩擦角、有效应力黏聚力、总应力内摩擦角、总应力黏聚力、固结不排水剪有效应力和总应力强度包线	黏性土、淤泥质土、粉土、砂土、混合土
			固结排水剪(CD)	内摩擦角、黏聚力、固结排水剪强度包线	黏性土、淤泥质土、粉土、砂土、混合土
		标准固结		$e \sim p$ 曲线、$e \sim \lg p$ 曲线、前期固结压力、超固结比、压缩指数、回弹指数、竖向和水平向固结系数、次固结系数	黏性土、淤泥质土、适合的混合土
	物理指标	相对密实度		最大干密度、最小干密度	砂土
	化学指标	pH值、氯化物、硫酸盐、碳酸盐		pH值、浓度	地下水及各类土

注：当粉细砂仅取原状试样时，应进行含水率、密度、直接固结快剪等常规试验。

（3）吹填土固结试验方法应根据地基处理工程需要的设计参数确定，并应符合下列规定：

1）吹填土固结试验宜采用标准固结试验。当仅需测定压缩系数、压缩模量时，可采用快速固结试验，试验的最大压力应大于有效自重压力与附加压力之和。试验成果可用 $e \sim p$ 曲线整理；

2）当考虑吹填土及其原下卧土层应力历史时，试验成果可用 $e \sim \lg p$ 曲线整理，确定前期固结压力并计算压缩指数和回弹指数。需计算回弹指数时，应在估计的前期固结压力之后，进行一次卸荷回弹，再继续加荷，直至完成预定的最后一级压力；

3）吹填土需测定沉降速率、固结系数、次固结系数时，应在需要的压力段按规定的时间顺序测定并记录试样的高度变化，一般土试样宜以每级荷载下24h为稳定标准，特殊土试样应以量表读数不大于 0.005mm/h 为 稳定标准。

（4）土工试验成果整理应符合下列规定：

1）当整理单项试验结果发现异常数据时，宜进行补充试验。对明显不合理的数据，应查明原因后进行取舍，对取舍后的试验数据，应分别进行计算、绘图，汇总成表。

2）应对汇总的土工试验成果总表和报告进行检查、分析和确认：

① 同一土样不同土性指标之间的匹配性；

② 同一土层相同试验项目指标的离散性；

③ 相邻钻孔土层分布及试验结果的合理性。

4. 吹填土分类和对处理方法的适宜性

吹填土可分为粗颗粒土、细颗粒土和混合土三个类别。吹填土的类别主要基于吹填土地基处理方法划分。对于粗颗粒类别可以考虑强夯、堆载预压、快速压实等方法。细颗粒土则应考虑吹填土的排水，适用于真空预压、固化等方法。混合土作为一种特殊土组单列，应根据土的组成、分布情况，选择适当的处理方法。

粗颗粒土可按颗粒组成及其特征分为碎石土类和砂土类。细颗粒土可按天然含水率、塑性指数分为粉土类、黏性土类、淤泥质土类、淤泥类、流泥类和浮泥类。混合土可按不同类土的含量分为淤泥和砂的混合土类、黏性土和砂（或碎石）的混合土类。混合土由粗、细两类土呈混合状态存在，具有颗粒级配不连续、中间粒组颗粒含量极少、级配曲线中间段极为平缓等特征，其不均匀系数大于 30。混合土作为一种特殊土，在吹填工程中经常遇到，其成因一为原土层在自然环境下沉积形成，吹填至吹填场地；成因二是由于疏浚吹填施工中将两类不同土性的土质混合吹填至吹填场地。由于吹填混合土在地基处理的方法选用上的特殊性，故将其单列一类别。

吹填土的分类指标应符合表 1.2-5 的规定。

吹填土分类表 表 1.2-5

吹填土分类		土 名	分 类 标 准
粗颗粒土	碎石土类	碎石、卵石	$d>20$mm 的颗粒含量大于总质量的 50%
		角砾、圆砾	$d>2.0$mm 的颗粒含量大于总质量的 50%
	砂土类	砾砂	$d>2.0$mm 的颗粒含量占总质量的 25%～50%
		粗砂	$d>0.5$mm 的颗粒含量大于总质量的 50%
		中砂	$d>0.25$mm 的颗粒含量大于总质量的 50%
		细砂	$d>0.075$mm 的颗粒含量大于总质量的 85%
		粉砂	$d>0.075$mm 的颗粒含量大于总质量的 50%
细颗粒土	粉土类	粉土	$d>0.075$mm 的颗粒含量小于总质量的 50% $I_P \leqslant 10$
	黏性土类	粉质黏土	$10<I_P \leqslant 17$
		黏土	$I_P>17$
	淤泥质土类	淤泥质粉质黏土	$36\% \leqslant w<55\%$ $1.0<e \leqslant 1.5$ $10<I_P \leqslant 17$
细颗粒土	淤泥质土类	淤泥质黏土	$36\% \leqslant w<55\%$ $1.0<e \leqslant 1.5$ $I_P>17$
	淤泥类	淤泥	$55\%<w \leqslant 85\%$ $1.5<e \leqslant 2.4$ $I_P>17$
	流泥类	流泥	$85\%<w \leqslant 150\%$ $I_P>17$
	浮泥类	浮泥	$w>150\%$ $I_P>17$

续表

吹填土分类		土　名	分　类　标　准
混合土	淤泥和砂的混合土类	淤泥混砂	干土中淤泥质量超过总质量的 30％
		砂混淤泥	干土中淤泥质量超过总质量 10％且小于或等于总质量 30％
	黏性土和砂或碎石的混合土类	黏性土混砂	干土中黏性土质量超过总质量的 40％
		砂混黏性土	干土中黏性土质量超过总质量 10％且小于等于总质量 40％
		黏性土混碎石	干土中黏性土质量超过总质量的 40％
		碎石混黏性土	干土中黏性土质量超过总质量 10％且小于或等于总质量 40％

　　吹填土地基处理方法的适宜性应根据吹填土性质及分类，结合不同地基处理方法的工艺特点，按表 1.2-6 的规定判定。根据吹填土性质、分类与不同地基处理方法的工艺特点，结合多年来地基处理技术人员施工经验，列出了不同地基处理方法对各种吹填土类别的适应性，便于施工人员对照使用。压实法按工艺分为碾压法、振动压实法和冲击碾压法，表中所列为振动压实法适用土类。碾压法适用于地下水位以上强度较高的吹填土的压实；冲击碾压法适用于处理深度要求高、施工时间短的吹填土地基。

不同性质吹填土对处理方法的适宜性　　　　　　表 1.2-6

地基处理方法 吹填土分类		压实法	堆载预压法	真空预压法	强夯法	振冲法	固化法	电渗排水法
粗颗粒土细颗粒土	碎石土类 砂土类	宜	宜	不宜	宜	可	不宜	不宜
		宜	宜	不宜	宜	宜	不宜	不宜
	粉土类	宜	可	不宜	宜	宜	不宜	不宜
	黏性土类	不宜	软黏性土可	软黏性土可	不宜	黏性土可，软黏性土经试验后确定	软黏性土可	软黏性土可
	淤泥质土类	不宜	宜	宜	不宜	经试验后确定	宜	宜
	淤泥类	不宜	宜	宜	不宜	不宜	宜	宜
	流泥类	不宜	宜	宜	不宜	不宜	宜	宜
	浮泥类	不宜	宜	宜	不宜	不宜	宜	宜
混合土	淤泥和砂的混合土类	不宜	可	不宜	宜	不宜	不宜	不宜
	黏性土和砂或碎石的混合土类	可	不宜	不宜	宜	可	不宜	不宜

1.3　吹填土地基处理传统技术

1.3.1　压实法

1. 压实法介绍

　　压实法适用于处理粗颗粒土、黏性土与砂或碎石混合的吹填土地基。吹填土压实可采用碾压法、振动压实法和冲击碾压法。

　　（1）碾压法

　　松土碾压一般先用轻碾压实，再用重碾压实，效果较好。碾压机械压实填方时，行驶速度不一般过快，一般平碾不应超过 2km/h；羊足碾不应超过 3km/h。碾压法一般用于地下水位以上强度较高的吹填土地基。

　　（2）振动压实法

　　振动压实法是将振动压实机放在土层表面，在压实机振动作用下，土颗粒发生相对位移而达到紧密状态。振动碾是一种振动和碾压同时作用的高效能压实机械，比一般平碾提高功效 1～2 倍，可节省动力 30％。用这种方法振实填料为爆破石渣、碎石类土、杂填土和轻亚黏土等非黏性土效果较好。振动压实法一般用于吹填砂土或黏粒含量少、透水性较好的吹填土地基。

　　（3）冲击碾压法

　　冲击碾压技术源于 20 世纪中期，我国于 1995 年由南非引入，由曲线为边而构成的正多边形冲击轮在位能落差与行驶动能相结合下对工作面进行静压、揉搓、冲击，其高振幅、低频率冲击碾压使工作面下深层土石的密实度不断增加，受冲压土体逐渐接近于弹性状态，是大面积土石方工程压实技术的新发展。与一般压路机相比，考虑土料、摊铺、平整的工序等因素其压实效率提高 3～4 倍。冲击碾压法一般用于处理深度要求高、施工工期短的吹填土地基。

　　2. 压实法设计和注意事项

　　压实法的设计和施工方案应根据吹填土层状况、变形要求及填料等因素综合分析确定；对大型、重要或场地地层条件复杂的工程，在正式施工前，应通过现场试验确定地基处理效果。压实吹填土地基包括压实填土及其下部天然土层两部分。压实吹填土地基的变形包括压实吹填土及其下部天然土层的变形。压实填土需按设计要求进行分层压实，对其吹填性质和施工质量有严格控制，其承载力和变形需满足地基设计要求。

　　碾压法和振动压实法施工时，应根据压实机械的压实性能，吹填土性质、密实度、压实系数和施工含水率等，并结合现场试验确定碾压厚度、碾压遍数、碾压范围和有效加固深度等参数。对冲击碾压施工，场地宽度不宜小于 6m，单块施工面积不宜小于 1500m²，施工最短直线距离不宜少于 100m。对于一般的吹填土，可用 8t～10t 的平碾或 12t 的羊足碾，每层铺土厚度 300mm 左右，碾压 8 遍～12 遍。对饱和吹填土进行表面压实，可考虑适当的排水措施以加快土体固结。对于淤泥及淤泥质吹填土，一般应予挖除或者结合碾压进行挤淤充填，先堆土、块石和片石等，然后用机械压入置换和挤出淤泥，堆积碾压分层进行，直到将淤泥挤出、置换完毕为止。采用粉质黏土和黏粒含量大于 10％的粉土作填料时，填料的含水率至关重要。在一定的压实功下，填料在最优含水率时，干密度可达最大值，压实效果最好。填料的含水率太大，容易压成"橡皮土"，应将其适当晾干后再分层压实。填料的含水率太小，土颗粒之间的阻力大，则不易压实。当填料含水率小于12％时，应将其适当增湿。压实填土施工前，应在现场选取有代表性的填料进行击实试验，测定其最优水率，用以指导施工。测量土的最大干密度试验有室内试验和现场试验两种，室内试验应严格按现行国家标准《土工试验方法标准》GB/T 50123 的有关规定，轻型和重型击实设备应严格限定其使用范围。以细颗粒土作填料的压实填土，一般采用环刀取样检验其质量。而以粗颗粒砂石作填料的压实填土，当室内试验结果不能正确评价现场土料的最大干密度时，不能按检验细颗粒土的方法采用环刀取样，应在现场对土料做不同击实功下的击实试验（根据土料性质取不同含水率），采用灌水法和灌砂法测定其密度，并按其最大干密度作为控制干密度。

吹填土压实地基承载力特征值，应根据现场载荷试验确定，也可通过动力触探、静力触探等试验，结合工程经验确定。吹填土压实地基的变形，可按现行国家标准《建筑地基基础设计规范》GB 50007 的有关规定计算，压缩模量应通过处理后地基的原位测试或土工试验确定。

3. 压实法施工

吹填土压实前，可根据场地条件、施工机械和天气情况，进行翻晒、通风，以降低含水率。采用翻晒措施时，应通过试验，确定翻晒铺土厚度、翻晒的适宜时间和翻晒的方法。翻晒可采用机械或人工进行，气象条件允许时可反复翻晒。翻晒土方时，宜从中心向两侧翻晒，再从两侧向中心翻晒，应保证推土机粗平后的高程不受翻晒影响。施工中应控制翻晒厚度，保证翻晒质量。翻晒合格的土料，应做成土堆，并加以防护。土堆在储备或使用期间，特别是雨前、雨中，排水系统应通畅、顶部无因沉陷而形成的坑洼、防雨设施应可靠等。

压实法施工应根据使用要求、类型和地质条件确定允许加载量和范围，并应按设计要求均衡分步施加。压实吹填土层底面下卧层的土质，对压实填土地基的变形有直接影响，为消除隐患，铺填料前，首先应查明并清除场地内填土层底面以下耕土和软弱土层。压实设备选定后，应在现场通过试验确定分层填料的虚铺厚度和分层压实的遍数，取得必要的施工参数后，再进行压实填土的施工，以确保压实填土的施工质量。压实设备施工对下卧层的饱和土体易产生扰动时可在填土底部设置碎石盲沟。

采用普通平碾和振动压实机施工时，应通过现场试验性施工确定施工机械、分层吹填厚度、压实次数、最优含水率等及具体施工方法，分层压实时，下层的密实度应经检验合格后，方可进行上层施工。采用冲击碾压机施工时，冲击碾压机的运行速度应遵循先慢后快、先轻后重的原则，冲压初期速度宜为 5km/h～10km/h，待土体具有一定强度后速度可提高到 12km/h～15km/h。

当采用冲击碾压法压实地基时，应对冲压后的地表及时进行刮平处理，应避免地表不平损害冲击碾压设备和影响冲击碾压机运行速度；冲压结束后，应对场地进行刮平并用振动压路机碾压处理，应避免雨水停留在低洼处影响质量。设置在斜坡上的压实吹填土，应验算其稳定性。当天然地面坡度大于 20％时，应采取防止压实填土可能沿坡面滑动的措施，并应避免雨水沿斜坡排泄。当压实吹填土阻碍原地表水排泄时，应根据地形修筑雨水截水沟，或设置其他排水设施。设置在压实填土区的上、下水管道，应采取防渗、防漏措施。在建设期间，压实填土场地阻碍原地表水的畅通排泄往往很难避免，但遇到此种情况时，应根据当地地形及时修筑雨水截水沟、排水盲沟等，疏通排水系统，使雨水或地下水顺利排走。对填土高度较大的边坡应重视排水对边坡稳定性的影响。设置在压实填土场地的上、下水管道，由于材料及施工等原因，管道渗漏的可能性很大，应采取必要的防渗漏措施。

1.3.2　堆载预压法

1. 堆载预压法介绍

堆载预压是软土地基处理的方法之一。堆载预压法即堆载预压排水固结法。该方法通过在场地加载预压，使土体中的孔隙水沿排水板排出，逐渐固结，地基发生沉降，同时强度逐步提高。堆载预压法适用于处理粗颗粒土、细颗粒土和混合土等吹填土地基。对于强度较低和压缩性较高的黏性吹填土，一般采用塑料排水板等竖向排水预压法处理；对于固结情况和力学性质较好的砂性吹填土，可采用直接或加设横向排水层堆载预压法。吹填土地基采用堆载预压法时，应选择试验区进行预压试验，进行地基变形、孔隙水压力、地下水位等项目的监测，并进行原位十字板剪切试验和室内土工试验。应根据试验资料确定加载速率，推算土的固结系数、固结度及竖向变形等，分析地基处理效果，对原设计进行修正。当地基土经预压后的强度满足地基承载力和稳定性要求时，可卸载。对以变形控制为主的地基，预压后的变形量和平均固结度符合设计要求时，可卸载。

2. 堆载预压法设计和注意事项

吹填土地基堆载预压设计方案，应根据吹填土的特性、地质、水文等条件进行选择。对深厚软黏土地基，应设置塑料排水板等竖向排水体。当吹填软土层厚度不大或吹填软土层含较多薄粉砂夹层，且固结速率能满足工期要求时，可不设置竖向排水体。

(1) 堆载预压法的设计内容

1) 选择竖向排水体，确定其断面尺寸、间距、排列方式和深度，确定水平向排水体的布置、厚度和材料；

2) 确定预压区范围、预压荷载大小、荷载分级、加载速率、预压时间和卸载标准；

3) 计算地基土的固结度、强度增长、抗滑稳定性和变形；

4) 提出监测要求和目的，确定监测项目、监测设备、监测方法、控制标准、测点布置和数量。

(2) 预压荷载的大小和加载速率

预压荷载的大小应根据吹填土地基使用要求确定，并应大于吹填土地基使用时的设计荷载值。预压荷载的加载范围应大于拟建工程要求处理的吹填土地基范围。

加载速率应根据吹填土的强度确定。当吹填土的强度满足预压荷载下地基的稳定性要求时，可一次性加载；否则应分级逐渐加载，待前期预压荷载下地基土的强度增长满足下一级荷载下地基的稳定性要求时方可加载．分级加载时根据堆载材料的密度，换算成相应散料的每级堆载高度，堆载控制指标一般满足下列条件：最大竖向变形量不应超过10mm/d～15mm/d；边缘水平位移不应大于 4mm/d；孔隙水压力不超过预压荷载所产生应力的 50%～60%。

(3) 排水系统

堆载下可设置竖向排水系统，宜采用正方形或正三角形布置的塑料排水板，塑料排水板的间距宜为 0.7～1.1m。塑料排水板的当量换算直径可按下式计算；

$$d_p = 2(b+d)/\pi \qquad (1.3-1)$$

式中 d_p——塑料排水板当量换算直径（mm）；

　　b——塑料排水板宽度（mm）；

　　d——塑料排水板厚度（mm）。

以塑料排水板作为竖向排水体时，排水带的性能指标应符合设计要求。塑料排水板在现场应妥善保护，破损或污染的塑料排水板不得在工程中使用。塑料排水板施工所用套管应保证插入地基中的排水带不扭曲。塑料排水板需接长时，应采用滤膜内芯带平搭接的连接方法，搭接长度不一般小于 200mm。塑料排水板施工时，一般配置能检测其插入深度的设备。塑料排水板施工时，平面井距偏差应小于井径，垂直度偏差应小于 1.5%，深度不应小于设计要求。塑料排水板埋入砂垫层中的长度不应小于 200mm。

塑料排水板型号及性能指标应符合表 1.3-1 的规定

常用塑料排水板型号及性能指标表　　　　　　　　　　表 1.3-1

项目 ＼ 型号	A 型	B 型	C 型	D 型	条　件
打设深度(m)	≤15	≤25	≤35	≤50	
纵向通水量(cm³/s)	≥15	≥25	≥40	≥55	侧压力 350kPa
滤膜渗透系数(cm/s)	≥5×10⁻4				试件在水中浸泡 24h
滤膜等效孔径(mm)	0.05～0.12				以 O₉₅ 计
塑料排水板抗拉强度(kN/10cm)	≥1.0	≥1.3	≥1.5	≥1.8	延伸率 10%时
滤膜抗拉强度(N/cm) 干	≥15	≥25	≥30	≥37	延伸率 10%时
湿	≥10	≥20	≥25	≥32	延伸率 15%时，试件在水中浸泡 24h

塑料排水板的等效孔径问题一直是工程界重点讨论的问题，对于吹填土来说，等效孔径小于 0.075mm（以 O_{95} 计）的塑料排水板常常会发生淤堵。这是由于吹填土的颗粒是悬浮的，更容易移动，在排水板外形成泥饼。近几年的工程实践表明，采用比较大的等效孔径的塑料排水板，吹填土的加固效果更有保证，即使吹填土的细颗粒透过滤膜进入到排水板内部，也会被真空泵抽走，不会影响工程质量。目前天津地区常用的防淤堵排水板的等效孔径介于 0.05mm～0.12mm 之间（以 O_{95} 计）。

竖向排水体间距可根据地基土固结特性和预定时间内所要求达到的固结度确定。设计时，直径为 d_w 的竖向排水体间距（d_e）可根据井径比（n）确定。井径比为竖向排水体间距与竖向排水体直径的比值。塑料排水板直径（d_w）可取塑料排水板的当量换算直径（d_p），井径比可按 $n=15～22$ 选用。竖向排水体的深度应根据地基稳定性、变形要求和工期确定。对以地基抗滑稳定性控制的工程，竖向排水体超过最危险滑动面的深度应大于 2m；对以变形控制的工程，竖向排水体的深度应根据在限定的预压时间内需完成的变形量确定，竖向排水体宜穿透受压土层。对竖向排水体未穿透受压土层的地基，应分别计算竖向排水体范围内土层的平均固结度和竖向排水体底面以下受压土层的平均固结度，通过预压使该两部分固结度和所完成的变形量满足设计要求。

堆载预压法处理地基可在地表铺设与竖向排水体相连的水平排水砂垫层，砂垫层厚度不应小于 0.5m，砂垫层砂料宜用中粗砂，含泥量不宜大于 5%，砂料中可混有少量粒径不大于 50mm 的砾石，并应保证加固全过程中垫层排水通畅。在预压区边缘应设置排水沟，在预压区内宜设置与砂垫层相连的排水盲沟。砂垫层砂料宜用中粗砂，含泥量应小于 5%，砂料中可混有少量粒径小于 50mm 的砾石。砂垫层的干密度应大于 1.5g/cm³，其渗透系数不宜大于 $1×10^{-2}$ cm/s。中粗砂垫层应按要求分层摊铺，尽可能减少"拱淤"现象。

无砂垫层施工在浙江温州、台州地区得到有效实践及应用，经证明是一种加固大面积高压缩性吹填土地基的行之有效的方法，如下对无砂垫层施工技术要求简单描述。采用无砂垫层堆载预压法时，应将竖向排水体与水平透水软管绑扎并宜覆盖透水土工布，形成水平排水系统。无砂垫层堆载预压法的排水管主管、次管宜采用外径 50mm～70mm 的波纹滤管，其技术指标应符合表 1.3-2 的规定。

无砂垫层排水滤管技术指标　　　　　　　　　　　　表 1.3-2

序　号	项　目	指　标
1	环刚度	$\geqslant 8kN/m^2$
2	冲击强度	TIR≤10%
3	环柔性	试样圆滑，无反向弯曲，无开裂，两壁无脱开
4	烘箱实验	无气泡，无分层，无开裂
5	滤膜	涤纶 2 层，每层质量 $50g/m^2$
6	打孔	每隔两个螺旋均匀打三个直径 2mm 圆形透气孔，孔打设在滤管波纹的凹槽中

3. 堆载预压法施工和注意事项

（1）堆载预压法施工步骤

1）施工准备；

2）基底清理；

3）铺设砂垫层；

4）竖向排水体施工；

5）采用无砂垫层堆载预压法时铺设水平排水管路；

6）埋设观测桩和监测仪器；

7）预压及卸载，观测与监测同步进行。

（2）加载注意事项

加载应分期分级施加，并应加强观测，根据观测资料综合分析、判断并确保地基的稳定性。加载应分层摊铺，临时堆高不应大于设计厚度 1m。施工中分小块摊铺时，不应引起地表隆起或加载边界区域沉降速率过快。对地基垂直沉降、水平位移和孔隙水压力等应逐日观测并做好记录，一般加载控制指标是：地基最大下沉量不一般超过 10mm/d；水平位移不一般大于 4mm/d；孔隙水压力不超过预压荷载所产生应力的 50%～60%。通常情况下，加载在 60kPa 以前，加荷速度可不受限制。

在土质发生剧烈变化的区域采取堆筑高于地面 0.3m，宽 1m 虚土方的方法，减缓土质急剧变化段沉降差。在排水板打设过程中，及时用砂或干土将排水板孔填土并捣实。水平排水管与排水板靠地面的板头相连，一行排水板铺设一根排水管，排水管外壁即连接部位一般包裹一层无纺布，避免淤泥渗入排水管中，保证排水通畅。

（3）采用无砂垫层法施工时注意事项

1）对于强度超低的吹填淤泥，一般在吹填淤泥表面架设浮桥，形成施工便道，也可采用轻质泡沫塑料板作为施工平台，轻质泡沫塑料板尺寸一般为 2m×2m。

2）在排水板施工前，应先在淤泥表面铺设一层塑料编织布，防止淤泥渗入水平滤层。

3）铺设由水平排水管和竖向排水板组成的排水通道。横向滤管应布设在相邻两排塑料排水板中间，每根塑料排水板和滤管一般采用缠绕或自拉锁固定的方式进行连接。竖向排水板的布置一般为梅花形或正方形，板头出地面的长度一般为 200mm～300mm。

4）用铁丝连接水平排水管时，接头应朝向泥面，连接后应在管上铺设 $150\text{g}/\text{m}^2\sim$ $200\text{g}/\text{m}^2$ 一层。

5）堆载施工时应分层加载，分层压实，其中第一层堆载一般使用素土或石粉等材料，应避免对排水板和排水管造成破坏。

（4）采用覆水预压施工注意事项

1）密封膜的厚度、抗拉强度、延伸率应符合设计要求，一般铺设三层厚度为 0.08mm～0.10mm 的聚乙烯薄膜或聚氯乙烯薄膜。在铺膜过程中应加强防护，发现破损应及时修补。

2）在土质发生剧烈变化的区域一般采取堆筑高于地面 300mm，宽 1000mm 虚土方的方法，减缓土质急剧变化段的沉降差。在排水板打设过程中，应及时用砂或干土将排水板孔填塞并捣实。

3）注水加载预压时，第一次加水深度一般为 200mm，在检查密封膜不渗漏后，按级加水。按沉降观测值严格控制加水量，每级加水深度不应大于 500mm。在加载期间，应加强沉降观测。

1.3.3 强夯法

1. 强夯法介绍

强夯法（包括强夯置换法、降水强夯法）是反复将夯锤（质量一般为 10t～40t，目前国内最大为 75t）提到一定高度使其自由落下（落距一般为 10m～30m），给地基以冲击和振动能量，从而提高地基承载力并降低其压缩性，改善地基性能。

降水强夯法是先采用降水方法使地下水位降低，对地基土进行浅层加固，并形成表层硬层，再采用低能级强夯进行深层加固。该法对上海、江苏、浙江、山东、福建、广东、广西等沿江沿河地区特有的夹砂饱和黏性土地基处理效果较好，施工时必须根据土层条件采用合理的降水工艺和强夯工艺，保证地下水位降至设计要求才能进行强夯施工。

强夯置换法是采用在夯坑内回填块石、碎石等粗颗粒材料，用夯锤连续夯击形成密实置换墩。目前已用于堆场、公路、机场、房屋建筑、油罐等工程，一般效果良好。但个别工程因设计、施工不当，加固后出现下沉较大或墩体与墩间土下沉不均的情况。因此，特别强调采用强夯置换法前，必须通过现场试验确定其适用性和处理效果，否则不得采用。

吹填土一般为颗粒较细的黏性土、砂土，颗粒细、含水率大、固结时间短。随着吹填设备的进步，在我国港工工程中，也出现了如防城港 20 万吨级进港航道工程，采用"天鲸"号吹填施工，吹填土的粒径已经达到了 100mm～300mm，甚至更大的"超粒径"吹填土。同时，国内多个吹填土工程中，江浙地区多采用直接在吹填土上进行处理作为建设用地的。广东、广西、福建、山东等还有相当一部分工程是底部在海域中用吹填土，出水面以后在表层回填一定厚度的开山石或粗粒土。因此，吹填土工程中面临的地基处理问题也是多种多样。

强夯法经济高效，节能环保，适用土类广，在我国自 20 世纪 70 年代引进此法后迅速在全国推广应用。强夯法已在工程中得到广泛的应用，有关强夯机理的研究也在不断深入，并取得了一批研究成果。目前，国内强夯工程应用夯击能已经达到 18000kN·m，在软土地区和吹填土工程中开发的降水强夯法和在湿陷性黄土地区普遍采用的增湿强夯，解决了工程中地基处理问题，同时拓宽了强夯法应用范围，但还没有一套成熟的设计计算方法。因此，规定强夯施工前，应在施工现场有代表性的场地上进行试夯或试验性施工。

2. 强夯法设计和注意事项

强夯法设计应包括每遍能级、夯点间距及布置、单点夯击数、夯击遍数、前后两遍夯击间歇时间和夯击范围等内容。降水强夯法尚应包括降水系统、排水系统等参数；强夯置换法尚应包括夯锤直径、填料要求、最后两击的平均夯沉量等参数。

（1）强夯的有效加固深度

强夯的有效加固深度应根据吹填土现场试夯或地区经验确定。在缺少试验资料或经验时可按表 1.3-3 预估。强夯法的有效加固深度应从最初起夯面算起；对吹填土地基当单击夯击能 E 大于 6000kN·m 时，强夯的有效加固深度应通过试验确定。当粗粒土覆盖层厚度大于 3m 时可按现行行业标准《建筑地基处理技术规范》JGJ 79 执行。

强夯法有效加固深度预估值（m）　　　　　　表 1.3-3

单击夯击能 （kN·m）	粗颗粒、砂混淤泥、砂(碎石)混黏性吹填土等或有一定厚度粗颗粒土覆盖层	粉土、黏性土等吹填细颗粒土	备注
1000	3.0～4.0	3.0～4.0	—
2000	4.0～5.0	4.0～5.0	—
3000	5.0～6.0	5.0～6.0	—
4000	6.0～7.0	6.0～7.0	表层有 2m 以上粗粒土覆盖层
5000	7.0～8.0	7.0～7.5	
6000	8.0～9.0	7.5～8.0	

（2）强夯的每遍能级

强夯的每遍能级，应根据吹填土类别、结构类型、地下水位、荷载大小和设计有效加固深度等确定，亦可通过现场试验确定。砂土等粗粒土地基可取 1000kN·m～6000kN·m，吹填土砂性较强或粗粒土覆盖层较厚时一般采用更高能级；黏性土等细粒土地基可取 800kN·m～3000kN·m。

（3）强夯技术参数的确定

1）夯点布置一般根据吹填土地基土情况和有效加固深度确定，可采用等边三角形、正方形或其他布置形式。

2）夯点间距一般根据需加固土层厚度和土质条件等因素综合确定，对厚度大和土质差的软弱土层第一遍夯点间距一般为 5m～7m；对土层较薄的砂土第一遍夯点间距一般为 3m～6m；第二遍在第一遍中间加密点夯。

3）单点夯击数应根据需加固土层厚度、表层土质情况及使用要求确定，应使夯击时土层垂直压缩量最大，周边隆起量最小。粗粒土含量高、表层土较硬或使用荷载较大时，可取 8 击～12 击；上覆粗粒料的软弱吹填土地基可取 5 击～8 击；联合降排水措施处理时可取 2 击～5 击。

4）前后两遍夯击间隔时间应根据土中超孔隙水压力的消散状况确定，当缺少实测资料时，可根据地基土的渗透性和降水至设计要求水位的时间确定。对含水率高、软弱土层较厚、渗透性较差的黏性土和粉性土，一般间歇 7d～14d；对砂土、地下水位较低或含水率较小的吹填土，一般间歇 2d～7d。

5）夯击遍数应根据地基土的性质和使用要求确定，一般夯 2 遍～4 遍。压缩层厚度

大、渗透系数小、含水率高时取大值，反之取小值。点夯后一般以低能量满夯 1 遍～
2 遍。

应根据初步确定的强夯参数，提出强夯试验方案，进行试夯。试夯结束一至数周后，
应根据不同土质条件对试夯场地进行检测，并与夯前测试数据进行对比，根据强夯效果确
定工程采用的各项工艺参数。当要求加固深度较大时，可采用分层强夯、设置竖向排水
体、提高能级的方案或结合其他地基处理方法。强夯地基承载力特征值应通过现场静载荷
试验、原位测试和土工试验按现行国家标准《建筑地基基础设计规范》GB 50007 确定，
初步设计时也可根据地区经验确定。强夯地基变形计算应符合现行国家标准《建筑地基基
础设计规范》GB 50007 的有关规定。夯后有效加固深度内土层的压缩模量应通过原位测
试或土工试验确定。

（4）降水强夯法设计应符合的规定

1）当场地表层土软弱或地下水位较高、夯坑底积水影响施工时，一般先采用人工降
低地下水位或铺填一定厚度的砂石粗粒材料，使地下水位低于起夯面以下 2m～3m。

2）降水深度及降水持续时间应根据土质条件和地基有效加固深度确定，并应在降水
施工期间对地下水位进行动态监测，强夯施工时地下水位应低于规定的深度；当土的渗透
性较差或者需要时，也可再次进行人工降低地下水。

3）强夯施工一般夯击 3 遍～4 遍，单击夯击能可从 500kN・m 逐渐增加到等于或大
于 2000kN・m，夯击工艺参数应通过试夯，根据现场夯击效果确定，全部夯击结束后应
应对夯击面进行推平碾压。

4）每遍强夯间歇时间一般根据吹填软土中超静孔隙水压力消散 80％以上所需时间或
工程经验确定。

5）对地质条件特殊且无经验的场地应选择有代表性的区域进行试夯，通过实测降水
效果、夯沉量、地下水位、孔隙水压力监测、地面隆起以及夯前夯后加固效果确定夯击
能、夯击遍数、击数、间隔时间、与降水的搭接时间等施工参数。

（5）强夯置换法设计应符合的规定

1）强夯置换墩材料一般采用级配良好的块石、碎石、矿渣、建筑垃圾等粗颗粒、硬
质材料，施工前一般在吹填土表层铺填厚度不小于 1.5m 的粗粒土。

2）强夯置换墩的长度应根据土质条件和能级、锤的形状、击数、遍数、填料情况等
决定。

3）墩位布置一般采用等边三角形、正方形布置。墩间距应根据变形要求和地基土的
承载力选定；无经验时可取设计有效加固深度的 0.8 倍。

4）强夯置换设计时，应预估地面抬高值，并在试夯时校正。强夯置换单击夯击能量
及夯击次数应根据现场试验确定。

5）强夯置换法试验方案的确定应进行试夯。试夯结束一至数周后，应根据不同土质
条件对试夯场地进行检测。检测项目除进行现场载荷试验检测承载力和变形模量外，尚应
采用超重型或重型动力触探等方法，有经验时也可采用物探法，检查置换墩长度及承载力
与密实度随深度的变化。

6）强夯置换地基一般按单墩静载荷试验确定的变形模量计算加固区的地基变形，对
墩下地基土的变形可按置换墩材料的压力扩散角计算传至墩下土层的附加应力，按现行国

家标准《建筑地基基础设计规范》GB 50007 的有关规定计算确定。

强夯置换有效加固深度应按地基的允许变形值或地基的稳定要求结合现场试验或当地经验确定，通常不一般大于 8m，采用高能级时不一般大于 10m。

强夯场地的标高控制应考虑场地吹填土和施工填料的成分与密实情况、场地设计标高、基础标高、强夯参数、工后沉降等因素，结合试验区处理前后的实测标高综合确定。

3. 强夯法施工

对于软弱吹填土场地，可采取降水、在表层铺设粗粒土或路基箱进行施工。当地下水位距地表 2m 以下且表层为非饱和土时，可直接进行夯击；当地下水位较高或表层为饱和土时，一般采用人工降低地下水位或铺填 0.5m～2.0m 的粗粒土材料后进行夯击。坑内或场地内积水应及时排除。当强夯施工所产生的振动对邻近建筑物或设备可能产生有害影响时，施工前应查明邻近地上、地下建（构）筑物和各种地下管线的位置、基础形式及标高等。强夯振动的安全距离不一般小于 20m，有人类居住、工作时不应小于 50m。施工时应由距邻近建筑物近处向远处夯击，并应设置振动监测点。振动影响大时可采取隔振沟等措施。雨季施工应及时采取排水措施，防止夯坑积水，加固区周围应设置排水沟。

（1）强夯施工机具设备的选用

1）强夯机的起重能力可按锤重和落距确定。一般采用起重能力为 15t 以上的履带式起重机或其他专用设备，起吊高度一般为 5m～30m；夯击时一般采取辅助门架或其他安全措施防止臂杆后仰，履带接地压力一般小于地基承载力特征值或在吹填土上铺设粗粒土或路基箱进行施工。

2）夯锤一般采用圆柱形钢制或铸铁制的平底锤，质量一般为 8t～40t，锤底面积一般为 4m² ～5m²，锤底静接地压力一般为 20kPa～80kPa。对黏性土或加固深度小于 5m 时一般取小值；对砂性土、含水率小于 25％的土或加固深度大于 5m 时一般取大值。夯锤应设置不少于三个上下贯通的气孔，孔径一般为 250mm～300mm，施工中应保持气孔通畅。强夯置换柱锤底面积一般为 1.1m² ～1.8m²，锤底静接地压力一般为 80kPa～300kPa。

3）落锤时一般采用有足够强度、方便灵活的自动脱钩器。

（2）强夯施工一般步骤

1）清理并平整施工场地；

2）标出第一遍夯点位置，并测量场地高程；

3）起重机就位，使夯锤对准夯点位置；

4）测量夯前锤顶高程；

5）将夯锤起吊到预定高度，待夯锤脱钩自由下落后，放下吊钩，测量锤顶高程；

6）重复步骤 5，按设计规定的夯击击数及控制标准，完成一个夯点的夯击；

7）重复步骤 6，完成第一遍全部夯点的夯击；

8）用推土机将夯坑填平，并测量场地高程；

9）在规定的间隔时间后，按上述步骤逐次完成全部夯击遍数，再用低能量满夯将场地表层松土夯实，碾压后测量夯后场地高程。

（3）降水强夯法施工一般步骤

1）平整场区，确保设备和人员的进场条件；

2）安装设置降排水系统，并预埋孔隙水压力计和水位观测管，然后进行第一遍降水；

3）动态监测地下水位变化，当达到设计水位并稳定至少两天后，拆除场区内的降水设备，然后标记夯点位置进行第一遍强夯；

4）一遍夯后即可安装降水设备进行第二遍降水；

5）按设计的强夯工艺进行第二遍强夯施工；

6）重复步骤 3）、4），直至达到设计的强夯遍数；

7）全部夯击结束后进行推平和碾压；

8）坑内或场地积水应及时排除，对细颗粒土，应经过晾晒满足要求后方可施工。

（4）强夯置换法施工一般步骤

1）清理并平整施工场地；

2）标出第一遍夯点位置，并测量场地高程；

3）起重机就位，使夯锤对准夯点位置；

4）测量夯前锤顶高程；

5）夯击并逐击记录夯坑深度。当夯坑过深而发生起锤困难时应停夯，向坑内填料直至与坑顶平，记录填料数量，如此重复直至符合规定的夯击次数及控制标准完成一个墩体的夯击。当夯点周围软土挤出影响施工时，可随时清理并在夯点周围铺垫碎石，继续施工；

6）按由内到外、隔行跳打原则完成全部夯点的施工；

7）用推土机将夯坑填平，并测量场地高程；

8）在规定的间隔时间后，按上述步骤逐次完成全部夯击遍数，再用低能量满夯将场地表层松土夯实，碾压后测量夯后场地高程。

1.3.4　振动水冲法

1. 振动水冲法介绍

是以起重机吊起振冲器，启动潜水电机带动偏心块，使振动器产生高频振动，同时启动水泵，通过喷嘴喷射高压水流，在边振边冲的共同作用下，将振动器沉到土中的预定深度，经清孔后，从地面向孔内逐段填入碎石，使其在振动作用下被挤密实，达到要求的密实度后即可提升振动器，如此反复直至地面，在地基中形成一个大直径的密实桩体与原地基构成复合地基，提高地基承载力，减少沉降，是一种快速、经济有效的加固方法。

振动水冲法，包括振冲密实法和振冲置换法。振冲密实法适用于处理粉砂、细砂等粗颗粒土吹填土地基一般认为不加填料的振冲密实法仅适用于处理黏粒含量小于 10% 的粗砂、中砂吹填土地基。在国内的一些成功案例（表 1.3-4）表明只要采用正确的振冲工艺和施工参数，采用无填料振冲密实法加固饱和粉细砂地基可以取得明显的加固效果。振冲置换法，也称为振冲碎石桩法，适用于处理十字板剪切强度不小于 20kPa 的细颗粒吹填土地基。振冲置换法对于黏性土除了置换作用外，还有竖向排水通道作用；对于砂土除了置换作用外，还有振密挤密作用。对重要的和场地地质条件复杂的工程，振冲施工前应进行工艺试验，并应在确认质量能够满足工程要求后，方可进行工程施工。

2. 振冲密实法设计和注意事项

（1）振冲密实法设计应符合的规定

1）振冲点一般按等边三角形或正方形布置，其间距一般为 2～3m，可根据土的颗粒组成、设计的密实程度、地下水位和振冲器功率等并通过现场试验验证后确定。

应用无填料振冲法的国内工程　　　　　　　　　　　表 1.3-4

工 程 名 称	地基土类型	振冲最大深度(m)	施工年份
福州国际机场口岸园区地基处理	细砂	6	1997
上海港外高桥四期部分工程	粉细砂	7	2002
上海洋山深水港一期工程	粉细砂	15	2004
洋山深水港集装箱堆场	粉细砂	5.5	2006
冀东南堡油田1号人工端岛	粉砂	8.1	2007
陕西榆林迁建机场跑道工程	粉细砂	5	2008
包西铁路榆林车站职工公寓楼地基加固	细砂	9	2010

2）振冲密实法处理深度一般低于软弱土层；当软弱土层深厚时，应按吹填土地基的变形、稳定性及下卧层承载力的要求确定。当为可液化的地基时，应符合抗震要求，且不一般小于4m。

3）加固后的地基承载力应通过现场载荷试验确定。

4）加固深度范围内的压缩模量可根据原位测试指标按国家现行有关标准或地区经验确定。

（2）振冲置换法设计应符合的规定

1）振冲碎石桩桩位布置形式一般用等边三角形。

2）振冲碎石桩的直径一般根据吹填土土层情况和振冲器型号按表1.3-5确定。

3）振冲碎石桩间距应根据桩径和设计所需的面积置换率，结合振冲器功率确定，可采用1.5m～4.0m。荷载大或原土强度低时，一般取小间距；荷载小或原土强度高时，一般取大间距。对桩端未达到相对硬层的短桩，应取小间距。

4）振冲碎石桩桩顶和基础之间一般铺设厚度为300mm～500mm的碎石垫层。

5）振冲碎石桩桩体材料一般采用含泥量不大于5%的碎石，根据当地材料来源也可采用卵石、砾石、矿渣或其他性能稳定的硬质材料。一般不选用风化易碎石料。且不应采用单一粒径填料。

振冲碎石桩桩径经验数据（m）　　　　　　　　　　　表 1.3-5

振冲器(kW) ＼ 吹填土地基承载力特征值 f_{ak}(kPa)	40—80	80—140
30	0.9—1.0	0.7—0.8
55	0.9—1.1	0.8—0.9
75	1.0—1.1	0.8—0.9
130	—	1.1—1.3

6）冲碎石桩复合地基承载力特征值应通过现场复合地基载荷试验确定，初步设计时也可按下列公式估算：

$$f_{spk}=[1+m(n-1)]f_{sk} \tag{1.3-2}$$

$$m=D^2/D_e^2 \tag{1.3-3}$$

式中　f_{spk}——振冲桩复合地基承载力特征值（kPa）；

　　　f_{sk}——处理后桩间土承载力特征值（kPa），地表宜按现场载荷试验取值。深层土可按现场原位测试结果并根据当地经验换算成承载力。无经验时，按原位测试结果确定的桩间土承载力特征值，对于黏性土宜取静力触探结果的1.0～1.2倍，对于粉土宜取按标贯击数确定的1.3～1.8倍，对于砂土宜取按标贯击数确定的1.6～2.4倍。吹填土黏粒含量低、初始强度低时取大值，黏粒含量高、初始强度高时取小值；

m——桩土面积置换率；

D——桩身平均直径（m）；

D_e——单根桩分担的处理地基面积的等效圆直径（m），等边三角形布桩 $D_e=$ 1.05l，正方形布桩 $D_e=1.13l$，矩形布桩 $D_e=1.13\sqrt{l_2 l_2}$，l、l_1、l_2 分别为桩间距、纵向间距和横向间距；

n——桩土应力比，在无实测资料时，对黏性土可取2.0～5.0，对粉土和砂土可取1.5～3.0，原土强度低时取大值，原土强度高时取小值。

7）振冲处理地基的变形计算应符合现行国家标准《建筑地基基础设计规范》GB 50007的有关规定。各复合土层的压缩模量可按下式计算：

$$E_{sp}=[1+m(n-1)]E_s \tag{1.3-4}$$

式中　E_{sp}——复合土层压缩模量（MPa）；

E_s——处理后桩间土压缩模量（MPa），宜根据现场原位测试结果按当地经验换算压缩模量，无经验时，桩间土原位测试结果提高幅度可按式（1-11）中 f_{sk} 的取值方法采用。

8）进行稳定性验算时，复合土层的抗剪强度指标值可按下列公式计算：

$$\tan\varphi_{sp}=m\mu_p\tan\varphi_p+(1-m\mu_p)\tan\varphi_s \tag{1.3-5}$$

$$c_{sp}=(1-m)c_s \tag{1.3-6}$$

$$\mu_p=\frac{n}{1+(n-1)m} \tag{1.3-7}$$

式中　φ_{sp}——复合土层内摩擦角标准值（°）；

μ_p——应力集中系数；

φ_p——桩体材料内摩擦角标准值（°）；

φ_s——桩间土内摩擦角标准值（°），砂土或粉土取试验值，较软的黏性土地基适当降低；

c_{sp}——复合土层黏聚力标准值（kPa）；

c_s——桩间土黏聚力标准值（kPa）；

n——桩土应力比，复合土层上的荷载是填土荷载时取公式（1.3-2）应力比的3/4。

（3）振冲密实法注意事项

在振冲置换过程中，对桩间土有挤密加固作用，承载力的提高比值，有学者建议：对于黏性土取1.0～1.3；砂土、粉土、粗粒填土取1.2～2.0。现行行业标准《建筑地基处理技术规范》JGJ 79建议：对于黏性土取1.0；砂土、粉土取1.2～1.5。上海某振冲碎石桩复合地基，桩间土饱和粉土的标贯击数从4击提高到7击，提高比值1.75，根据上海地区的经验公式，地基承载力特征值从60kPa提高到100kPa。

建议根据现场原位测试结果按当地经验换算加固后桩间土的承载力与压缩模量，是因为载荷板试验只能确定浅层地基的承载力，静力触探和标准贯入等原位测试方法可以较方便地确定深层桩间土在加固前后的变化情况，各地有不少利用原位测试结果确定地基承载力与压缩模量的方法可以借鉴，由于换算地基承载力与压缩模量的经验公式不同，按相同原位测试结果换算加固后的桩间土承载力与压缩模量也会不同。

编制现行行业标准《建筑地基处理技术规范》JGJ 79 搜集到的实测桩土应力比多数为 2～5，其中软黏土的应力比上限为 4～6，规范建议桩土应力比可取 2～4。现行行业标准《公路路基设计规范》JTGD 30 建议桩土应力比可取 2～5。由于吹填土通常为欠固结，应力比会相对高一些，因此建议取 2～5。

现行行业标准《港口工程地基规范》JTS 147-1 考虑港口工程遇到的吹填软土强度较低，土坡稳定安全系数比一般建筑工程小等因素，并认为复合地基机理研究尚不成熟，因此为安全起见，建议计算土坡稳定时的应力比取 1～2。既有试验结果表明：原土强度越小，应力比越高，因此上述解释说服力不强；同时采用这个取值，振冲置换法加固吹填软土的作用几乎没有。现行行业标准《公路路基设计规范》JTGD 30 中关于设有粒料桩的路堤整体稳定安全系数计算时，对滑动面处的桩体应力取值未作折减要求。

对于稳定性验算，振冲置换桩主要承受填土等柔性荷载，其受力特点是：桩顶的应力集中可导致向填土产生较小的刺入变形，从而减小应力比，因为一般桩土应力比是在基础或荷载板（刚性荷载）条件下得到的。由于散体材料桩的桩顶应力水平不高、刺入变形很小，这种应力比的折减幅度也很小。通过数值模拟和简化计算取折减 3/4 也是偏安全的。

用复合土层抗剪强度指标值进行地基承载力验算时，应注意加固区主要在基底以下区域。根据地基极限承载力理论，地基承载力除了与基底以下土有关外，还与基础外的地基土有关，现有承载力公式无法区分，直接应用会导致计算结果明显偏大，因此需要修正。

置换桩体材料含泥量得到有效控制时，本身就是良好的竖向排水通道，对于吹填软土初始承载力低，考虑加载过程中的排水固结、强度增长对于优化设计非常重要；但是由于桩距较大，会影响排水固结速度，必要时可以考虑在桩间设置排水通道。

3. 振冲密实法施工

（1）振冲密实法应符合的规定

1）施工前应进行现场试验，确定供水系统水压、流量、振密电流、留振时间等各项施工参数，施工中应检查振冲器的绝缘性能。

2）振冲密实一般进行现场工艺试验，确定振密的可能性、振密电流值、留振时间、提升高度、振冲水压力和振后土层的物理力学指标等。

3）施工时应按远离已有建筑物的方向推进。

4）施工过程中，密实电流和留振时间应符合试验确定的施工参数。

5）在中粗砂层中遇振冲器不能贯入时，可在振冲器两侧增设辅助水管，加大水流量，使振冲器易于贯入。

6）施工现场应事先设置泥水排放系统并一般设置沉淀池。应重复使用上部清水，不应将泥水直接外排。

7）加固粉细砂一般采用下列工艺：

① 平面上可采用双振冲器或三振冲器组合进行振冲密实，将同型号的两台或三台振

冲器的顶端以 2m～3m 的间距、刚性联结组合在一起，使用大功率吊车，将组合机械悬吊作业；

② 冲水压力一般为 100kPa～120kPa；

③ 立面上采用三上三下的成桩工艺，下沉速度一般为 1.0m/min～2.0m/min；

④ 在电流升高到规定的控制值后，一般将振冲器先上提 0.5m～0.6m 后，再进行振动，留振时间一般为 60s～90s；以后每次提升 0.3m；

⑤ 全深度反复振冲 2～3 次，使整个加固体的密实度达到设计要求。

（2）振冲置换法施工应符合的规定

1）施工前应进行现场试验，确定供水系统水压、流量、振密电流、留振时间、填料量等各项施工参数。

2）施工时应按远离已有建筑物的方向推进。

3）施工过程中，密实电流、填料量和留振时间应符合试验确定的施工参数。

4）成孔贯入时水压一般为 200kPa～600kPa，水量一般为 200L/min～400L/min。振冲器应缓慢沉入土中，造孔速度一般为 0.5m/min～2.0m/min。

5）造孔后应边提升振冲器边冲水直至孔口，再将振冲器放至孔底，重复 2～3 次扩大孔径并使孔内泥浆浓度变稀后，再开始填料制桩。

6）填料容易达到孔底时，振冲器可不提出孔口，填料困难时，可将振冲器提出孔口填料，每次填料厚度不一般大于 500mm。将振冲器沉入填料中进行振密制桩，当电流达到规定的密实电流值和规定的留振时间后，将振冲器提升 300mm～500mm。

7）施工完成后，应将顶部的松散桩体挖除或用碾压等方法进行密实，随后铺设厚度为 300mm～500mm、粒径不大于 30mm 的碎石垫层并压实。

1.4　吹填土地基处理新技术

1.4.1　改性真空预压快速处理方法

吹填土的地基处理技术主要有：翻晒与压实法、堆载预压法、真空预压法、强夯法、振动水冲法、固化法和电渗排水法等。但是，对于由饱和超软吹填土形成的围海造陆工程，传统地基处理技术无法克服在强度约为零的泥上作业这一难题。在围海造陆工程的初期地基处理中，上述传统处理方法存在显著的工程难点、局限性或不适之处。

以真空预压为例，传统真空预压在设计计算、施工工艺和工程应用等方面已经成熟，并且适用于处理吹填淤泥及软黏土地基。但真空预压技术是基于地基已经具有一定的承载力，人员和机械设备能够入场施工的条件下进行施工作业的。当地基土为塑性指数 25%且含水率大于 85% 的流泥，必须通过现场试验确定其适用性。

当处理超软吹填土围海滩涂地基时，传统的真空预压面临的困难主要有：①在超软吹填场地中，传统施工机械无法在强度为零的泥上打设排水板，也无法铺设水平砂垫层；②某些沿海地区砂资源匮乏，取消砂垫层，采用塑料排水盲沟、复合加筋褥垫和三维复合排水网同样面临无法在承载力为零的超软地基上实施的困难，并且其成本太高，对于大面积工程难于承受；③传统处理工法的施工周期长，影响工程进度；④常用的 PVC 管不适用于新吹填软基，原因在于单根管长度短、总短接头太多和刚度大不适应地基不均匀沉降。吹填土中含泥量大、颗粒细小，淤堵问题也成为必须解决的难题之一。此外，对于其他地基处理技术而言也存在一些困难。强夯法适用于处理粗颗粒吹填土、砂混淤泥、砂（碎石）混黏性土及表层覆盖一定厚度碎石土、砂土、素填土、杂填土或粉性土的吹填土地基；振动水冲法可分为振冲置换法和振冲密实法两类。振冲置换法适用于处理十字板抗剪强度不小于15kPa的黏土、砂土、粉土、粉质黏土等吹填土地基。

针对上述传统真空预压在超软吹填土地基中的实施难点，本节主要介绍一种新的快速处理方法，即吹填超软地基改性真空预压快速处理方法。该方法是由河海大学刘汉龙教授等人提出并获得国家发明专利的一种新的快速处理工法，主要针对超软吹填土的土质特性和场地的施工难点，在真空预压的基础上提出的改性真空预压方法，主要技术包括：铺设浮桥、改性真空预压等技术。下面主要说明该方法不同于传统真空预压的创新之处及其施工工艺和质量控制标准等。

该技术的主要处理过程是：在围堤内的淤泥区上铺设浮桥，在淤泥区上铺设塑料编织布，将其固定在围堤和浮桥上，在塑料编织布上水平铺设排水支管，塑料排水板围绕排水支管插入淤泥之中，在塑料编织布上水平铺设排水主管，走向与排水支管垂直，排水主管一端连接真空泵。在排水主管和支管上铺设土工布，在土工布上铺设真空膜，在真空膜上附加荷载。

1. 技术主要组成部分

（1）浮桥

1）浮桥的主要材料

① 橡胶泡沫板

橡胶泡沫板的材质为聚乙烯泡沫板。作为轻质材料的聚苯乙烯泡沫板被广泛应用于工程中以及水上救生设备中，但是聚苯乙烯泡沫板易破碎成块状或颗粒状，如果没有外加包装则存在重大安全隐患。在作为浮板使用时必须外套一个钢架结构防止其断裂。由于加工钢架外套加工麻烦，聚苯乙烯加工损耗大，因此聚苯乙烯泡沫板被淘汰。

聚乙烯泡沫板容重轻，抗拉强度高，作为泥上浮板能够提供很大的支撑力，更重要的是不易产生破碎。由于吹填土的地下水主要为海水，具有较强的腐蚀性，聚乙烯泡沫板则耐腐蚀、耐老化能力强，耐高低温（+80℃～-45℃）不流淌、不变形、不脆裂。可以多次反复使用。聚乙烯泡沫板施工方便，成型后可直接使用，具有很高的弹性和强度，可以任意碾压、扭转、撕拉而不发生断裂、破损，即使刀刃也难以划破，聚乙烯泡沫板是理想的浮板材料。

② 钢管或毛竹杆立柱

地下水分析试验表明，地下水对钢筋具有弱腐蚀性，因此可以采用钢管作为浮架立柱，此外，对于盛产毛竹地区，还可以采用毛竹杆代替钢管。

钢管和毛竹杆作为立柱的主要作用有二：一是固定浮桥的水平位置，使橡胶泡沫板不发生左右晃动；二是起到固定塑料编织布的作用。塑料编织布是本场地特有的一种材料，在本场地真空预压施工中起着十分重要的作用，在浮桥建好的后期施工中必须将塑料编织布的四周固定在周围浮桥的立柱和围堰的木桩上。立柱（钢管或毛竹杆）的作用是确保施工便利和施工安全的重要保证。

③ 竹胶板

竹胶板是以毛竹材料作主要架构和填充材料，经高压成坯成型，可作为建筑架模灌浆，车厢厢体板和厢底板，大型机械外包装板，及各种需要用板材的场所。由于竹胶板硬度高，抗折，抗压，在很多使用区域已经替代了钢模板，并在很多地方替换了木材类板材的使用。在橡胶泡沫板上铺设 2 层竹胶板，在承重时可以起到均布橡胶泡沫板上压力，提高浮桥的整体刚度，避免橡胶泡沫板局部变形过大，周围易翻起等现象的发生。另外，当橡胶塑料板上有水或泥时，人易滑倒，但是竹胶板可以避免滑倒现象的发生。

2）浮桥结构

浮桥结构如图 1.4-1 所示。已经建好的浮桥如图 1.4-2 所示。施工人员可以在浮桥上自如地行走，具有很好的稳定性，满足施工人员和施工材料的运送，图 1.4-3 为施工人员正在运送土工布，表明施工浮桥可以胜任作为施工平台和施工便道的使命。

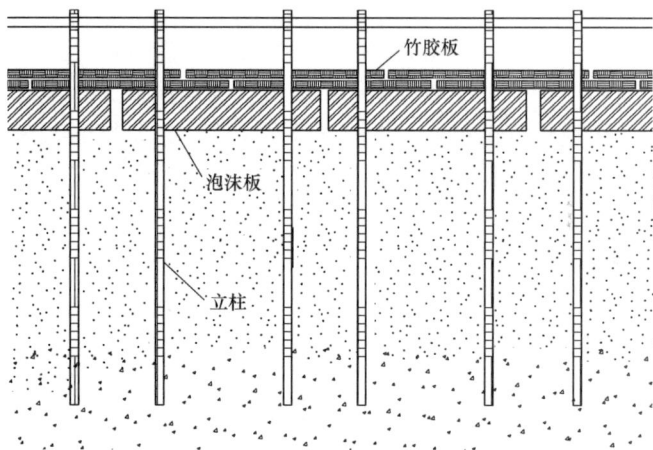

竹胶板

泡沫板

立柱

图 1.4-1　浮桥结构示意图

图 1.4-2　建造好的施工浮桥

图 1.4-3　浮桥上施工材料的运送

3）浮桥制作方法

① 规划浮桥路线

根据真空预压加固区块的划分规划施工浮桥布置，真空预压区块划分时应考虑铺膜、布泵的便利性。不合理的路线布置将明显增加浮桥的投入，以及增加浮桥下吹填土部分二次处理的工作量。

每个真空预压区块至少相对的两边有浮桥或围堰，另外两边或一边与相邻的区块之间可不设置浮桥。

② 打设立柱（钢管或毛竹杆）

在浮桥规划线路两侧打设钢管或毛竹杆，单侧每两根立柱的距离为 1.2m，每块橡胶泡沫板两侧共 4 根立柱。立柱打设时应穿过吹填土部分，进入原地基土 1.5m 左右，以保证承载时立柱的稳定性。立柱上端应高于泥面 1.5m。

③ 在每块橡胶泡沫板两端分别打 2 个直径 2cm 的圆孔，然后用绳索将多个橡胶泡沫板首尾顺次相连。相连后在立柱之间直接铺设即可。

④ 在橡胶泡沫板上方铺设两层竹胶板，下层的每块竹胶板分别连接相邻的两块橡胶泡沫板，使竹胶板和橡胶泡沫板呈齿合状。然后，上层竹胶板再与下层竹胶板呈齿合状。

⑤ 在竹胶板上方用铁丝连接浮桥左右两边的立柱，连接时应使铁丝贴紧竹胶板，使浮板（包括橡胶泡沫板和竹胶板）被"紧紧地"固定在泥面和铁丝之间，尽可能提高浮桥的稳定性。当地表水位变化或者地表下沉致使浮桥会上下浮动时，应及时调节铁丝的位置。

（2）浮船

施工人员通过浮桥运输材料，但要在大面积吹填土上铺设编织布、布管、插板等作业时需要采用浮船。其主要材料是毛竹、竹胶板和泡沫板，竹胶板作为船底，用毛竹制造船体框架，泡沫板作为船舷，人员站在浮船里作业，通过施工人员利用纤绳在浮桥上牵引行走。制造好的浮船如图 1.4-4 所示。

图 1.4-4　泥上施工浮船

（3）改性真空水平排水系统

改性真空水平排水系统主要包括以下组成部分：塑料编织布、排水支管、排水主管、塑料排水板、土工布、真空膜、真空泵等。

1）塑料编织布

塑料编织布采用的是一种可透水的塑料编织布，在真空预压施工中起着十分重要的作用。在浮桥建好后，必须将塑料编织布的四周固定在周围浮桥的立柱和围堰的木桩上，它作为反滤层，阻挡淤泥中细小颗粒进入其上的水平排水系统。

2）排水支管、排水主管

在传统真空预压中采用 PVC 管和带孔的圆管作为排水主管和排水支管，但 PVC 管具有圆管腔体大、刚度大不易变形、长度短导致的接口多等缺点，而本方法中采用了波纹管作为膜下排水主管和排水支管，波纹管属于半刚性半柔性材料，其刚度能够满足传递负压的要求，其柔性和伸缩性能够适应场地的不均匀变形，而且波纹管出厂时每盘长度可达200m，施工时可根据场地要求任意截取，省去中间很多接头，提高工作效率。

改性真空预压技术的具体施工工序以及质量控制和验收等将在下一节中结合工程案例进行讲解。

1.4.2 其他吹填土地基处理新方法

1. 高真空击密法

吹填土具有表层土强度约为零的特点，宜先采用本节前述的改性真空预压结合腹水预压的方法对其进行预处理，使表面土层具有一定的强度以便能进行"二次处理"，"二次处理"可以进一步提高地基土体的强度、稳定性，降低含水率等。

常用的超软吹填土"二次处理"工法有：堆载预压法、强夯法、振动水冲法等。在对围垦吹填土地基进行"二次处理"时，超软吹填土表层虽具有一定的强度，但仍具有含水率较高、孔隙比大、高压缩性、强度低等特点。针对这些土质特点，本节下面主要介绍一种快速软基处理方法——高真空击密法。高真空击密法是由上海港湾软地基处理有限公司徐士龙提出并获得国家发明专利。该方法将真空井点降水作为降水和主动排水系统，与强夯法结合起来进行地基处理，使排水固结和动力固结得到了有机结合。

该工法的主要原理是：首先，采用真空井点降水系统降低土体含水率和地下水位，使土体达到相对应于一定密实度的最佳含水率，同时还能抑制夯击后土体部分超孔隙水压力的产生，此时土体内部处于高负压状态；其次，在土体达到一定含水率后，根据设计进行强夯击密，夯后采用真空井点降水系统进行主动排水，井点管为孔隙水提供排水通道，夯前形成的高真空负压和夯击后土体受到的正压共同作用于土体，加快了土中超孔隙水压力的消散，从而提高地基土的强度、承载力、稳定性和降低压缩性等；再次，循环进行真空井点降排水和强夯击密两道工序直至地基土的强度、承载力和稳定性等指标符合工程要求。其技术主要组成部分包括降水、排水系统和强夯。

（1）降水、排水系统

本技术采用真空井点降水法作为降水和排水系统，即在需要处理的地基上插入数排真空管，各真空管连接井点设备总集水管，井点设备总集水管连接自动动态平衡筒，自动动态平衡筒分别与真空泵和排水泵相连，真空抽水。该排水系统为主动排水方式，兼有夯前降水和夯后排水的双重作用。

井点降水系统由集水总管、井点管、自动动态平衡筒、过滤管等组成管路系统。在特殊的真空抽水泵作用下，真空通过井点管传至井点管底端。井点管附近的地下水经过滤管被强制吸入井点，井点周围孔隙水迅速向井点管汇集而被排出。

1）真空管

插入地基中的真空管分为：浅管和深管，浅管一般长 2m～3m，深管一般长 5m～6m。浅管主要用于降低土体含水率，使需要处理的土体达到最佳密实度对应的最佳含水率，深管的主要作用是拦截区域外的孔隙水，降低场地内的地下水位。浅管和深管分别在不同的深度位置形成高负压，在土体中产生巨大负压差，孔隙水向井点迅速汇集，通过井点管排出，从而使地下水位下降，地基土性得到改良。

2）自动态平衡筒

自动动态平衡筒（图 1.4-5）的顶端中心开设一抽气孔，通过连接管与真空泵相连，筒体两侧对称处开设两抽气孔，分别连接井点设备总集水管和排水泵，筒内底面中心处设置一根导向轴，轴上套置一个运动活筒。

自动动态平衡筒的工作原理：当真空泵抽轻型井点水存贮量较大时，平衡筒内水位升高，该浮筒利用浮力的作用逐渐上升，达到一定高度后将顶端真空泵抽气口封堵，此时真空泵停止工作，抽水泵加快抽水，一段时间后筒内水位下降到一定高度，该浮筒下降打开真空泵抽气口，真空泵重新开始工作。这样往复循环，从而达到了动态调节真空泵及高压排水泵相互协调工作的目的。

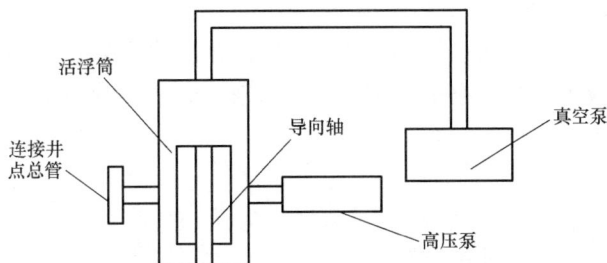

图 1.4-5 自动动态平衡筒

（2）强夯

本技术采用真空井点降水结合强夯的工艺，两道工序交替循环进行，优势互补，解决了强夯过程中超孔隙水压力的急剧增长和孔隙水难以消散的问题，并且主动排出孔隙水。在强夯过程中，强夯的频率、击振力和间隔时间等内容要根据相应的真空排水的情况进行设计。

下面主要说明该方法的施工工艺等。

1）施工准备。清理并平整施工场地，确保设备和人员的进场条件，对处理区域进行放样定位，在场地四周开挖 2m～3m 深的排水明沟，在排水沟内设置集水井，进行抽水。在排水明沟内侧，沿场地四周以一定的间距设置井点管，称为封管。

2）安置降排水系统：

① 在场地内布置真空管，真空管点间距为 3.0m～4.0m，分浅管和深管。浅管主要排出浅层土体的空隙水，深管主要降低地下水位；

② 连接井点设备总集水管，井点设备总集水管连接自动动态平衡筒，自动动态平衡筒分别与真空泵和排水泵相连；

③ 在排水明沟内侧，沿场地四周以一定的间距设置井点管，并预埋孔隙水压力计和水位观测管，然后准备进行第一遍降水。

3）进行场地内降水。调整真空度，真空抽水一定时间，通过场地内井点管快速排出孔隙水，达到迅速降低地下水位，强制调整土体含水率的目的。

4）动态监测地下水位变化，当达到设计水位并稳定一段时间（至少两天）后，准备进行第一遍强夯工艺。

5）第一遍强夯击密。真空井点降水一段时间后，含水率满足强夯的要求，地下水位达到设计水位，开始进行第一遍强夯击密。夯击时把场地内井点管拔掉，边拔管边强夯，直到整遍强夯完成，外围封管在整个处理过程中应持续降水。第一遍强夯击密前，初步确定夯击能量，然后进行试夯。根据不同区域、不同地质条件调整作业参数。

6）第二次降水。第一遍夯击结束后，可立即整平，然后按照设计方案进行第二遍真空井点降排水。完成降排水后，根据设计的强夯工艺进行第二遍强夯击密，其中夯击点间距取上次夯击参数，夯点位于第一遍夯点中间，呈梅花形布置。第二遍夯击完成后进行第二次整平工作。

7）第二次夯击结束后，进行第三遍高真空击密施工，第三遍为满夯，目的是加固前两遍点夯时被振松的浅层土体。故第三遍降水主要是控制浅层土的含水率，不必设置深管，仅设置浅管即可。

8）全部夯击结束后进行推平和碾压。

高真空击密法能够克服传统技术无法解决的难题，并且保证了工程质量、减少了施工时间、降低了工程成本。高真空击密法自问世以来，成功应用于数十项工程，取得了良好的经济效益和社会效益。

2. 预排水动力固结法

预排水动力固结法是一种将轻型井点降水、动力碾压与强夯动力固结联合的新的加固技术，用于加固新近吹填的处于流塑状态的粉土地基。预排水动力固结加固软土地基法是由河北建设勘察研究院有限公司聂庆科等提出并获得国家发明专利的一种吹填土地基处理新技术。预排水动力固结法首先采用轻型井点降水和动力碾压的方法使地基具有一定的初始承载力，然后，施加较大的强夯动力荷载，使地基承载力得到显著提高。它可以充分利用"轻型井点降水法"和"动力固结法"各自的优点，且又相互作用，加固效果良好。

（1）预排水动力固结法加固吹填土地基的基本原理

预排水动力固结法是先通过轻型井点和适当的辅助措施，降低处理区域的地下水位和土体含水量，当处理区域表面有一定承载能力后再进行适当能量夯击，使地基土在循环动力荷载作用下加速固结，强度提高。

降水进行一定时间后利用振动碾压快速提高土体的孔隙水压力，显著增强了井点降水的降水效率和效果。强夯后利用井点降水来加速强夯产生的超孔隙水压力的消散和孔隙水的排出，从而可以迅速提高吹填土的固结率，有效避免强夯过程中出现"橡皮土"现象。

预排水动力固结法加固吹填土地基时，土体强度提高的过程可分为四个阶段：

1）预排水：通过真空降水，降低地下水位，土体排水固结，使土体强度初步提高。

2）适当能量夯击：吹填土在夯击时受瞬时施加的冲击能，在地基土中产生冲击波和动应力，使一定范围内产生超孔隙水压力。在超孔隙水压力的作用下，土体发生液化，土体结构破坏，水和气体排出，此时土体表现为土体强度降低或抗剪强度丧失。

3）随着孔隙水压力的进一步升高，土体结构进一步破坏，使得吹填土土体裂隙贯通，此时通过排水和降水措施，降低处理区域的地下水位，使超孔隙水压力迅速消散，土颗粒被压密或重组，土体开始重新固结，孔隙比减小，土体有效强度得到提高。

4）随着孔隙水压力的进一步消散，触变恢复并伴随固结压密，土的强度继续提高。其中第二阶段是瞬时发生的，第四阶段是在夯击后较长时间才能达到。

（2）预排水动力固结法具体步骤

1）预排水装置制作与预排水系统安装

预排水装置主要由井点管排水装置、支管、总汇水管、排水动力机组组成，其中，井点管排水装置的井点管自下而上分为三段，下段底端有密封端盖，为沉淀段；中段上有交叉分布的透水孔、为滤水段；上段为死管段。滤水段管芯外纵向绑定有支撑管架，其外包裹无纺布内滤网，滤水段上还纵向间隔设置扶正器，扶正器为双环结构，内外环间隔35cm，有拉杆连接，内环套置在管芯及内滤网上，以自攻螺钉固定在管芯上，外环外套置尼龙外滤网，内滤网与外滤网之间充填滤料。管芯可为直径30cm～40cm的PVC管。透水孔直径可为5、10mm；外滤网为60、80目的尼龙滤网，内滤网的渗透系数应小于外滤网。

用高压射水法在软土中打设井孔后，将井点管排水装置放入孔中并用滤料封填，其上部与死管段同深段用黏土封填，并外露接口。

井点管排水装置使用时以 30 根为一组，用钢丝管将每根井点管连接到各个支管上，支管则用总汇水管连接起来，这样井点管排水装置、支管和总汇水管组成集水管路系统。总汇水管与排水动力系统连接，通过排水动力机组的工作，地下水透过外滤网进入滤料层，被滤料层过滤后经内滤网、透水孔进入井点管管芯，再被抽吸进入支管，再通过总汇水管排除场外。

2）第一遍预排水

利用安装好的预排水系统对软土地基进行预排水，当出水量明显减少时，利用碾压机械如振动压路机、装载机、挖掘机等在井点管间进行碾压，增加地基土中的孔隙水压力，以此达到辅助排水的目的，碾压遍数以 2、3 遍为宜。事实上，该方法具体应用中在第一遍预排水操作时，特别是当排水量降低时要施加辅助的增加排水的措施，并可根据处理要求进行多遍的预排水与动力固结。

3）第一次动力固结

利用强夯对地基土进行小能量夯击。夯击过程中要保护好预排水装置。

4）第二遍预排水

启动排水动力系统，抽取地下水，降低由于强夯引起的超孔隙水水压力

5）第二次动力固结

利用强夯，在不破坏预排水系统的前提下，在第一次动力固结的夯点中间位置布置夯点，进行第二次小能量强夯。

6）第三遍预排水及排水装置拆除

再次启动排水动力系统进行抽水，待超孔隙水压力消散 85% 以上后，拔出井点管排水装置，拆除分支集水管、集水总管、钢丝管、排水动力系统拆除。

7）第三次动力固结

利用小能量强夯对加固区进行一遍满夯，或利用振动压路机对加固区进行一遍碾压，来加固软土地基的表层。

预排水动力固结法加固吹填粉土地基充分利用了井点降水、碾压和强夯法的优点，加固速度和加固效果非常突出，该法已在山东大唐东营电厂饱和吹填软土地基加固中成功应用，具有良好的社会和经济效益及推广应用前景。

3. 低位真空预压法

传统的真空预压法是在需要加固的软黏土地基内设置砂井或塑料排水板，然后在地面铺设砂垫层，其上覆盖不透气的密封塑料膜使之与大气隔绝，通过埋设于砂垫层中的吸水管道，用真空装置进行抽气，将膜内空气排出，因而在膜的内外产生一个气压差。这部分气压差即变成作用于地基上的荷载，地基随着等向应力的增加而固结。低位真空预压法是采用吹填泥浆取代塑料膜作为真空系统密封层的一种新的真空预压加固软土地基的方法。该方法的水平真空管网布在吹填泥层的下部，真空系统将对其上的吹填泥层和其下的软土地基同时作用。因相对于加固后位于其上的吹填土而言，水平真空管网位于下部，故称该真空预压法为低位真空预压法。

低位真空预压法具有多功能的特点。第一，真空荷载对上下土体同时作用，在下部软土地基得到加固的同时，上部吹填泥土也得到了加固，加固后的吹填土可直接用作地基，

以弥补地基沉降造成的高程不足,这对解决中国沿海地区土源不足的困难具有重要的现实意义。第二,用吹填泥浆取代塑料膜作密封层,克服了塑料膜易破损的缺点,且具有施工简便、造价低的优点。第三,在沿海的堤防、公路、海港等建设中还可以结合港池开挖、航道疏浚等工程,以解决吹填土去处的问题,具有明显的环境效益。

低位真空预压法主要是通过在待加固地基上打设塑料排水板作为垂直排水体,同时在地基表面铺设水平管网作为水平排水体,以形成排水通道。当排水管网及抽真空系统安装完成后,向水平排水体上吹填一定厚度的淤泥作为密封层,再用真空泵等设备抽真空,在密封泥层层底形成负压,在真空荷载作用下将待加固地基中的孔隙水顺排水板快速排出,地基土产生固结,并提高承载力,从而使地基得到加固。低位真空预压法适用于大面积吹填造陆、生态海堤、淤背固堤等工程领域,加固效果较好。

1.5 工程案例(改性真空预压快速处理方法)

温州民营经济科技产业基地永兴南园土地整理场地软基处理工程,位于瓯江南口以南龙湾永兴南园围垦境内,工程拟处理软土为流泥,褐灰色,为海相吹填形成;含水量极高,具有很强的流动性及触变性。工程软基处理目的是将航道疏浚吹填造地形成的3m～4m厚流塑状软黏性土,处理到有一定承载力适宜建设的场地土。工程经改性真空预压快速处理方法处理后的超软吹填土的土性指标得到显著改善,场地平均承载力可达55kPa以上,实现人员、机械进场的要求,工期只需要4～6个月,地基处理完全达到了预期目的。工程采用改性真空预压快速处理方法,快速实现了围海造地目标,大量节省工期和工程成本,取得了巨大的经济效益。

1.5.1 工程概况

对吹填土地基的岩土工程分析、评价。由地质资料得,该地区表层吹填淤泥层的含水量为100～150%。吹填淤泥为外海浅滩疏浚土,疏浚土以海相沉积层淤泥为主,该层土物理力学性质差,具有高含水量、高压缩性、孔隙比大、强度低等特点。如果自然晾晒,则其自重固结时间很长,且由于该土层强度低,人员和设备无法进场,地基处理无法施工,即使施工,在此吹填土的地基处理施工时要求砂垫层厚度在1.0m以上。

根据现场吹填情况,经水力分选过程后土颗粒分布很不均匀,较粗的颗粒沉积在吹泥口附近,强度普遍较高,含水量相对较低;较细小的颗粒则冲至远离吹泥口的区域,形成冲积扇。同时吹填对上卧原状的淤泥流泥挤出扰动,造成吹填土层与下卧天然淤泥厚度变化的不均匀性。由于吹填含水量极高,且本工程排水系统不完善,传统的落淤晾晒并不能有效降低吹填层的含水量。同时由于吹填层承载力低、流动性较强,土工布铺设时很难保持平衡,经常会发生滑移、局部沉陷、局部隆起现象,排水砂垫层铺设极其困难,为软基的深层处理带来较大挑战。因此,工程采用由河海大学和温州民营经济科技产业基地(龙湾)开发建设指挥部研发的改性真空预压技术,成功地实现大面积软地基的快速处理。

1.5.2 改性真空预压技术设备研制和现场试验研究

结合温州沿海产业带围海造地工程,展开改性真空预压技术的开发与应用研究。温州沿海产业带围海造地工程大面积吹填场地均为流动状淤泥,强度很低,施工设备和人员无法直接进场施工,针对此问题研制了大面积淤泥场地人员作业设备,解决人员进场和人员施工的问题。针对大面积淤泥场地上人工插设塑料排水板费事费力，施工速度慢，而且插设深度不深的问题，研制了泥上机械插板设备，实现大面积快速高效的施工。设备的研发制作和使用说明在上一节中已详细描述，本节不再赘述。

选择合适的吹填完成后的地基处理方式是决定园区建设规划目标能否顺利实现，乃至建设成败的急需解决的关键环节。鉴于地基处理环节的关键性，因此决定首先选择一块排水条件和地质条件较好的场地，通过吹填形成一块吹填场地，加强排水和通过晾晒，使地基具有 20kPa～30kPa 左右的条件，使施工人员较易进场施工，即进行改性真空预压技术小面积试验，研究改性真空预压技术在吹填软基上应用的可行性，并对试验结果进行详细的分析为后续大面积试验提供参考。

施工方案

试验场地选择长 45.0m、宽 22.2m，面积 1000m^2，塑料排水板设计深度为 2.5m，间距为 1.0m×1.0m，如图 1.5-1 和图 1.5-2 所示。

按如下步骤进行试验：

（1）在吹填场地上铺上一层塑料编织布；

（2）人工插设塑料排水板，塑料排水板采用 B 型板，施打深度 2.5m，排水板间距 1.0m×1.0m。需要对排水板两端进行加工。加工方法是每根塑料排水板底端的滤膜向上翻起 5cm，用剪刀把筋芯剪掉 3cm，然后再将翻起的滤膜翻下来。把滤膜壁紧贴在一起后向一侧折叠，将底端开口卷在里面，再用订书机把底端订牢；

（3）在施打塑排板的同时进行开挖排水明沟（该明沟在真空预压施工中作为压膜沟，在下一步的井点降水或电渗降水施工中作为排水明沟）；

（4）塑料排水板施打结束后，布置真空吸水总管，吸水总管采用渗水波纹管。总管下开挖浅层盲沟，以利总管置入后比地表稍低；

（5）塑料排水板与总管连接，连接方式为直缭式或滤套式。将排水总管埋入盲沟内，并在盲沟上铺条状真空膜一层后垫平盲沟；

（6）每 500m^2 布置一台 7.5kW 真空射流泵；

（7）铺设一层土工布和两层塑料真空膜，塑料真空膜边沿置入四周压膜沟内，然后进行试抽。确认负压密封的情况下进入负压密封降水施工，在施工过程中有专人检查负压情况，以及场地沉降量观测，并确保不漏气；

（8）当抽真空 22d 后，加固区域沉降量逐渐减小并趋于稳定，说明负压密封降水已趋无效，此时负压密封降水结束；

（9）揭开真空膜和土工布，进行原位试验。

为对软基加固的机理进行研究，并为计算理论提供依据和设计参数，施工过程中在现场根据不同的地质条件及设计参数布置监测断面和埋设监测仪器，以对加固区的沉降、水平位移、分层沉降、地基孔压、土压力等变化规律进行研究。通过现场施工跟踪观测，对其加固机理的认识、设计方法的形成、改进施工工艺、合理评价其加固效果等具有十分重要的意义。

由小面积试验得到改性真空预压法在实际操作中是可行的，在施工工艺进一步优化后

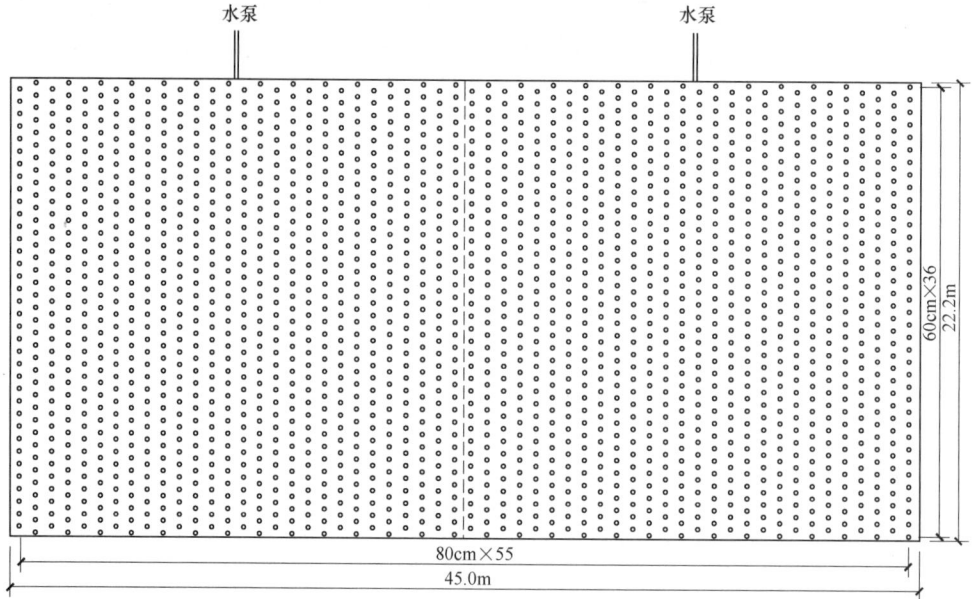

图 1.5-1 塑料排水板布置平面示意图

图 1.5-2 塑料排水板布置立体示意图

可以在大面积吹填超软地基上应用。

1.5.3 改性真空预压技术设计和施工工艺

1. 真空预压加固软土地基设计

（1）前期设计：预压区面积确定、场地平整等。

（2）竖向排水系统设计：竖向排水体的选择，竖向排水间距、排水方式和打设深度的确定等。

（3）水平排水系统设计：主管、滤管的选择及布置、砂垫层设计等。

（4）密封系统设计：密封膜的选择、压膜沟、补漏设施、覆水要求、各类出膜装置设计等。

（5）抽真空设备设计：射流泵的数量、设备要求、开泵量计开泵计划等。

（6）质量控制标准：膜下真空度要求、停泵标准等。

（7）沉降计算：真空预压和建筑物荷载下地基的变形计算、真空预压后地基土的强度增长计算等。沉降量按单向压缩分层总合法计算地基上的最终沉降量。

2. 改性真空预压施工工艺

改性真空预压技术在工程中成功地实践，并可以较成熟地应用于大面积超软地基处理（图 1.5-3）。全套施工工艺如下：

（1）首先在吹填泥面上铺设一层塑料编织布［图 1.5-3（c）］，并将其固定在浮桥或围堰上，呈张网状。

（2）用橡胶泡沫板和竹胶板定做一个面积 2m×2m 的浮板，浮板供插板作业人员在泥上行走使用，以及向场地中间运送排水支管和塑料排水板等材料，浮板靠两根长绳索在围堤或浮桥上的牵引方便地在塑料编织布上移动。

（3）将排水支管［图 1.5-3（d）］按一定间距先摆好，排水支管为外套滤膜的带孔波纹管，称为波纹滤管；排水支管的间距为塑料排水板的排距。

（4）对施工区域进行塑料排水板试插［图 1.5-3（e）］，确定塑料排水板打设深度，试插时以穿透淤泥层为准，根据打设深度、上端预留长对截取塑料排水板。

（5）对塑料排水板的插设位置进行定位，距支管约 20cm 的地方，用刀片将塑料编织布划开，孔口长度略大于塑料排水板宽度，孔口切忌过大，以防泥浆从孔口处进入上层的水平排水系统内。

（6）将塑料排水板下端略折叠 10cm，对准划开的孔口，用插板器匀速垂直插入泥中，插到吹填泥底部；将插板器上拔时，先适当旋转再上拔，以防塑料排水板被回带。

（7）对插好的塑料排水板上端余下的长度，先贴地面放置 20cm 形成一定的水平段，到邻近的排水支管处从上向下缠绕 1 周，缠绕的直径要大于排水支管直径的 1.5 倍～2倍，自然缠绕，避免抱死。再将余下的短板部分插入另一侧泥中，形成一长板一短板，以增加真空度的传递。

（8）在垂直于排水支管方向，布置排水主管，间距 10m～15m，排水主管与排水支管用三通或四通连接［图 1.5-3（f）］。排水主管在出膜处设置出膜孔，以便于真空泵连接。

（9）铺设两层 180g/m² 土工布［图 1.5-3（g）］，由于塑料编织布有很大的张力，此时人可以在上面行走时虽有陷入但可以自由行走。将整卷的土工布抬进场地，铺设时从处理区块的一端多人并排翻转土工布，同时在区块另一端牵引和拖拉土工布。

（10）铺两层真空膜［图 1.5-3（h）］，为聚乙烯薄膜，厚 0.14mm，铺设方法同土工布，真空膜的边界余出被加固区块边界 2m 左右。但要注意保护真空膜，避免被撕裂。

（11）由于吹填泥处于流动状态，不需挖密封沟，压真空膜边界。需要把余出的边界至少踩下 1.5m 深度以下。踩膜前，先松开塑料编织布的被固定边，把下层的塑料编织布和土工布全部包裹在真空膜之内后再压膜。压膜时，应把边界处的泥浆充分搅动，确保真空膜边界不漏气。

（12）布置真空水泵［图 1.5-3（i）］，每 1000m² 布置一台水泵，将水泵在每个区块均匀布置，真空泵与主管连接。由于地基处理面积很大，大部分水泵不得不布置场地中间的真空膜上，因此应做好支撑和保护措施。

（13）循环开启 30% 的真空泵，试抽真空 15d［图 1.5-3（j）］，检查是否漏气加强真空维护。在试抽真空 15d 后正式满负荷开启真空泵，在真空压力达到 80kPa 后持续稳压。

（14）开始膜上覆水 50～100cm，以增加预压水荷载，防止真空膜受太阳曝晒和大风侵蚀，延缓老化［图 1.5-3（k）］。

（15）做好各项现场监测，绘制沉降-时间关系曲线，待沉降稳定符合卸载条件后［图 1.5-3（l）］，卸除真空荷载，拆除抽真空系统。

(a) 围海吹填

(b) 修建浮桥

(c) 铺编织布

(d) 布设水平排水管

(e) 人工插塑料排水板

(f) 连接塑料排水板与水平排水管

图 1.5-3   改性真空预压施工过程

(g) 铺土工布

(h) 铺真空膜并压膜密封

(i) 布设真空泵

(j) 抽真空

(k) 抽真空一周后的场地

(l) 抽真空完成后的场地

图 1.5-3　改性真空预压施工过程（续）

```
┌──────────┐
│ 修建浮桥  │
└────┬─────┘
     │
  ┌──┴──────────────┐
  ▼                 ▼
┌──────────────┐ ┌──────────┐
│铺编织布、打排水板│ │ 布设监测点 │
└──────┬───────┘ └────┬─────┘
       │              │
       ▼              │
┌────────────────────────┐
│布管、铺土工布、铺膜、压膜、布泵│
└───────────┬────────────┘
            ▼
      ┌──────────┐
      │ 密封降水  │
      └────┬─────┘
  ┌────────┤
  ▼        ▼
┌──────┐ ┌──────────┐
│过程监测│ │ 降水结束  │
└──────┘ └──────────┘
```

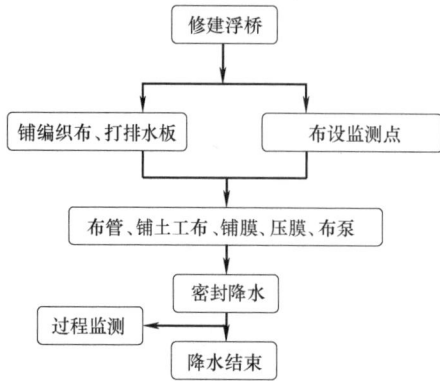

图 1.5-4　改性真空预压工艺流程图

1.5.4　改性真空预压技术质量控制和验收

改性真空预压技术的质量控制和验收对于保障工程的质量具有重要的意义。改性真空预压技术的质量控制要求和验收要求如下：

1. 抽真空质量控制要求

（1）抽真空主、次管均匀布网。主次管间距按照设计施工图纸布置。主、次管通过三通连接，连接处需绑扎牢固，防止脱落。

（2）密封沟压实深度应达到设计要求，真空预压时应经常查验密封。若密封沟周围为硬土层，则人工开挖一定深度，并修整平顺，不允许存在局部突出的硬块，以免抽真空时顶破撕裂真空膜，并铺设真空膜时铺设一层土工布。密封沟用淤泥或黏土回填密实。

（3）真空膜选用两层 0.14mm 厚密封性好、抗老化能力强、韧性好、抗穿刺能力强的专用聚氯乙烯塑料薄膜。铺设土工布及密封薄膜前，严格进行表面处理。认真清理平整表层带尖角物体。第一层膜铺后要认真检查及时补洞，再铺设第二层真空膜，同样要认真检查及时补洞。

（4）真空膜铺设时需注意以下问题：膜的大小在加工时应考虑埋入密封沟的部分，留有足够的余地，保证真空膜有足够宽度以覆盖整个预压区域。铺设时，膜不宜拉得太紧，考虑膜上面留有一定褶皱，避免沉降过大而拉裂真空膜。铺设时一般自一边开始。大风及雨天禁止铺设真空膜。现场粘贴时应保持粘结部位的清洁，上胶后要用力压紧，依次沿缝向后进行粘接，注意刚粘接的部位不能马上受力。在膜上放置沉降标时，应在标下垫一层土工布注意放平压重，以防戳破薄膜。

（5）采用电网提供动力保障，电路布设安全、合理，不影响抽真空效果。电网供电应避免经常停电等，若停电应请供电单位提前 2 天通知。

（6）在正常抽真空期间，采用有效措施，确保加固区内膜下真空度稳定在 0.08MPa 左右，射流泵出口处真空度确保达到 90kPa 以上。

（7）抽真空期间，配备人员 24 小时在现场值班，保证抽真空系统正常作，并及时记录有关技术参数。现场值班人员经常观察并记录真空度变化情况，发现膜下真空度下降或真空泵出水异常应立即采取措施，查找原因。

（8）因停电或因检修射流泵进行关停时，须立即关闭截止阀。防止真空泄漏，影响真空预压效果。

（9）真空预压时，因为现场处理的土层为新近吹填淤泥层，沉降较大，为防止密封沟边线开裂或压力过大拉开真空膜，应每隔 4d～5d 对密封沟进行检查，以防漏气漏水等。

（10）抽真空过程中应禁止人员、机械等进入真空膜上面，工作人员入场地须穿软底鞋。

（11）作好真空度、表面沉降等现场测试工作，掌握变化情况，并随时分析观测资料，如发现异常，应及时采取措施，以免影响最终加固效果。

2. 塑料排水板质量控制要求

（1）使用的塑料排水板，必须具有产品出厂合格证的技术性能检定书，塑料排水板的规格、质量和排水性能等指标，必须符合塑料排水板技术参数与要求。

（2）每批塑料排水板运抵工地后，应进行外观检查和验收，其方法、数量与标准按《塑料排水板质量检验标准》JTJ/T 257—96 的有关规定执行。对同批次生产的塑料排水板，按照规范要求进行抽检。

（3）现场排水板材料必须用帆布覆盖或存放于工地材料仓库中，以防日晒雨淋加速材料老化。

（4）不准使用存在板体断裂和滤膜撕破等现象的排水板。

（5）排水板加工时应两端将芯板用滤膜包裹好并固定，不允许使用断头未按要求处理的塑料排水板，以免淤泥进入排水板芯板堵塞排水通道。

（6）塑料板严防出现扭结、断裂、撕裂滤膜及塑料板打设后在垫层中开成空洞等现象。打塑料板时，顺板人员要认真负责，必须将板面理顺。插打时应垂直插入并达到设计要求的间距，插板时应横平竖直，严格控制插打深度和间距。

（7）按照设计施工图纸要求准确裁断塑料板，严格控制塑料板打设长度，现场设专人检查。

（8）插打时在编织布上隔开的小孔应满足插打排水板的孔径，一般宽度为 11cm～12cm。上拔插入杆时带出的淤泥应尽可能少，并防止回带。

（9）施工时应加强检查，保证板距、垂直度、板长、跟带长度等符合规范要求，否则应予重打，重打的位置与原位置不大于 30cm。

（10）对于插入管拔起后所留孔，尽可能不让泥浆冒出编织布层，影响预压效果。

3. 波纹滤管质量控制措施

（1）波纹滤管主次管均采用 DN50 波纹滤管，主管间距为 20m 左右，支管间距为 0.8m。

（2）波纹滤管出厂时应有质量合格证及技术性能指标鉴定书，到工地时应组织验货，主要为检查重量和质量等，卸货时应轻拿轻放，严禁运输时在石头等硬物上拖曳，防止滤膜损坏。若发现有缺陷滤膜，应立即补好。

（3）波纹管主次管应做到横平竖直，主次管之间用 PVC 三通或四通连接，连接时在端头部位用 20cm 变径 PVC 管接出并连接在波纹管上面，然后用铁丝绑牢，绑扎时严禁铁丝向上。

（4）材料加工和施工时严禁对波纹管进行踩踏。

（5）波纹主管上面在铺设真空膜前应加铺一道 50cm 宽 150g 土工布。

4. 土工布质量控制措施

（1）使用的土工布，为具有产品出厂合格证的技术性能检定书，土工布的规格、质量和重量性能等指标，必须符合该型号土工布的技术参数与要求。

（2）每批土工布运抵工地后，应进行外观检查和验收，其方法、数量与标准按有关规定执行。对同批次生产的塑料排水板，按照规范要求进行抽检。

（3）土工布铺设前应清理铺设部位的杂物等，插打塑料排水板时留下的滤管毛竹竿等，并对插打的塑料排水板进行检查。

（4）土工布铺设应有一定宽度的搭接，搭接宽度不小于 30cm，铺设时严禁漏铺。铺设后在波纹滤管主管位置加铺一道同规格的土工布，以防铁丝等刺穿真空膜。

5. 验收要求

静载荷试验是原位试验中判断地基加固效果具有直观、可靠的方法，但是对于大面积地基来讲，静载荷试验的检测周期长，成本高，因此不宜大量采用。十字板剪切试验作为一种适应于饱和软土的一种原位试验，具有检测周期短、便捷等特点，因此，在通过典型加固区，通过静载荷和十字板剪切试验对比分析，建立好函数关系后，采用十字板剪切试验进行质量验收具有明显的优点。

在此前要建立静载荷试验地基承载力与十字板剪切试验土体强度的函数关系。以改性真空预压现场实验区为例，通过将十字板剪切试验强度换算为地基承载力，再通过换算后的地基承载力是否达到设计要求进行质量验收。现场测试场区记为 C 区。C 区的十字板测试数据及根据相关关系换算容许承载力的成果，十字板测试成果统计、换算汇总见表 1.5-1。

C 区块十字板测试成果统计、换算汇总表　　　　　表 1.5-1

区块编号	十字板测试深度(m)	十字板测试值(峰值强度)(kPa) 1.30~1.70			地基容许承载力(换算值)(kPa) 14.4			备注
		S1	S2	S3	S1 点	S2 点	S3 点	
C2	0.20~0.50	12.4	14.3	8.8	40	46	30	无
	0.70~1.00	20.4	31.5	5.2	>55	>55	30	
	1.30~1.70	2.6	31.2	10.5	24	>55	50	
C5	0.20~0.50	28.5	25.4	17.6	>55	>55	55	无
	0.70~1.00	—	27.8	23.5	—	>55	>55	
	1.30~1.70	28.2	17.1	48.1	>55	>55	>55	
C6	0.20~0.50	32.4	7.4	15.9	>55	26	50	无
	0.70~1.00	55.9	10.4	10.9	>55	42	44	
	1.30~1.70	27.2	29.1	6.2	>55	>55	36	
C7	0.20~0.50	22.1	30.9	25.3	>55	>55	>55	无
	0.70~1.00	16.3	27.1	19.3	>55	>55	>55	
	1.30~1.70	34.1	17.7	11.2	>55	>55	53	
C8	0.20~0.50	24.0	46.1	67.8	>55	>55	>55	无
	0.70~1.00	83.3	23.7	23.2	>55	>55	>55	
	1.30~1.70	14.4	29.7	14.2	>55	>55	>55	
C9	0.20~0.50	13.6	13.1	65.8	44	42	>55	无
	0.70~1.00	8.8	—	44.2	37	—	>55	
	1.30~1.70	15.6	24.4	20.3	>55	>55	>55	
C10	0.20~0.50	16.4	19.2	28.1	52	>55	>55	无
C12	0.20~0.50	48.7	35.9	38.6	>55	>55	>55	无
	0.70~1.00	63.4	67.0	37.5	>55	>55	>55	
	1.30~1.70	14.4	4.6	45.1	>55	30	>55	
C13	0.20~0.50	62.0	66.7	27.5	>55	>55	>55	无
	0.70~1.00	64.9	39.1	69.0	>55	>55	>55	
	1.30~1.70	26.3	20.0	7.6	>55	>55	41	

在 C 区测试成果汇总：

0.20m～0.50m 深度段，共布置 111 个测试点，经换算后地基承载力≥55kPa 的为 93 点，占 84.68%；地基承载力＜55kPa 的共计 17 点，其中地基承载力为 50kPa～54kPa 的点共有 7 个，占 41.18%；地基承载力为 40kPa～49kPa 的点共有 8 个，47.06%；其他的为＜40kPa。

0.70m～1.00m 深度段，共布置 106 个测试点，经换算后地基承载力≥55kPa 的为 90 点，占 84.91%；地基承载力＜55kPa 的共计 16 点，其中地基承载力为 50kPa～54kPa 的点共有 1 个，占 6.25%；地基承载力为 40kPa～49kPa 的点共有 11 个，占 68.75%；其他的为＜40kPa。

1.30m～1.70m 深度段，共布置 111 个测试点，经换算后地基承载力≥55kPa 的为 93 点，占 83.78%。地基承载力＜55kPa 的共计 18 点，其中地基承载力为 50kPa～54kPa 的点共有 6 个，占 33.33%；地基承载力为 40kPa～49kPa 的点共有 6 个，占 33.33%；其他的为＜40kPa。

在深度 1.70m 以下，各个测试小区块均有 9 个测试点，经处理后地基承载力有较大程度提高、但与设计要求有一定差距的区块：C9、C18、C22、C24；经处理后地基承载力虽有一定幅度提高、但整体效果不理想的区块为：C2、C6、C10。

总体上说，经过处理 C 区处理效果明显，除极少部分区块外，均较好地达到预期目标。

检测通常主要采用十字板剪切试验手段，而影响土体十字板抗剪强度的因素较多且较复杂，如测试点与塑料排水板之间的距离、原地形及土体中含有的砂粒等不均匀体等，而现场采集到的测试成果数据也存在较大的离散性。场地表部平板载荷试验成果所得的地基承载力反映的是场地表部一定面积土体在变形容许范围内所能承受的荷载。表层承载力大小与下卧层强度、变形量等有关，并且随着深度增大影响程度减弱。然而十字板抗剪强度与地表承载力之间关系复杂，以土体的十字板抗剪强度来直接判定地表承载力有一定的局限性，所以在工程实践中，对于上述处理效果不理想、距设计要求有一定差距的区块仍应选择代表性位置进行平板载荷试验复核。

1.6 总结

本章介绍了吹填土处理技术，首先介绍吹填工程在我国开展的情况和存在的问题。吹填场地形成与勘察一节中介绍吹填场地基本形成步骤以及设计中应注意的问题；吹填场地勘察的基本要素，同时对相关地基处理方法的适用性进行了简要的分析说明。吹填土地基处理传统技术一节中主要介绍压实法、堆载预压法、强夯法、振动水冲法等在吹填土地基处理中的设计、施工要点和注意事项。吹填土地基处理新技术重点介绍了"改性真空预压技术"和其他新技术。最后结合浙江温州一围海造田工程，说明改性真空预压技术的实施情况。在未来，随着科技和经济的发展，吹填土地基处理技术将会不断完善，其发展和应用前景也将会愈加宽广。

本章参考文献

[1] 中华人民共和国住房和城乡建设部. 吹填土地基处理技术规范（GB/T 51064—2015）[S]. 北京：

中国计划出版社，2015.

［2］中华人民共和国住房和城乡建设部. 建筑地基处理技术规范（JGJ 79—2012）［S］. 北京：中国建筑工业出版社，2013.

［3］龚晓南. 地基处理技术及发展展望［M］. 北京：中国建筑工业出版社，2014.

［4］地基处理手册编委会. 地基处理手册（第二版）［M］. 北京：中国建筑工业出版社，2000.

［5］中国水利学会围涂开发专业委员会. 中国围海工程［M］. 北京：水利水电出版社，2000.

［6］聂庆科，李华伟，胡建敏，白冰. 新近吹填土地基处理新技术及工程实践［M］. 北京：中国建筑工业出版社，2012.

［7］河海大学，温州民科产业基地开发有限公司. 大面积超软地基复式负压快速固结技术开发与应用研究报告［R］. 南京：2011.

［8］刘汉龙，曾国海，高有斌，高明军，丁选明，吹填超软地基改性真空预压结合覆水预压快速处理方法：中国，CN101806057B［P］. 2012.

［9］刘汉龙，王保田，陈永辉，丰土根，戴元志. 复合加筋排水褥垫：中国，CN2516596Y［P］. 2002

［10］徐士龙. 快速"高真空击密法"软地基处理工法：中国，CN1127595C［P］. 2003.

［11］聂庆科，胡建敏，王国辉，等. 预排水动力固结加固软土地基的方法：中国，CN100572688C［P］. 2009.

［12］沈扬，陶明安，刘志浩，刘汉龙. 电渗复合真空覆水预压法加固吹填土地基的应用研究［J］. 土木工程与管理学报，2012，29（3）：43-46.

［13］高有斌，沈扬，徐士龙，曹建建. 高真空击密法加固后饱和吹填砂性土室内试验［J］. 河海大学学报，2009，37（1）：86-90.

［14］聂庆科，王国辉，李友东，陈军红. 预排水动力固结法处理吹填粉土地基的试验研究［J］. 工程地质学报，2010，18：575-580.

第 2 章　膨胀土地基

2.1　概述

2.1.1　膨胀土的定义及其判定

1. 膨胀土定义

《膨胀土地区建筑技术规范》GB 50112—2013 对膨胀土的定义为："土中黏粒成分主要由亲水性矿物组成，同时具有显著的吸水膨胀和失水收缩两种变形特性的黏性土"。

膨胀土的亲水性矿物成分主要为蒙脱石，蒙脱石是一种承载力较高的高塑性黏土，具有吸水膨胀、失水收缩和反复胀缩变形、浸水承载力衰减、干缩裂隙发育等特性，性质极不稳定。吸水膨胀-失水收缩-再吸水再膨胀，这种周期性的变形是膨胀土与其他土的基本区别所在。控制膨胀土胀缩势能大小的物质成分主要是土中蒙脱石的含量、离子交换量以及小于 $2\mu m$ 的黏粒含量，这些物质成分本身具有较强的亲水特性，是膨胀土具有较大胀缩变形的物质基础；除亲水特性外，物质本身的结构也很重要，膨胀土的微观结构属于面-面叠聚体，它比团粒结构有更大的吸水膨胀和失水收缩的能力。

2. 膨胀土判定

任何黏性土都具有胀缩性，问题在于这种特性对建筑物安全的危害程度。因此，膨胀土应根据土的自由膨胀率、场地的工程地质特征和建筑物破坏形态综合判定。必要时，尚应根据土的矿物成分、阳离子交换量等试验进行验证。

2.1.2　膨胀土的分布

膨胀土在世界分布广泛，据不完全统计，美国、澳大利亚、加拿大、印度、以色列、墨西哥、南非、苏丹、英国、西班牙和委内瑞拉以及俄罗斯等40多个国家和地区都发现有膨胀土造成的工程事故。

膨胀土在我国的20多个省市、自治区内有分布，以黄河流域及其以南地区分布较为广泛。主要分布在四川、湖北、陕西、云南、安徽、贵州、广西、广东、河南、河北、山西等省和自治区，成因以残积或残坡积为主。山前丘陵和盆地边缘一带膨胀土的危害最为严重。我国膨胀土的分布具有局域性和分散性。埋藏深度和成层厚度差异很大，有的厚达百米之多，有的仅为数米；有的上层是非膨胀土，下层是膨胀土；有的呈窝状分布。这是由于不同成因类型所致。

2.1.3　我国膨胀土的特性及其危害

1. 膨胀土的特性

我国膨胀土的矿物成分复杂多变，土中小于 $2\mu m$ 的黏粒含量一般大于30%。作为膨胀性矿物的蒙脱石常以混层的形式出现，如伊利石/蒙脱石、高岭石/蒙脱石和绿泥石/蒙脱石等。而混层比（即蒙脱石占混层矿物总数的百分数）的大小决定着膨胀潜势的强弱。

云南蒙自、广西宁明、河北邯郸、河南平顶山等地的膨胀土，其黏土矿物以蒙脱石为主，而安徽合肥、四川成都、湖北郧县、山东临沂等地的膨胀土，其黏土矿物以伊利石为主。从物理指标看，云南、广西等省膨胀土的孔隙比接近 1.0 或大于 1.0，含水量常在 30% 以上。而其他地区的膨胀土，其孔隙比多为 0.6～0.8，含水量在 20% 左右。一般讲，主要黏土矿物为蒙脱石时，自由膨胀率在 80% 以上；主要黏土矿物为伊利石并含少量蒙脱石时，自由膨胀率为 50%～80%；主要黏土矿物为伊利石并含少量其他矿物时，自由膨胀率为 40%～70%。

2. 膨胀土的危害

膨胀土地基上的建筑物常常由于不均匀的竖向或水平胀缩变形，造成位移、开裂、倾斜甚至破坏，且往往成群出现，危害性很大。由于膨胀土地基上的建筑物的损坏具有多次重复性，因此，膨胀土向来被称为工程中的"癌症"。

天然状态下的膨胀土结构致密，具有较大的重度和干密度，土体处于硬塑状态，压缩量小，抗剪强度和无侧限强度及弹性模量一般都比较高，过去对膨胀土的特性不是很了解，被误认为是良好的天然地基；但经过大量的工程实践，逐步查明膨胀土遇水后土体发生明显的膨胀，同时黏聚力、内摩擦角、抗剪强度、承载力等大幅下降。失水干燥后，土体又变得坚硬，并产生收缩。膨胀土吸水愈多，膨胀量愈大，其强度降低愈多，俗称"天晴一把刀，下雨一团糟"，如图 2.1-1 所示。

 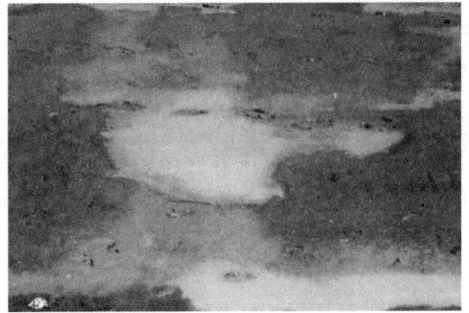

(*a*) 天晴一把刀　　　　　　　　　　　　　　　　(*b*) 下雨一团糟

图 2.1-1　膨胀土

膨胀土体积的胀缩变化，不但具有很高的比率，而且伴随环境变化常常反复交替进行。这种作用对工程设施具有很大的破坏性：它可使建筑地基发生位移，导致房屋开裂，铁路路基隆起、铁轨变形，并且不易修复，成为严重的工程地质灾害。膨胀土地区房屋的典型破坏形式见图 2.1-2。

2.1.4　膨胀土场地与地基评价

膨胀土地区岩土工程勘察应查明膨胀土的分布及地形地貌条件，根据工程地质特征、土的膨胀潜势和地基胀缩等级等指标，对建筑场地进行综合评价，对工程地质及土的膨胀潜势和地基胀缩等级进行分区。

1. 膨胀土场地评价

根据原始地形地貌条件，膨胀土地区建筑场地分为下列两类：

（1）平坦场地：地形坡度小于 5°；地形坡度为 5°～14°，距坡肩水平距离大于 10m 的

(a) 山(外)墙上对称或不对称的倒八字开裂,裂缝上大下小

(b) 纵墙竖向开裂

(c) 独立砖柱水平开裂,并伴随水平位移和转动

图 2.1-2 膨胀土地区房屋的典型破坏形式

坡顶地带;

(2)坡地场地:地形坡度大于等于5°;地形坡度小于5°,但同一建筑物范围内局部地形高差大于1m的场地。

在场地评价、类别划分上,膨胀土地区没有采用《岩土工程勘察规范》GB 50021规定的三个场地等级:一级场地(复杂场地)、二级场地(中等复杂场地)和三级场地(简单场地),而采用平坦场地和坡地场地。膨胀土地区自然坡很缓,超过14°就有蠕动和滑坡的现象,同时,大于5°坡上的建筑物变形受坡的影响而沉降量也较大。房屋损坏严重,处理费用较高。为使设计施工人员明确膨胀土坡地的危害及治理方法的特别要求,将三级场地(简单场地)划为平坦场地,将二级场地(中等复杂场地)和一级场地(复杂场地)划为坡地场地。膨胀土地区坡地的坡度大于14°已属于不良地形,处理费用太高,一般应避开。建议在一般情况下,不要将建筑物布置在大于14°的坡地上。

场地类别划分的依据:膨胀土固有的特性是胀缩变形,土的含水量变化是胀缩变形的重要条件。自然环境不同,对土的含水量影响也随之而异,必然导致胀缩变形的显著区别。平坦场地和坡地场地处于不同的地形地貌单元上,具有各自的自然环境,便形成了独自的工程地质条件。

2. 膨胀土地基评价

膨胀土地基的评价主要包括膨胀土的判定、膨胀潜势的判定和地基胀缩等级的确定三

个方面。

（1）场地具有下列工程地质特征及建筑物破坏形态，且土的自由膨胀率大于等于 40％ 的黏性土，应判定为膨胀土：

1）土的裂隙发育，常有光滑面和擦痕，有的裂隙中充填有灰白、灰绿等杂色黏土，自然条件下呈坚硬或硬塑状态；

2）多出露于二级或二级以上的阶地、山前和盆地边缘的丘陵地带，地形较平缓，无明显自然陡坎；

3）常见有浅层滑坡、地裂，新开挖坑（槽）壁易发生坍塌等现象；

4）建筑物多呈"倒八字""X"形或水平裂缝，裂缝随气候变化而张开和闭合，典型裂缝的工程实例见图 2.1-3。

(a) "倒八字"裂缝

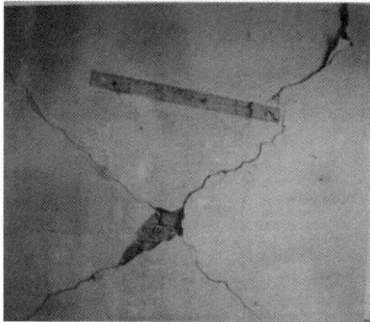

(b) "X"形裂缝

(c) 水平裂缝

图 2.1-3   典型裂缝的工程实例

（2）膨胀土的膨胀潜势按自由膨胀率的大小分为弱、中、强三类，见表 2.1-1。

膨胀土的膨胀潜势分类　　　　　　　　　　　　表 2.1-1

自由膨胀率 δ_{ef}（%）	膨胀潜势
$40 \leqslant \delta_{ef} < 65$	弱
$65 \leqslant \delta_{ef} < 90$	中
$\delta_{ef} \geqslant 90$	强

（3）膨胀土地基应根据地基胀缩变形对低层砌体房屋的影响程度进行评价，地基的胀缩等级根据地基分级变形量的大小分为三级，见表 2.1-2。地基分级变形量应根据膨胀土地基的变形特征，按《膨胀土地区建筑技术规范》GB 50112—2013 分别进行膨胀变形、收缩变形和胀缩变形计算，其中土的膨胀率取 50kPa 压力下的膨胀率。

膨胀土地基的胀缩等级　　　　　　　　　　　　表 2.1-2

地基分级变形量 s_c（mm）	等级
$15 \leqslant s_c < 35$	I
$35 \leqslant s_c < 70$	II
$s_c \geqslant 70$	III

2.1.5　膨胀土地区建筑工程的三个综合原则

膨胀土地区建筑工程建设前应判定膨胀土，设计、施工时应以防为主，防、控结合，使用期间应进行长期有效的管理。膨胀土应根据土的自由膨胀率、场地的工程地质特征和建筑物破坏形态综合判定。必要时，尚应根据土的矿物成分、阳离子交换量等试验进行验证；应采取各种有效措施，减小地基土含水量的变化幅度，从而减少膨胀土地基的升降变形量，防止膨胀土地基危害的发生；不能有效减小地基土含水量变化幅度时，应采取控制膨胀土地基危害的措施；建筑物使用期间应按设计要求做好维护管理。

膨胀土地区建筑工程应遵循的三个"综合"原则，即：综合判定、综合评价和综合治理。

1. 综合判定

膨胀土的综合判定并非多指标判定，而是根据自由膨胀率并综合工程地质特征和房屋开裂破坏形态进行多因素判定。膨胀土地区的工程地质特征和房屋开裂破坏形态是地基土长期胀缩往复循环变形的表征，是膨胀土固有的属性，在一般地基上罕见。我国幅员辽阔，膨胀土的成因类型和矿物组成复杂。对膨胀土的判定及其指标的选取着重于建筑工程的工程意义，而非拘泥于土质学和矿物学的理论分析。矿物和化学分析费用高、时间长，一般试验室难于承担。当工程的规模大、功能要求严格且对土的膨胀性能有疑问时，可按通过矿物和化学分析进一步验证确认。

2. 综合评价

膨胀土场地的综合评价是工程实践经验的总结，包括工程地质特征、自由膨胀率及场地复杂程度三个方面。工程地质特征与自由膨胀率是判别膨胀土的主要依据，但都不是唯一的，最终的决定因素是地基的分级变形量及胀缩的循环变形特性。

建筑场地的地形地貌条件和气候特点以及土的膨胀潜势决定着膨胀土对建筑工程的危害程度，场地条件应考虑上述因素的影响，以地基的分级变形量为指示性指标综合评价。

场地与地基评价时，必须考虑土体自身所具有的膨胀潜势，同时，还需考虑这种潜势能否发挥，或可能发挥的程度。例如：自由膨胀率大于 100％可认为是强膨胀土，但如果其埋深大于大气影响深度，就不可能对建筑物的变形有影响；相反，自由膨胀率为 50％的弱膨胀土，但如果其位于地基土的表层，就可能对建筑物的变形有很大的影响。

3. 综合治理

所谓"综合治理"就是在设计、施工和维护管理上都要采取减少土中水分变化和胀缩变形幅度的预防措施：

（1）建筑物的总平面和竖向布置应顺坡就势，避免大挖大填，并做好房前屋后边坡的防护和支挡工程；

（2）保持场地天然地表水的排泄系统和植被，并组织好大气降水和生活用水的疏导，防止地面水大量积聚；

（3）对环境进行合理绿化，涵养场地土的水分；

（4）工程建设遵循"先治理，后建设"的原则等。

2.2　膨胀土的工程特性指标及其试验方法

2.2.1　自由膨胀率

1. 定义及计算表达式

自由膨胀率 δ_{ef} 为人工制备的烘干松散土样在水中膨胀稳定后，其体积增加值与原体积之比的百分率。自由膨胀率可用于判定黏性土在无结构力影响下的膨胀潜势，是判定膨胀土的重要指标，其计算表达式为：

$$\delta_{\mathrm{ef}} = \frac{v_{\mathrm{w}} - v_0}{v_0} \times 100 \tag{2.2-1}$$

式中　δ_{ef}——膨胀土的自由膨胀率（％）；

v_{w}——土样在水中膨胀稳定后的体积（mL）；

v_0——土样原始体积（mL）。

2. 试验仪器设备

（1）玻璃量筒：容积 50mL，最小分度值 1mL。容积和刻度必须经过校准；

（2）量土杯：容积 10mL，内径 20mm；

（3）无颈漏斗：上口直径 50mm～60mm，下口直径 4mm～5mm；

（4）搅拌器：由直杆和带孔圆盘构成，圆盘直径小于量筒直径约 2mm，盘上孔径约 2mm（图 2.2-1）；

（5）天平：最大称量 200g，最小分度值 0.01g；

（6）平口刮刀、漏斗支架、取土匙和孔径 0.5mm 的筛等。

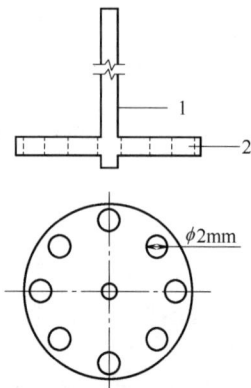

图 2.2-1　搅拌器示意

1—直杆；2—圆盘

3. 试验方法与步骤

自由膨胀率试验步骤见图 2.2-2。

（1）用四分对角法取代表性风干土约 100g，碾细并全部过 0.5mm 筛（石子、姜石、结核等应去掉）。

（2）将过筛的试样拌匀，在 105℃～110℃ 下烘至恒重，在干燥器内冷却至室温。

（3）将无颈漏斗放在支架上，漏斗下口对准量土杯中心并保持 10mm 距离（图2.2-3）。

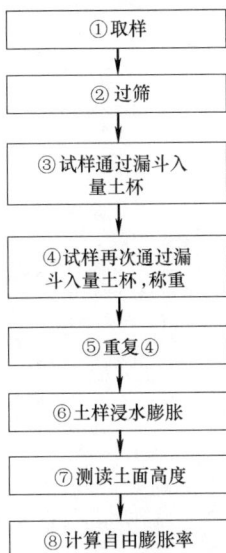

图 2.2-2　自由膨胀率试验步骤

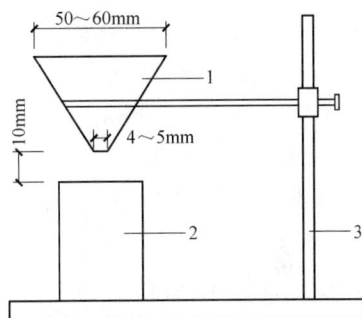

图 2.2-3　漏斗与量土杯示意

1—无颈漏斗；2—量土杯；3—支架

（4）用取土匙取适量试样倒入漏斗中，倒土时匙应与漏斗壁接触，且靠近漏斗底部，边倒边用细铁丝轻轻搅动，避免漏斗堵塞。当试样装满量土杯并开始流出时，停止向漏斗倒土，移开漏斗刮去杯口多余的土。将量土杯中试样倒入匙中，再次将量土杯（图2.2-3）置于漏斗下方，将匙中土按上述方法倒入漏斗，使其全部落入量土杯中，刮去多余土后称量量土杯中试样质量。本步骤应进行两次重复测定，两次测定的差值不得大于 0.1g。

（5）在量筒内注入 30mL 纯水，并加入 5mL 浓度为 5% 的分析纯氯化钠溶液。将量土杯中试样倒入量筒内，用搅拌器搅拌悬液，上近液面，下至筒底，上下搅拌各 10 次，用纯水清洗搅拌器及量筒壁，使悬液达 50mL。

（6）待悬液澄清后，每隔 2h 测读一次土面高度（估读 0.1mL）。直至两次读数差值不大于 0.2ml，可认为膨胀稳定，若土面倾斜，读数可取其中值。

（7）按公式（2.2-1）计算自由膨胀率。

2.2.2　某级荷载下的膨胀率

1. 定义及计算表达式

某级荷载下的膨胀率 δ_{ep} 为固结仪中的环刀土样，在一定压力下浸水膨胀稳定后，其高度增加值与原高度之比的百分率。某级荷载下的膨胀率反映的是有侧限条件下原状土或扰动土土样的膨胀率与压力之间的关系，以及土样在体积不变时由于膨胀产生的最大内应力，为计算地基土的膨胀变形量和确定土的膨胀力提供参数。其计算表达式为：

$$\delta_{ep}=\frac{h_{w}-h_{0}}{h_{0}}\times100 \qquad (2.2-2)$$

式中　δ_{ep}——某级荷载下膨胀土的膨胀率（%）；

h_w——某级荷载下土样在水中膨胀稳定后的高度（mm）；

h_0——土样原始高度（mm）。

2. 试验仪器设备

（1）压缩仪：试验前必须校准仪器在不同压力下的压缩量和卸荷回弹量；

（2）百分表：最大量程为 5mm～10mm，最小分度值为 0.01mm；

（3）环刀：面积 3000mm² 或 5000mm²，高 25mm，等直径；

（4）天平：最大称量 200g，最小分度值 0.01g；

（5）推土器：直径略小于环刀内径，高度为 5mm；

（6）钢直尺：长 150mm。

3. 试验方法与步骤

某级荷载下的膨胀率试验步骤见图 2.2-4。

（1）用内壁涂有薄层润滑油带有护环的环刀切取代表性试样，由推土器将试样推出 5mm，削去多余的土，称其重量准确至 0.01g，测定试前含水量。

```
①环刀切取试样
②试前测量
③试样装入压缩仪
④瞬时加压
⑤分级连续加压
⑥注入纯水
⑦分级卸荷
⑧试后测量
⑨计算膨胀率
```

图 2.2-4　某级荷载下的膨胀率试验步骤

（2）按压缩试验要求，将试样装入容器内，放入干透水石和薄型滤纸。调整杠杆使之水平，加 1kPa～2kPa 的压力（保持该压力至试验结束，不计算在加荷压力之内）并加 50kPa 瞬时压力，使加荷支架、压板、试样和透水石等紧密接触。调整百分表，并记录初读数。

（3）对试样分级连续在 1min～2min 内施加所要求的压力。所要求的压力可根据工程的要求确定，但要略大于试样的膨胀力。压力分级，当要求的压力大于或等于 150kPa 时，可按 50kPa 分级；当压力小于 150kPa 时，可按 25kPa 分级；压缩稳定的标准为连续两次读数差值不超过 0.01mm。

（4）向容器内自下而上注入纯水，使水面超过试样上端面约 5mm，并保持试验终止。待试样浸水膨胀稳定后，按加荷等级分级卸荷至零。

（5）试验过程中每退一级荷重，应相隔 2h 测记一次百分表读数。当连续两次读数的差值不超过 0.01mm 时，即认为在该级压力下膨胀达到稳定，但每级荷重下膨胀试验时间不应少于 12h。

（6）试验结束，吸去容器中的水，取出试样称量，准确至 0.01g。将试样烘至恒重，在干燥器内冷却至室温，称量并计算试样的试后含水量、密度和孔隙比。

（7）某级压力下的膨胀率按下式计算：

$$\delta_{epi} = \frac{z_p + z_{cp} - z_0}{h_0} \times 100 \tag{2.2-3}$$

式中　δ_{epi}——某级荷载下膨胀土的膨胀率（%）；

z_p——在一定压力作用下试样浸水膨胀稳定后百分表的读数（mm）；

z_{cp}——在一定压力作用下，压缩仪卸荷回弹的校准值（mm）；

z_0——试样压力为零时百分表的初读数（mm）；

h_0——试样加荷前的原始高度（mm）。

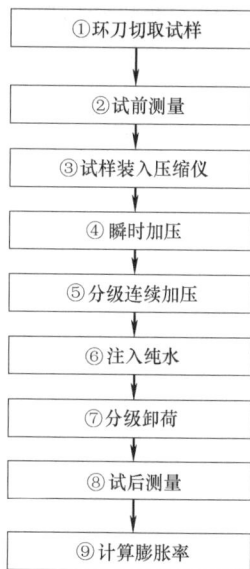

（8）试样的试后孔隙比按下式计算：

$$e = \frac{\Delta h_0}{h_0}(1+e_0)+e_0 \qquad (2.2\text{-}4)$$

式中　e——试样的试后孔隙比；

　　　Δh_0——卸荷至零时试样浸水膨胀稳定后的变形量（mm），$\Delta h_0 = z_{p0}+z_{c0}-z_0$，其中 z_{p0} 为试样卸荷至零时浸水膨胀稳定后百分表读数（mm）；

　　　z_{c0}——为压缩仪卸荷至零时的回弹校准值（mm）（图2.2-5）；

　　　e_0——试样的初始孔隙比。

（9）当计算的试后孔隙比与实测值之差不超过 0.01 时，即为试验合格。

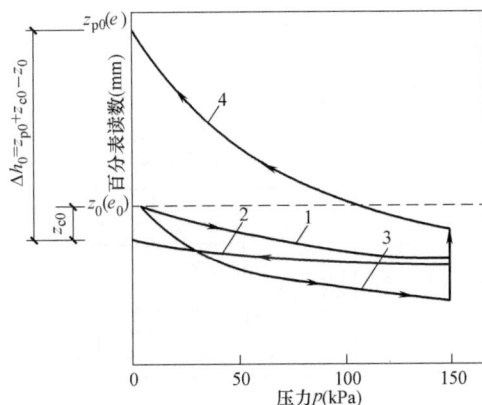

图 2.2-5　Δh_0 计算示意

1—仪器压缩校准曲线；2—仪器回弹校准曲线；
3—土样加荷压缩曲线；4—土样浸水卸荷膨胀曲线

2.2.3　膨胀力

膨胀力 p_e 为固结仪中的环刀土样，在体积不变时浸水膨胀产生的最大内应力。其试验方法和步骤同"2.2.2　某级荷载下的膨胀率"，以各级压力下的膨胀率为纵坐标，压力为横坐标，绘制膨胀率与压力的关系曲线，该曲线与横坐标的交点即为试样的膨胀力（图2.2-6）。

2.2.4　收缩系数

1. 定义及计算表达式

收缩系数 λ_s 为环刀土样在直线收缩阶段含水量每减少 1% 时的竖向线缩率。收缩系数是计算地基土收缩变形量的计算参数，其计算表达式为：

$$\lambda_s = \frac{\Delta \delta_s}{\Delta w} \qquad (2.2\text{-}5)$$

式中　λ_s——膨胀土的收缩系数；

　　　$\Delta \delta_s$——收缩过程中与两点含水量之差对应的竖向线缩率之差（%）；

　　　Δw——收缩过程中直线变化阶段两点含水量之差（%）。

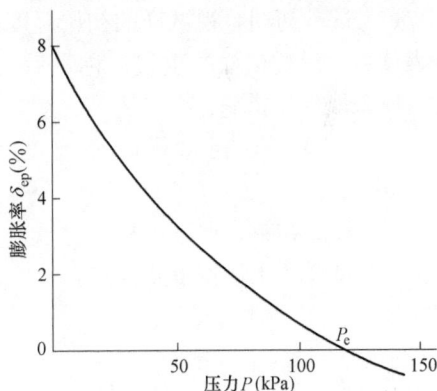

图 2.2-6　膨胀率-压力曲线示意

2. 试验仪器设备

（1）收缩试验装置（图2.2-7）：测板直径为 10mm，多孔垫板直径为 70mm，板上小孔面积应占整个面积的 50% 以上；

（2）环刀：面积 3000mm²，高 20mm，等直径；

（3）推土器：直径 60mm，推进量 21mm；

（4）天平：最大称量 200g，最小分度值 0.01g；

（5）百分表：最大量程 5mm～10mm，最小分度值 0.01mm。

3. 试验方法与步骤

收缩系数试验步骤见图 2.2-8。

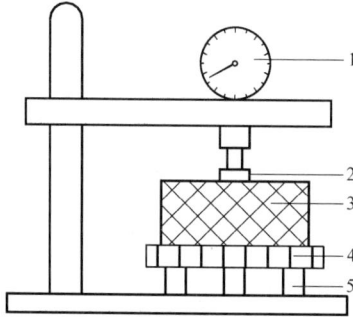

图 2.2-7 收缩试验装置示意
1—百分表；2—测板；3—土样；4—多孔垫板；5—垫块

图 2.2-8 收缩系数试验步骤

（1）用内壁涂有薄层润滑油的环刀切取试样，用推土器从环刀内推出试样（若试样较松散应采用风干脱环法），立即把试样放入收缩装置，使测板位于试样上表面中心处（图 2.2-7）；称取试样重量，准确至 0.01g；调整百分表，记下初读数。在室温下自然风干，宜在恒温（20℃）条件下进行。

（2）试验初期，视试样的初始温度及收缩速度，每隔 1h～4h 测记一次读数，先读百分表读数，后称试样的重量；称量后，将百分表调回至称重前的读数处。因故停止试验时，应采取保湿措施。

（3）两天后，视试样收缩速度，每隔 6h～24h 测读一次，直至百分表读数小于 0.01mm。

（4）试验结束，取下试样，称量，在 105℃～110℃下烘至恒重，称干土重量。

（5）试样含水量按下式计算：

$$w_i = \left(\frac{m_i}{m_d} - 1\right) \times 100 \qquad (2.2\text{-}6)$$

式中　w_i——与 m_i 对应的试样含水量（%）；

　　　m_i——某次称得的试样重量（g）；

　　　m_d——试样烘干后的重量（g）。

（6）竖向线缩率按下式计算：

$$\delta_{si} = \frac{z_i - z_0}{h_0} \times 100 \qquad (2.2\text{-}7)$$

式中　δ_{si}——与 z_i 对应的竖向线缩率（%）；

　　　z_i——某次百分表读数（mm）；

　　　z_0——百分表初读数（mm）；

　　　h_0——试样原始高度（mm）。

（7）以含水量为横坐标，竖向线缩率为纵坐标，绘制收缩曲线图（图 2.2-9）。根据收缩曲线确定下列各指标值：

  1) 竖向线缩率，按式（2.2-7）计算；

  2) 收缩系数，按式（2.2-5）计算，其中：$\Delta w = w_1 - w_2$，$\Delta \delta_s = \delta_{s2} - \delta_{s1}$。

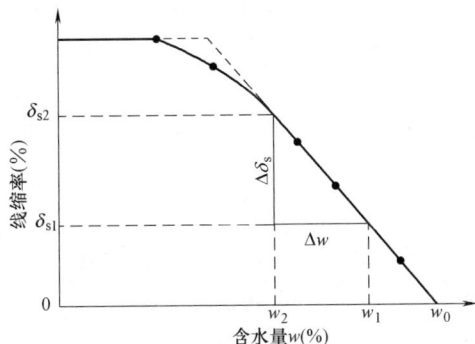

图 2.2-9　收缩曲线示意

2.3　设计计算

2.3.1　场址选择与总平面设计

1. 场址选择要求

膨胀土地区建筑物场址宜选择地形条件比较简单，且土质比较均匀、胀缩性较弱的地段；具有排水畅通或易进行排水处理地形条件的地段；自然坡度小于 14°并有可能采用分级低挡土结构治理的地段。应避开地裂、冲沟发育和可能发生浅层滑坡等地段；地下溶沟、溶槽发育、地下水变化剧烈的地段。

根据近百个膨胀土地区坡体的调查后得出斜坡稳定坡度值为 14°，但应说明，5°≤地形坡度＜14°时，还有滑动可能，应按坡地地基进行设计，必要时，采用分级低挡土结构进行治理。

一般情况下，膨胀土场地地下水埋藏较深，膨胀土的变形主要受气候、温差、覆盖等影响。但是在岩溶发育地区，地下水活动在岩土界面处，有可能出现下层土的胀缩变形，而这种变形往往局限在一个狭长的范围内，同时，也有可能出现土洞。在这种地段建设问题较多，治理费用高，故应尽量避开。

2. 总平面设计要求

（1）同一建筑物地基土的分级变形量之差不宜大于 35mm。膨胀土地基上房屋的允许变形量比一般土低，如果同一建筑物地基土的分级变形量之差大于 35mm，该建筑物处于两个不同地基等级的土层上，其结果将造成处理上的困难，费用大量增加。因此，最好避免这种情况，如不可能时，可用沉降缝将建筑物分成独立的单元体，或采用不同基础形式或不同基础埋深，将变形调整到容许变形值。

（2）竖向设计宜保持自然地形和植被，并避免大挖大填。

（3）挖方和填方地基上的建筑物，应防止挖填部分地基的不均匀性和土中水分变化所造成的危害。

（4）应避免场地内排水系统管道渗水对建筑物升降变形的影响。

（5）地基基础设计等级为甲级的建筑物，应布置在膨胀土埋藏较深、胀缩等级较低或地形较平坦的地段。

（6）建筑物周围应有良好的排水条件，距建筑物外墙基础外缘 5m 范围内不得积水。

（7）排洪沟、截水沟和雨水明沟沟底应采取防渗处理。排洪沟、截水沟的沟边土坡应设支挡。

（8）地下给、排水管道接口部位应采取防渗漏措施，管道距建筑物外墙基础外缘的净距不应小于 3m。

（9）场地绿化要求：

1）建筑物周围散水以外的空地，宜多种植草皮和绿篱；

2）距建筑物外墙基础外缘 4m 以外的空地，宜选用低矮、耐修剪和蒸腾量小的树木；

3）在湿度系数小于 0.75 或孔隙比大于 0.9 的膨胀土地区，种植桉树、木麻黄、滇杨等速生树种时，应设置隔离沟，沟与建筑物距离不应小于 5m。

绿化环境不仅对人类的生存和身心健康有着重要的社会效益，且对膨胀土地区的建筑物安危有着举足轻重的作用。合理植被具有涵养土中水分并保持相对平稳的积极效应，在建筑物近旁单独种植吸水和蒸腾量大的树木（如桉树），往往使房屋遭到较严重的破坏。特别是在土的湿度系数小于 0.75 和孔隙比大于 0.9 的地区更为突出。调查和实测资料表明，一棵高 16m 的桉树一天耗水可达 457kg。云南蒙自某 6 号楼在其四周零星种植树杆直径 0.4m～0.6m 的桉树，由于大量吸取土中水分，该建筑地基最大下沉量达 96mm，房屋严重开裂。同样在云南鸡街的一栋房屋，其近旁有一棵矮小桉树，从 1975 年至 1977 年房屋因桉树吸水下沉量为 4mm；但从 1977 年底到 1979 年 5 月的一年半时间，随着桉树长大吸水量的增加，房屋下沉量达 46.4mm，房屋严重开裂破坏。上述情形国外也曾大量报道，如在澳大利亚墨尔本东区，膨胀土上房屋开裂破坏原因有 75％是不合理种植蒸腾量大的树木引起的。所以，房屋周围绿化植被宜选种蒸腾量小的女贞、落叶果树和针叶树种或灌木，且宜成林，并距建筑物不小于 4m。种植高大乔木时，应在距建筑物外墙不小于 5m 处设置灰土隔离沟，确保人居和自然的和谐共存。图 2.3-1 是广西某围墙外桉树根系吸水蒸腾作用对围墙造成破坏的情况。

图 2.3-1   桉树对房屋的变形影响

2.3.2 基础埋置深度

膨胀土上建筑物的基础埋深除满足建筑的结构类型、基础形式和用途以及设备设施等要求外，尚应考虑膨胀土的地质特征和胀缩等级对结构安全的影响。膨胀土地基上建筑物的基础埋置深度不应小于 1m，且应综合考虑下列条件：

① 场地类型；

② 膨胀土地基胀缩等级；

③ 大气影响急剧层深度；

④ 建筑物的结构类型；

⑤ 作用在地基上的荷载大小和性质；

⑥ 建筑物的用途，有无地下室、设备基础和地下设施，基础形式和构造；

⑦ 相邻建筑物的基础埋深；

⑧ 地下水位的影响；

⑨ 地基稳定性。

膨胀土场地大量的分层测标、含水量和地温等多年观测结果表明：在大气应力的作用下，近地表土层长期受到湿胀干缩循环变形的影响，土中裂隙发育，土的强度指标特别是凝聚力严重降低，坡地上的大量浅层滑动也往往发生在地表下 1.0m 的范围内。该层是活动性极为强烈的地带，因此，膨胀土地基上建筑物基础埋置深度不应小于 1.0m。

1. 平坦场地基础埋置深度

平坦场地上的多层建筑物，以基础埋置深度为主要防治措施时，基础最小埋置深度不应小于大气影响急剧层深度；建筑物对变形有特殊要求时，应通过地基胀缩变形计算确定，必要时，尚应采取其他措施。由于各种结构的允许变形值不同，通过变形计算确定合适的基础埋深，是比较有效而经济的方法。

大气影响急剧层深度是指在自然气候影响下，由降水、蒸发和温度等因素引起地基土胀缩变形特别显著的有效深度，其取值为大气影响深度的 0.45 倍，大气影响深度的取值参见表 2.3-12。

2. 坡地场地基础埋置深度

坡地上建筑物的基础埋置深度应比平坦场地更为严格，当建筑物基础距坡肩水平距离小于 10m 时，坡顶建筑物基础埋深应在大气影响急剧层深度的基础上有所增加，以降低因坡地临空面增大而引起的环境变化对土中水分的影响。当建筑物基础距坡肩水平距离大于 10m，按平坦场地考虑。当坡地坡角为 $5°\sim14°$，基础外边缘至坡肩的水平距离为 5m～10m 时，基础埋深（图 2.3-2）可按下式确定：

$$d = 0.45d_a + (10 - l_p)\tan\beta + 0.30 \qquad (2.3-1)$$

式中　d——基础埋置深度（m）；

　　　d_a——大气影响深度（m）；

　　　β——设计斜坡坡角（°）；

　　　l_p——基础外边缘至坡肩的水平距离（m）。

2.3.3　承载力计算

膨胀土地基承载力特征值应考虑地基土吸水膨胀后强度衰减的可能性，可由载荷试验或其他原位测试、结合工程实践经验等方法综合确定，并应符合下列要求：

① 荷载较大的重要建筑物由现场浸水载荷试验确定；

图 2.3-2　坡地上基础埋深计算示意

② 已有大量试验资料和工程经验的地区，可按当地经验确定。

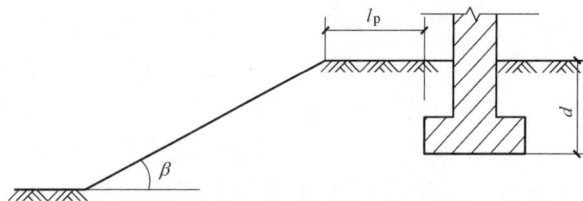

因我国膨胀土的成因类型多，土质复杂且不均，很难给出一个较为统一的承载力表。对于一般中低层房屋，由于其荷载较轻，在进行初步设计的地基计算时，可参考表 2.3-1 中的数值。不少地区根据较多的载荷试验资料及实测建筑物变形资料，建立地区性的承载力表。

1. 承载力要求

膨胀土地区建筑物基础底面压力应符合下列要求：

（1）当轴心荷载作用时，基础底面压力应符合下式要求：

$$p_k \leqslant f_a \tag{2.3-2a}$$

式中　p_k——相应于荷载效应标准组合时，基础底面处的平均压力值（kPa）；

　　　f_a——修正后的地基承载力特征值（kPa）。

膨胀土地基承载力特征值 f_{ak}（kPa）　　　　　　　　表 2.3-1

含水比＼孔隙比	0.6	0.9	1.1
＜0.5	350	280	200
0.5～0.6	300	220	170
0.6～0.7	250	200	150

注：1. 含水比为天然含水量与液限的比值；
　　2. 此表适用于基坑开挖时土的天然含水量小于等于勘察取土试验时土的天然含水量。

（2）当偏心荷载作用时，基础底面压力除符合式（2.3-2a）要求外，尚应符合下式要求：

$$p_{kmax} \leqslant 1.2 f_a \tag{2.3-2b}$$

式中　p_{kmax}——相应于荷载效应标准组合时，基础底面边缘的最大压力值（kPa）。

修正后的地基承载力特征值按下式计算：

$$f_a = f_{ak} + \gamma_m (d - 1.0) \tag{2.3-3}$$

式中　f_{ak}——地基承载力特征值（kPa）；

　　　γ_m——基础底面以上土的加权平均重度，地下水位以下取浮重度。

鉴于膨胀土中发育着不同方向的众多裂隙，有时还存在薄的软弱夹层，特别是吸水膨胀后土的抗剪强度指标 c、φ 值呈较大幅度降低的特性，膨胀土地基承载力的修正不考虑基础宽度的影响，而深度修正系数取 1.0。如苏联学者索洛昌用天然含水量为 32%～37% 的膨胀土在无荷条件下浸水膨胀稳定后进行快剪试验，φ 值由 14° 降为 7°，降低了 50%；c 值由 67kPa 降为 15kPa，降低了 78%。我国学者廖济川用天然含水量为 28% 的滑坡后土样进行先干缩后浸水的快剪及固结快剪试验，其 c、φ 值都减少了 50% 以上。

2. 现场浸水载荷试验

现场浸水载荷试验步骤见图 2.3-3。

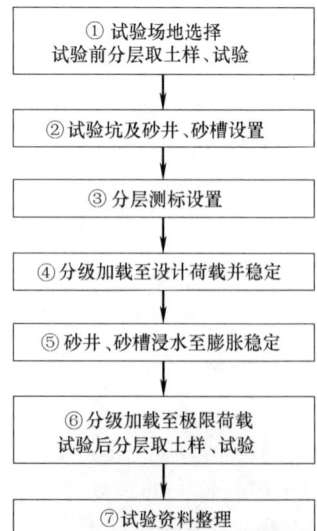

① 试验场地选择
试验前分层取土样、试验

↓

② 试验坑及砂井、砂槽设置

↓

③ 分层测标设置

↓

④ 分级加载至设计荷载并稳定

↓

⑤ 砂井、砂槽浸水至膨胀稳定

↓

⑥ 分级加载至极限荷载
试验后分层取土样、试验

↓

⑦ 试验资料整理

图 2.3-3　现场浸水载荷试验步骤

（1）试验场地应选在有代表性的地段，试验试坑及设备布置如图 2.3-4 所示。试验坑深度为 1.0m，承压板面积不应小于 0.5m²，采用方形承压板时，其宽度 b 不应小于 707mm。试验前应分层取原状土样在室内进行物理力学试验和膨胀试验。

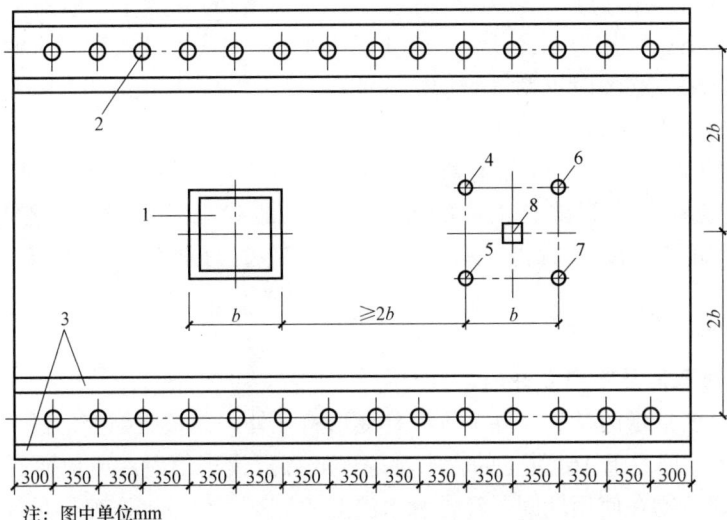

图 2.3-4 现场浸水载荷试验试坑及设备布置示意

1—方形压板；2—φ127 砂井；3—砖砌砂槽；4—$1b$ 深测标；5—$2b$ 深测标
6—$3b$ 深测标；7—大气影响深度测标；8—深度为零的测标

（2）试验坑两侧设置砂井和砂槽，砂槽和砂井内应填满中、粗砂，砂井的深度不应小于当地的大气影响深度，且不小于 $4b$。

（3）承压板外宜设置一组深度为零、$1b$、$2b$、$3b$ 和等于当地大气影响深度的分层测标，或采用一孔多层测标方法，以观测各层土的膨胀变形量。

（4）分级加荷至设计荷载。当土的天然含水量大于或等于塑限含水量时，每级荷载可按 25kPa 增加；当土的天然含水量小于塑限含水量时，每级荷载可按 50kPa 增加；每级荷载施加后，应按 0.5h、1h 各观测沉降一次，以后可每隔 1h 或更长一些时间观测一次，直至沉降达到相对稳定后再加下一级荷载。连续 2h 的沉降量不大于 0.1mm/h 时即可认为沉降稳定。

（5）最后一级荷载（总荷载达到设计荷载）沉降达到稳定标准后，在砂槽和砂井内浸水，浸水水面不应高于承压板底面；浸水期间应每 3 天或 3 天以上时间观测一次膨胀变形；膨胀变形相对稳定的标准为连续两个观测周期内，其变形量不应大于 0.1mm/3d。浸水时间不应少于两周。

（6）浸水膨胀变形达到相对稳定后，应停止浸水并继续分级加荷至极限荷载。试验后应分层取原状土样在室内进行物理力学试验和膨胀试验。

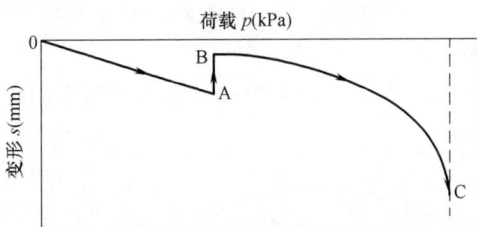

图 2.3-5 现场浸水载荷试验 p-s 关系曲线示意

OA—分级加载至设计荷载；AB—浸水膨胀稳定；
BC—分级加载至极限荷载

（7）试验资料整理，绘制各级荷载下的变形和压力曲线（图 2.3-5）以及分层测标变形与时间关系曲线，以确定土的承载力和可能的膨胀量。

同一土层现场浸水载荷试验的试验点数不应少于 3 点，当实测值的极差不大于其平均值的 30% 时，取平均值为其承载力极限值，取极限荷载的一半作为地基土承载力的特征值。在特殊情况下，可按地基设计要求的变形值在 p-s 曲线上选取所对应的荷载作为地基土承载力的特征值。必要时可用试验指标按承载力公式计算其承载力，并与现场载荷试验所确定的承载力值进行对比。

现场浸水载荷试验适用以确定膨胀土地基的承载力和浸水时的膨胀变形量。需要强调的是，现场浸水载荷试验正确的方法是，先加载至设计压力，然后浸水，再加载至极限值。如果先浸水后做试验，必将得到较小的承载力，这显然不符合实际情况。

2.3.4 变形计算

1. 变形计算取值及变形允许值

膨胀土地基变形量的计算，除下列两种变形特征外，需按胀缩变形量计算：

（1）场地天然地表下 1m 处土的含水量等于或接近最小值时，或地面有覆盖且无蒸发可能时，以及建筑物在使用期间，经常有水浸湿的地基，可按膨胀变形量计算；

（2）场地天然地表下 1m 处土的含水量大于 1.2 倍塑限含水量时，或直接受高温作用的地基，可按收缩变形量计算。

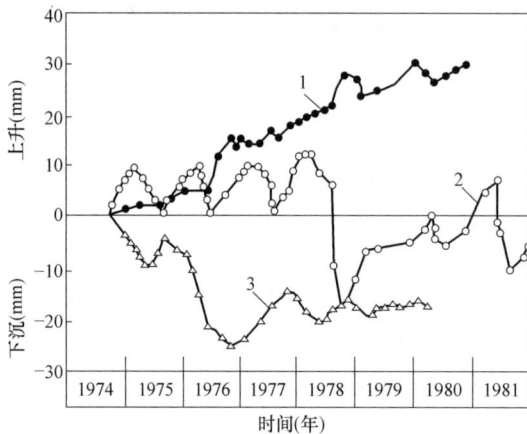

图 2.3-6 膨胀土上房屋的变形形态
1—上升型变形；2—升降循环型变形；3—下降型变形

天然地表下 1.0m 深度处的含水量值，是经统计分析得出的一般规律，未包括荷载、覆盖、地温之差等作用的影响。当土中的应力大于其膨胀力时，土体就不会发生膨胀变形，由收缩变形控制。对于高重的建筑物，当基础埋于大气影响急剧层以下时，主要受地基土的压缩变形控制，应按相关技术标准进行建筑物的沉降计算。

由于各地场地、气候和覆盖等条件的不同，膨胀土地基的竖向变形特征可分为上升型、下降型和升降循环波动型三种，如图 2.3-6。

表 2.3-2 是我国膨胀土地区 155 栋有代表性的房屋长期竖向位移观测结果的统计。

膨胀土上房屋位移统计				表 2.3-2
地区	位移形	上升型（栋数）	下降型（栋数）	升降循环型（栋数）
云南	蒙自	1	10	5
	江水地	1	4	2
	鸡街	4	14	6

地区	位移形	上升型（栋数）	下降型（栋数）	升降循环型（栋数）
广西	南宁	1	5	5
	宁明		10	5
	贵县	1	2	1
	柳州	2		1
广东	湛江	2		4
河北	邯郸	1		5
河南	平顶山	12	9	
安徽	合肥		3	14
湖北	荆门	3		3
	郧县		5	8
	枝江		1	2
	卫家店			3
小计（占%）		28(18.1%)	63(40.6%)	64(41.3%)

上升型位移是由于房屋建成后地基土吸水膨胀产生变形，导致房屋持续多年的上升，如图 2.3-6 中的曲线 1。例如：河南平顶山市一栋平房建于 1975 年的旱季，房屋各点均持续上升，到 1979 年上升量达到 45mm。应当指出，房屋各处的上升是不均匀的，且随季节波动，这种不均匀变形达到一定程度，就会导致房屋开裂破坏。产生上升型位移的主要原因如下：

1）建房时气候干旱，土中含水量偏低；

2）基坑长期曝晒；

3）建筑物使用期间长期受水浸润。

波动型的特点是房屋位移随季节性降雨、干旱等气候变化而周期性的上升或下降，一个水文年基本为一循环周期，如图 2.3-6 曲线 2。我国膨胀土多分布于亚干旱和亚湿润气候区，土的天然含水量接近塑限，房屋位移随气候变化的特征比较明显。表 2.3-3 是各地气候与房屋位移状况的对照。可以看出，在广西、云南地区，房屋一般在二、三季度的雨季因土中含水量增加而膨胀上升；在四、一季度的旱季随土中水分大量蒸发而收缩下沉。但长江以北的中原、江淮和华北地区，情况却与之相反。这是因为该地区雨季集中在 7～8 月份，并常以暴雨形式出现，地面径流量大，向土中渗入量少。房屋的位移主要受地温梯度的变化影响而上升或下降。在冬、春季节，地表温度远低于下部恒温带。根据土中水分由高温向低温转移的规律，水分由下部向上部转移，使上部土中的含水量增大而导致地基土上升；在夏、秋季节，水分向下转移并有大量的地面蒸发，使地基土失水而收缩下沉。

下降型常出现在土的天然含水量较高（例如大于 $1.2w_p$）或建筑物靠近边坡地带，如图 2.3-6 中的曲线 3。在平坦场地，房屋下降位移主要是土中水分减少，地基产生收缩变形的结果。土中水分减少，可能是气候干旱，水分大量蒸发的结果，也可能是局部热源或蒸腾量大的种木（如桉树）大量吸取土中水分的结果。至于临坡建筑物，位移持续下降，一方面是坡体临空面大于平地，土中水分更容易蒸发而导致较平坦场地更大的收缩变形。另一方面，坡体向外侧移而产生的竖向变形（即剪应变引起），这种在三向应力条件下侧向位移引起的竖向变形是不可逆的。湖北郧县膨胀土边坡观测中就发现了上述状况，它的发展必然导致坡体滑动。上述下降收缩变形量的计算是指土体失水收缩而引起的竖向下沉，在设计中应避免后一种情况的发生。

各地气候与房屋位移　　　　　　　　　　　　　　　　　表 2.3-3

项目 地区	年蒸发量(mm) 年降雨量 (mm)	雨季		旱季		地温(℃)	
		起止日期 降雨占总数 (%)	位移	起止日期 降雨占总数 (%)	位移	深度 (m)	最高(日期) 最低(日期)
云南 （蒙自、鸡街）	2369.3	5～8 月	上升	10～4 月	下降	0.2	25.8(8 月)
	852.4	75%		25%			14.0(1 月)
广西 （南宁、宁明）	1681.1	4～9 月	上升	10～3 月	下降	0.5	28.0(9 月)
	1356.6	69%		31%			15.6(1 月)
湖北 （郧县、荆门）	1600.0	4～10 月	下降	11～3 月	上升	0.5	26.5(8 月)
	100.0	89%		11%			5.5(1 月)
河南平顶山	2154.6	6～9 月	下降	10～3 月	上升	0.4	27.6(8 月)
	759.1	64%		36%			5.2(1 月)
安徽合肥	1538.9	4～9 月	下降	10～3 月	上升	0.2	32.1(8 月)
	969.5	62%		38%			4.9(1 月)
河北邯郸	1901.7	7～8 月	下降	11～5 月	上升	0.5	25.2(7 月)
	603.1	70%		30%			2.5(1 月)

　　膨胀土地基建筑物的地基变形计算值，不应大于地基变形允许值。地基变形允许值应符合表 2.3-4 的规定。对于表中未包括的建筑物，其地基变形允许值应根据上部结构对地基变形的适应能力及功能要求确定。

膨胀土地基建筑物地基变形允许值　　　　　　　　　　　表 2.3-4

结构类型	相对变形		变形量 (mm)
	种类	数值	
砌体结构	局部倾斜	0.001	15
房屋长度三到四开间及四角有构造柱或配筋砌体承重结构	局部倾斜	0.0015	30
工业与民用建筑相邻柱基 1. 框架结构无填充墙时	变形差	0.001l	30
2. 框架结构有填充墙时	变形差	0.0005l	20
3. 当基础不均匀升降时不产生附加应力的结构	变形差	0.003l	40

　　注：l 为相邻柱基的中心距离（m）。

　　从全国调查研究的结果表明：膨胀土上损坏较多的房屋是砌体结构；钢筋混凝土排架和框架结构房屋的破坏较少。砖砌烟囱有因倾斜过大被拆除的实例，但无完整的观测资料。对于浸湿房屋和高温构筑物主要应做好防水和隔热措施。对于表 2.3-4 中未包括的其他房屋和构筑物地基的允许变形量，可根据上部结构对膨胀土特殊变形状况的适应能力以及使用要求确定。

表 2.3-4 中的变形量允许值与国外一些报道的资料基本相符,如苏联的索洛昌认为:膨胀土上的单层房屋不设置任何预防措施,当变形量达到 10mm～20mm 时,墙体将出现约为 10mm 宽的裂缝。对于钢筋混凝土框架结构,允许变形量为 20mm;对于未配筋加强的砌体结构,允许变形量为 20mm,配筋加强时可加大到 35mm。根据南非大量膨胀土上房屋的观测资料,J·E·詹宁格斯等建议当房屋的变形量大于 12mm～15mm 时,必须采取专门措施预先加固。

膨胀土上房屋的允许变形量之所以小于一般地基土,原因在于膨胀土变形的特殊性。在各种外界因素(如土质的不均匀性、季节气候、地下水、局部水源和热源、树木和房屋覆盖的作用等)影响下,房屋随着地基持续的不均匀变形,常常呈现正反两个方向的挠曲。房屋所承受的附加应力随着升降变形的循环往复而变化,使墙体的强度逐渐衰减。在竖向位移的同时,往往伴随有水平位移及基础转动,几种位移共同作用的结果,使结构处于更为复杂的应力状态。从膨胀土的特征来看,土质一般情况下较坚硬,调整上部结构不均匀变形的作用也较差。鉴于上述种种因素,膨胀土上低层砌体结构往往在较小的位移幅度时就产生开裂破坏。

表 2.3-4 是通过 55 栋新建房屋位移观测资料的统计,并结合国外有关资料的分析得出的有关膨胀土上建筑物地基变形值的允许值。上述 55 栋房屋有的在结构上采取了诸如设置钢筋混凝土圈梁(或配筋砌体)、构造柱等加强措施,其结果按不同状况分述如下:

1) 砌体结构

表 2.3-5 和表 2.3-6 为砌体结构的实测变形量与其开裂破坏的状况。

砖石承重结构的变形量 表 2.3-5

变形量(mm)		<10	10～20	20～30	30～40	40～50	50～60
完好 29 栋	栋数	17	6	1	3	1	1
	%	58.62	20.69	3.45	10.34	3.45	3.45
墙体开裂 17 栋	栋数	2	7	5	2	1	0
	%	11.76	41.18	29.41	11.76	5.88	0

砖石承重结构的局部倾斜值 表 2.3-6

局部倾斜(‰)		<1	1～2	2～3	3～4
完好 18 栋	栋数	7	8	2	1
	%	38.89	44.44	11.11	5.56
墙体开裂 14 栋	栋数	0	8	5	1
	%	0	57.14	35.72	7.14

从 46 栋砖石承重结构的变形量可以看出:29 栋完好房屋中,变形量小于 10mm 的占其总数的 58.62%;小于 20mm 的占其总数的 79.31%。17 栋损坏房屋中,88.24% 的房屋变形量大于 10mm。

从 32 栋砖石承重结构的局部倾斜值可以看出:18 栋完好房屋中,局部倾斜值小于 1‰ 的占其总数的 38.89%;小于 2‰ 的占其总数的 83.33%。14 栋墙体开裂房屋的局部倾斜值均大于 1‰,在 1‰～2‰ 时其损坏率达到 57.14%。

综上所述,对于砖石承重结构,当其变形量小于等于 15mm,局部倾斜值小于等于

1‰时，房屋一般不会开裂破坏。

2）墙体设置钢筋混凝土圈梁或配筋的砌体结构

表 2.3-7 列出了 7 栋墙体设置钢筋混凝土圈梁或配筋砌体的房屋，其中完好的房屋有 5 栋，其变形量为 6.3mm～26.3mm；局部倾斜为 0.8‰～1.55‰。两栋开裂损坏的房屋变形量为 19.2mm～40.2mm；局部倾斜为 1.33‰～1.83‰。其中办公楼（三层）上部结构的处理措施为：在房屋的转角处设置钢筋混凝土构造柱，三道圈梁，墙体配筋。建筑场地地质条件复杂且有局部浸水和树木影响。房屋竣工后不到一年就开裂破坏。招待所（二层）墙体设置两道圈梁，内外墙交接处及墙端配筋。房屋的平面为 "⌐" 形，三个单元由沉降缝隔开。场地的地质条件单一。房屋两端破坏较重，中间单元整体倾斜，损坏较轻。因此，设置圈梁或配筋的砌体结构，房屋的允许变形量取小于等于 30mm；局部倾斜值取小于等于 1.5‰。

承重墙设圈梁或配筋的砖砌体   表 2.3-7

工程名称	变形量（mm）	局部倾斜（‰）	房屋状况
宿舍（I-4）	26.3	1.52	完好
宿舍（I-5）	21.4	1.03	完好
塑胶车间	19.7	0.83	完好
试验室（I-5）	4.9	1.55	完好
试验室（2）	6.3	0.94	完好
办公楼	19.2	1.33	损坏
招待所	40.2	1.83	损坏

3）钢筋混凝土排架结构

钢筋混凝土排架结构的工业厂房，只观测了两栋。其中一栋仅墙体开裂，主要承重结构完好无损。见表 2.3-8。

钢筋混凝土排架结构   表 2.3-8

工程名称	变形量（mm）	变形差	房屋状况
机修车间	27.5	$0.0025l$	墙体开裂
反射炉车间	4.3	$0.0003l$	完好

机修车间 1979 年 6 月外纵墙开裂时的最大变形量为 27.5mm，相邻两柱间的变形差为 $0.0025l$。到 1981 年 12 月最大变形量达 41.3mm，变形差达 $0.003l$。究其原因，归咎于附近一棵大桉树的吸水蒸腾作用，引起地基土收缩下沉。从而导致墙体开裂。但主体结构并未损坏。

单层排架结构的允许变形值，主要由相邻柱基的升降差控制。对有桥式吊车的厂房，应保证其纵向和横向吊车轨道面倾斜不超过 3‰，以保证吊车的正常运行。

我国现行的地基基础设计规范规定：单层排架结构基础的允许沉降量在中压缩性土上为 120mm；吊车轨面允许倾斜：纵向 0.004，横向 0.003。苏联 1978 年出版的《建筑物地基设计指南》中规定：由于不均匀沉降在结构中不产生附加应力的房屋，其沉降差为 $0.006l$，最大或平均沉降量不大于 150mm。对膨胀土地基，将上述数值分别乘以 0.5 和 0.25 的系数。即升降差取 $0.003l$，最大变形量为 37.5mm。结合现有有限的资料，可取最大变形量为 40mm，升降差取 0.003l 为单层排架结构（6m 柱距）的允许变形量。

2. 膨胀变形量计算

地基土的膨胀变形量（图 2.3-7）应按下式计算：

$$s_e = \psi_e \sum_{i=1}^{n} \delta_{epi} \cdot h_i \tag{2.3-4}$$

式中　s_e——地基土的膨胀变形量（mm）；

　　　ψ_e——计算膨胀变形量的经验系数，宜根据当地经验确定，无可依据经验时，三层及三层以下建筑物可采用 0.6；

　　　δ_{epi}——基础底面下第 i 层土在平均自重压力与对应于荷载效应准永久组合时的平均附加压力之和作用下的膨胀率，由室内试验确定；

　　　h_i——第 i 层土的计算厚度（mm）；

　　　z_{en}——膨胀变形计算深度。应根据大气影响深度确定，有浸水可能时可按浸水影响深度确定；

　　　n——基础底面至计算深度内所划分的土层数。

室内和原位的膨胀试验以及房屋的变形观测资料，都能反映地基土的膨胀变形随土中含水量和上覆压力的不同而变化的特征，为我们提供了用室内试验指标来计算地基膨胀变形量的可能性。但是，由室内试验指标提供的计算参数，是用厚度和面积都较小的试件，在有侧限的环刀内经充分浸水而取得的。而地基土在膨胀变形过程中，受力情况及浸水和边界条件都与室内试验有着较大的差别。上述因素综合影响的结果给计算膨胀变形量和实测变形量之间带来较大的差别。为使计算膨胀变形量较为接近实际，必须对室内外的试验观测结果全面地进行计算分析和比对，找出其间的数量关系，这就是膨胀变形计算的经验系数 ψ_e。

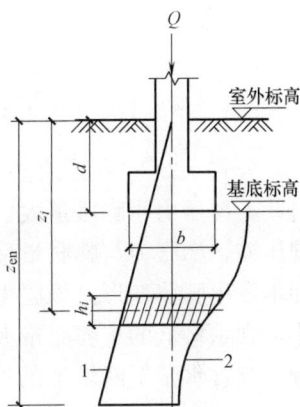

图 2.3-7　地基土的膨胀变形计算示意

1—自重压力曲线；2—附加压力曲线

对河北邯郸、河南平顶山、安徽合肥、湖北荆门、广西宁明、云南鸡街和蒙自等地的 40 项浸水载荷试验和 6 栋试验性房屋以及 12 栋民用房屋的室内外试验资料分别计算膨胀量，与实测最大值进行比对。根据统计分析，浸水部分的 $\psi_e = 0.47 \pm 0.12$。

图 2.3-8 是按 $\psi_e = 0.47$ 修正后的计算值与实测值的比较结果。表 2.3-9 和图 2.3-9 为浸水部分 ψ_e 的统计分布状况。12 栋民用房屋的 ψ_e 中值与浸水部分相同，只有平顶山地区的 ψ_e 偏大且离散性也较大，这是由于室内试验资料较少且欠完整的缘故。考虑到实际应用，取 $\psi_e = 0.6$ 时，对 80% 的房屋是偏于安全的。

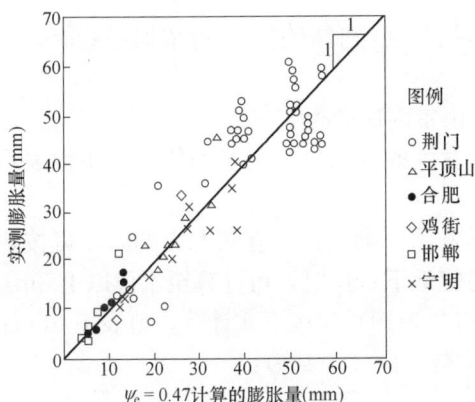

图 2.3-8　计算膨胀量与实测膨胀量的比较

膨胀量（浸水部分）计算的经验系数 ψ_e 统计分布　　　　　　表 2.3-9

ψ_e	0.1～0.2	0.2～0.3	0.3～0.4	0.4～0.5	0.5～0.6	0.6～0.7	0.7～0.8	0.8～0.9	总数
频数	1	0	31	41	28	8	1	3	
频率	0.89	0.00	27.43	36.28	24.78	7.08	0.89	2.65	113
累计频率	0.89	0.89	28.32	64.60	89.38	96.46	97.35	100.00	

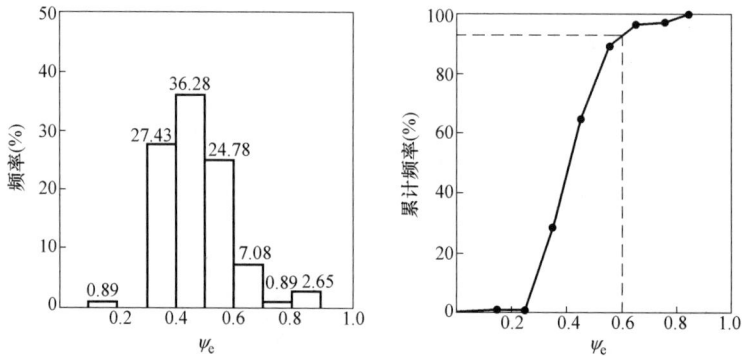

图 2.3-9　膨胀变形量计算经验系数 ψ_e 的统计分布状况

公式（2.3-4）是地基土在不同压力下各层土膨胀量的分层总和。当土的含水量一定时，上覆压力小膨胀量大，压力大时膨胀量小。当压力超过土的膨胀力时就不膨胀，并出现压缩，膨胀力与膨胀量呈非线性关系。在计算过程中，如某压力下的膨胀率为负值时，即不发生膨胀变形，该层土的膨胀量为零。当土的上覆压力一定时，含水量高的土膨胀量小，含水量低的土膨胀量大。含水量与膨胀量之间也为非线性关系。地基土的膨胀变形过程是其含水量不断增加的过程，膨胀量随其含水量的增加而持续增大，最终到达某一定值。因此，膨胀量的计算值是预估的最终膨胀变形量，而不是某一时段的变形量。

3. 收缩变形量计算

地基土的收缩变形量应按下式计算：

$$s_s = \psi_s \sum_{i=1}^{n} \lambda_{si} \cdot \Delta w_i \cdot h_i \tag{2.3-5}$$

式中　s_s——地基土的收缩变形量（mm）；

　　　ψ_s——计算收缩变形量的经验系数，宜根据当地经验确定，无可依据经验时，三层及三层以下建筑物可采用 0.8；

　　　λ_{si}——基础底面下第 i 层土的收缩系数，由室内试验确定；

　　　Δw_i——地基土收缩过程中，第 i 层土可能发生的含水量变化平均值（以小数表示），按式（2.3-6）计算；

　　　z_{sn}——收缩变形计算深度。应根据大气影响深度确定；当有热源影响时，可按热源影响深度确定；在计算深度内有稳定地下水位时，可计算至水位以上 3m。

计算深度内各土层的含水量变化值 Δw_i（图 2.3-10）应按下式计算，地表下 4m 深度内存在不透水基岩时，可假定含水量变化值为常数（图 2.3-10b）：

$$\Delta w_i = \Delta w_1 - (\Delta w_1 - 0.01) \frac{z_i - 1}{z_{sn} - 1} \tag{2.3-6a}$$

$$\Delta w_1 = w_1 - \psi_w w_p \tag{2.3-6b}$$

式中 Δw_1——地表下 1m 处土的含水量变化值（以小数表示）；

w_1、w_p——地表下 1m 处土的天然含水量和塑限（以小数表示）；

ψ_w——土的湿度系数，在自然气候影响下，地表下 1m 处土层含水量可能达到的最小值与其塑限之比。

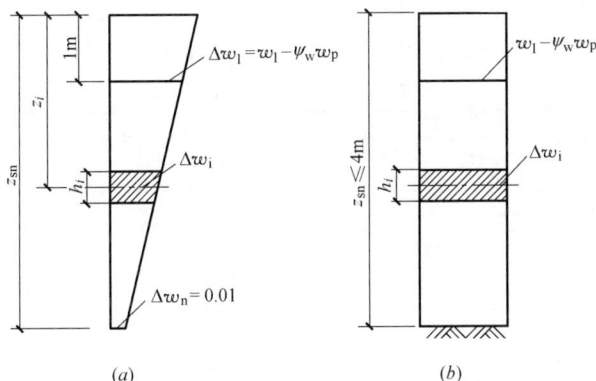

图 2.3-10 地基土收缩变形计算含水量变化示意

土的湿度系数 ψ_w 应根据当地 10 年以上土的含水量变化确定，无资料时，可根据当地有关气象资料按下式计算：

$$\psi_w = 1.152 - 0.726\alpha - 0.00107c \tag{2.3-7}$$

式中 α——当地 9 月至次年 2 月的月份蒸发力之和与全年蒸发力之比值（月平均气温小于 0℃ 的月份不统计在内）；

c——全年中干燥度大于 1.0 且月平均气温大于 0℃ 月份的蒸发力与降水量差值之总和（mm），干燥度为蒸发力与降水量之比值。

根据《膨胀土地区建筑技术规范》GB 50112—2013 提供的我国部分地区蒸发力及降水量值的参考值，按公式（2.3.7）计算我国部分地区的土的湿度系数 ψ_w 参考值见表 2.3-10。

膨胀土湿度系数计算参考值 表 2.3-10

站名	ψ_w	站名	ψ_w	站名	ψ_w
汉中	0.94	南阳	0.79	广州	0.80
安康	0.83	郧阳	0.87	湛江	0.81
通州	0.60	钟祥	0.89	绵阳	0.89
唐山	0.56	江陵荆州	0.93	成都	0.89
泰安	0.65	全州	0.81	昭通	0.73
兖州	0.64	桂林	0.85	昆明	0.62
临沂	0.76	百色	0.82	开远	0.56
文登	0.77	田东	0.80	元江	0.47
南京	0.94	贵港	0.80	文山	0.71
蚌埠	0.85	南宁	0.87	蒙自	0.57
合肥	0.87	上思	0.80	贵阳	0.92
巢湖	0.82	来宾	0.85		
许昌	0.72	韶关(曲江)	0.82		

　　与膨胀变形量计算的道理一样，小土样的室内试验提供的计算指标与原位地基土在收缩变形过程中的工作条件存在一定的差别。为使计算的收缩变形量与实测的变形量较为接近，在全国几个膨胀土地区结合实际工程，进行了室内外的试验观测工作，并按收缩变形计算公式进行计算与统计分析，以确定收缩变形量计算值与实测值之间的关系，这就是收缩变形计算的经验系数 ψ_s。对四个地区 15 栋民用房屋室内外试验资料进行计算并与实测值比对，其结果为收缩变形量计算经验系数 $\psi_s = 0.58 \pm 0.23$，取 $\psi_s = 0.8$。对实际工程而言，80% 是偏于安全的，ψ_s 的统计分布见表 2.3-11 和图 2.3-11。

收缩量计算的经验系数 ψ_s 统计分布　　　　　　　　　表 2.3-11

ψ_s	0.2～0.3	0.3～0.4	0.4～0.5	0.5～0.6	0.6～0.7	0.7～0.8	0.8～0.9	0.9～1.0	1.0～1.1	1.1～1.2	1.2～1.3	总数
频数	8	15	22	12	13	13	7	5	1	2	2	
频率	8	15	22	12	13	13	7	5	1	2	2	100
累计频率	8	23	45	57	70	83	90	95	96	98	100	

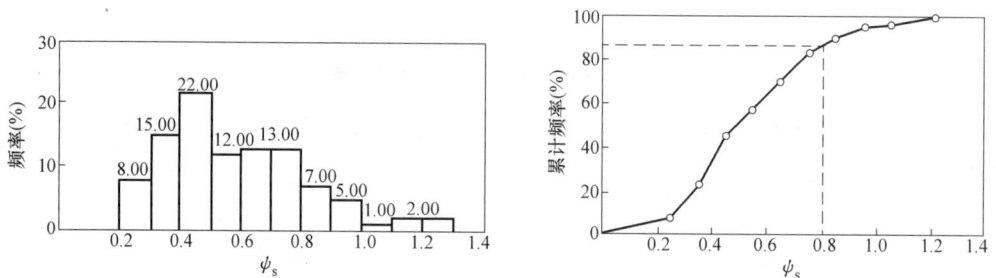

图 2.3-11　收缩变形量计算经验系数 ψ_s 的统计分布状况

4. 胀缩变形量计算

地基土的胀缩变形量应按下式计算：

$$s_{es} = \psi_{es} \sum_{i=1}^{n} (\delta_{epi} + \lambda_{si} \cdot \Delta w_i) h_i \tag{2.3-8}$$

式中　s_{es}——地基土的胀缩变形量（mm）；

　　　ψ_{es}——计算胀缩变形量的经验系数，宜根据当地经验确定，无可依据经验时，三层及三层以下可取 0.7。

　　室内土样在一定压力下的干湿循环试验与实际建筑的胀缩波动变形的观测资料表明：膨胀土的吸水膨胀和失水收缩变形的可逆性是其一种重要的属性。其胀缩变形的幅度同样取决于压力和初始含水量的大小。因此，膨胀土胀缩变形量的大小也完全可通过室内试验获得的特性指标 δ_{epi} 和 λ_{si} 以及上覆压力的大小和水分变形的幅度估算，公式（2.3-8）实质上是式（2.3-4）和式（2.3-5）的叠加综合。

　　大量现场调查以及沉降观测证明，膨胀土地基上的房屋损坏，在建筑场地稳定的条件下，均系长期的往复地基胀缩变形所引起。同时，轻型房屋比重型房屋变形大，且不均匀，损坏也重。因此，设计的指导思想是控制建筑物地基的最大变形幅度使其不大于建筑物地基所允许的变形值。

　　引起变形的因素很多，有些问题目前尚不清楚，有些问题要通过复杂的试验和计算才能取得。例如有边坡时房屋变形值要比平坦地形时大,其增大的部分决定于在旱、雨循环条件下坡体的水平位移。在这方面虽然可以定性地说明一些问题,但从计算上还没有找到合适而简化的方法。土力学中类似这样的问题很多,解决的出路在于找到影响事物的主要因素,通过技术措施使其不起作用或少起作用。膨胀土地基变形计算,指在半无限体平面条件下,房屋的胀缩变形计算。对边坡蠕动所引起的房屋下沉则通过挡土墙、护坡、保湿等措施使其减少到最小程度,再按变形控制的原则进行设计。

5. 大气影响深度

膨胀土地基胀缩变形的计算深度应根据大气影响深度确定,大气影响深度是在自然气候影响下,由降水、蒸发和温度等因素引起地基土胀缩变形的有效深度。大气影响深度应由各气候区土的深层变形观测或含水量观测及地温观测资料确定,无此资料时,可根据湿度系数 ψ_w 按表 2.3-12 采用。

大气影响深度（m） 表 2.3-12

土的湿度系数 ψ_w	大气影响深度 d_a
0.6	5.0
0.7	4.0
0.8	3.5
0.9	3.0

实测资料表明,环境因素的变化对胀缩变形及土中水分变化的影响是有一定深度范围的。该深度除与当地的气象条件（如降雨量、蒸发量、气温和湿度以及地温等）有关外,还与地形地貌、地下水和土层分布有关。图 2.3-12 是云南鸡街在两年内对三个工程场地四个剖面的含水量沿深度变化的统计结果。在地表下 0.5m 处含水量变化幅度为 7%；而在 4.5m 处,变化幅度为 2%,其环境影响已很微弱。图 2.3-13 由深层测标测得土体变形幅度沿其深度衰减的状况,表明平坦场地与坡地地形差别的影响较为显著。表 2.3-12 给出的数值是根据平坦场地上多个实测资料,结合当地气象条件综合分析的结果,它不包括局部热源、长期浸水以及树木蒸腾吸水等特殊状况。

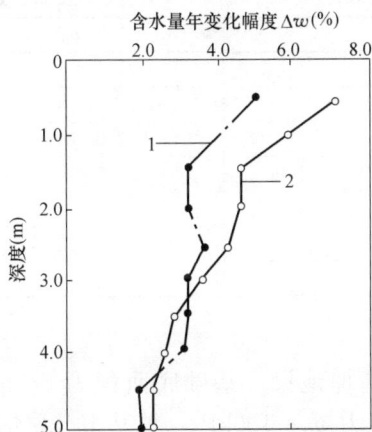

图 2.3-12 土中含水量沿深度的变化
1—室内；2—室外

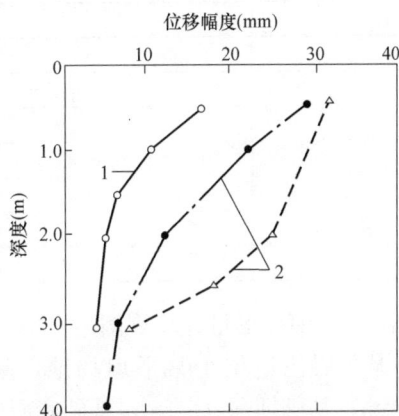

图 2.3-13 不同地形条件下的分层位移量
1—湖北荆门（平坦场地）；2—湖北郧县（山地坡肩）

6. 计算算例

（1）湿度系数计算算例

某膨胀土地区，中央气象局1951～1970年蒸发力和降水量月平均值资料见表2.3-13，干燥度大于1的月份的蒸发力和降水量月平均值资料见表2.3-14。

某地20年蒸发力和降水量月平均值　　　　　　　　　　　表2.3-13

项目　　月份	蒸发力[1]（mm）	降水量（mm）
1	21.0	19.7
2	25.0	21.8
3	51.8	33.2
4	70.3	108.3
5	90.9	191.8
6	92.7	213.2
7	116.9	178.9
8	110.1	142.0
9	74.7	82.5
10	46.7	89.2
11	28.1	55.9
12	21.1	25.7

注：[1]由于实际蒸发量尚难全面科学测定，中央气象局按彭曼（H. L. Penman）公式换算出蒸发力。经证实，实用效果较好。公式包括日照、气温、辐射平衡、相对湿度、风速等气象要素。

干燥度大于1的月份的蒸发力和降水量　　　　　　　　　表2.3-14

月份	蒸发力（mm）	降水量（mm）
1	21.0	19.7
2	25.0	21.8
3	51.8	33.2

根据公式（2.3-7）计算湿度系数：$\psi_w = 1.152 - 0.726\alpha - 0.00107c$，计算过程及结果见表2.3-15，$\psi_w \approx 0.9$。

湿度系数 ψ_w 计算过程表　　　　　　　　　　　表2.3-15

序号	计算参数	计算值
①	全年蒸发力之和	749.0
②	九月至次年二月蒸发力之和	216.3
③	$\alpha = ②/①$	0.289
④	$c=$全年中干燥度>1的月份的蒸发力减降水量差值的总和	23.1
⑤	0.726α	0.210
⑥	$0.00107c$	0.025
⑦	湿度系数 $\psi_w = 1.152 - 0.726\alpha - 0.00107c$	0.917

（2）胀缩变形量计算算例

某单层住宅位于某平坦场地，基础形式为墩基加地梁，基础底面积为800mm×800mm，基础埋深$d=1$m，基础底面处的平均附加压力$p_0=100$kPa。地基土分层情况见图2.3-14，基底下各层土的室内试验指标见表2.3-16。根据该地区10年以上有关气象资料统计并按公式（2.3-7）计算，地表下1m处膨胀土的湿度系数$\psi_w=0.8$。

土的室内试验指标 表 2.3-16

土层	取土深度 (m)	天然含水量 w	塑限 w_p	不同压力下的膨胀率 δ_{epi}				收缩系数 λ_s
				0 (kPa)	25 (kPa)	50 (kPa)	100 (kPa)	
①	0.85~1.00	0.205	0.219	0.0592	0.0158	0.0084	0.0008	0.28
②	1.85~2.00	0.204	0.225	0.0718	0.0357	0.0290	0.0187	0.48
③	2.65~2.80	0.232	0.232	0.0435	0.0205	0.0156	0.0083	0.31
④	3.25~3.40	0.242	0.242	0.0303	0.0303	0.0249	0.0157	0.37

1）查表 2.3-12，该地区的大气影响深度 $d_a = 3.5$m。因而取地基胀缩变形计算深度 $z_n = 3.5$m。

2）将基础埋深 d 至计算深度 z_n 范围的土按 0.4 倍基础宽度分成 n 层，并分别计算出各分层顶面处的自重压力 p_{ci} 和附加压力 p_{zi}（图 2.3-14）。

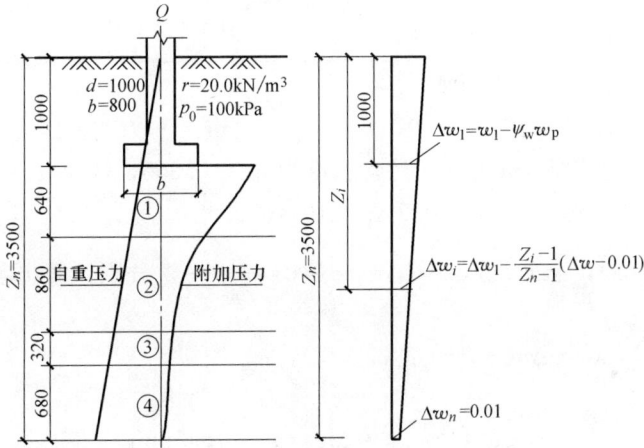

图 2.3-14 地基胀缩变形量计算分层示意

3）膨胀变形量 s_e 计算：

求出各分层的平均总压力 p_i，在各相应的 δ_{ep}-p 曲线（图 2.3-15）上查出 δ_{epi}，并计算 $\sum\limits_{i=1}^{n} \delta_{epi} \cdot h_i$（表 2.3-17）：

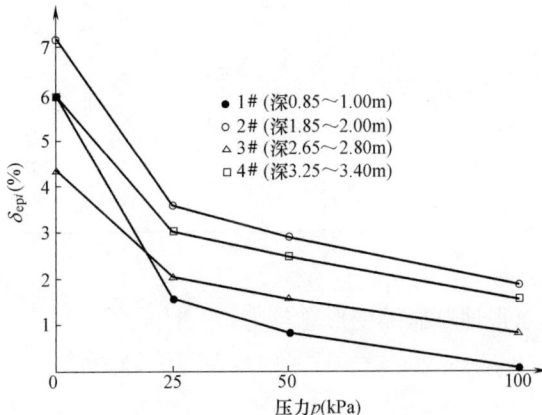

图 2.3-15 δ_{ep}-p 曲线

$$s_e = \sum_{i=1}^{n} \delta_{epi} \cdot h_i = 41.7\text{mm}$$

膨胀变形量计算表

表 2.3-17

点号	深度 z_i (m)	分层厚度 h_i (mm)	自重压力 p_{ci} (kPa)	$\dfrac{l}{b}$	$\dfrac{z_i-d}{b}$	附加压力系数 α	附加压力 p_{zi} (kPa)	平均值(kPa) 自重压力 p_{0i}	平均值(kPa) 附加压力 p_{zi}	平均值(kPa) 总压力 p_i	膨胀率 δ_{epi}	膨胀量 $\delta_{epi} \cdot h_i$ (mm)	累计膨胀量 $\sum_{i=1}^{n} \delta_{epi} \cdot h_i$ (mm)
0	1.00		20.0		0	1.000	100.0						
		320						23.2	90.00	113.20	0	0	0
1	1.32		26.4		0.400	0.800	80.0						
		320						29.6	62.45	92.05	0.0020	0.6	0.6
2	1.64		32.8		0.800	0.449	44.9						
		320						36.0	35.30	71.30	0.0246	7.9	8.5
3	1.96		39.2		1.200	0.257	25.7						
		320						42.4	20.85	63.25	0.0263	8.4	16.9
4	2.28		45.6	1.0	1.600	0.160	16.0						
		220						47.8	14.05	61.85	0.0266	5.9	22.8
5	2.50		50.0		1.875	0.121	12.1						
		320						53.2	10.30	63.50	0.0136	4.4	27.2
6	2.82		56.4		2.275	0.085	8.5						
		320						59.6	7.50	67.10	0.0218	7.0	34.2
7	3.14		62.8		2.675	0.065	6.5						
		360						66.4	5.65	72.05	0.0208	7.5	41.7
8	3.50		70.0		3.125	0.048	4.8						

注：基础长度为 l（mm），基础宽度为 b（mm）。

4）收缩变形量 s_s 计算：

表 2.3-13 查出地表下 1m 处的天然含水量为 $w_1 = 0.205$，塑限 $w_p = 0.219$；

则 $\Delta w_1 = w_1 - \psi_w w_p = 0.205 - 0.8 \times 0.219 = 0.0298$；

按公式（2.3-6a），$\Delta w_i = \Delta w_1 - (\Delta w_1 - 0.01)\dfrac{z_i - 1}{z_{sn} - 1}$，分别计算出各分层土的含水量变化值，并计算 $\sum_{i=1}^{n} \lambda_{si} \cdot \Delta w_i \cdot h_i$（表 2.3-18）：

$$s_s = \sum_{i=1}^{n} \lambda_{si} \cdot \Delta w_i \cdot h_i = 18.5\text{mm}$$

收缩变形量计算表

表 2.3-18

点号	深度 z_i (m)	分层厚度 h_i (mm)	计算深度 z_n (m)	$\Delta w_1 = w_1 - \psi_w w_p$	$\dfrac{z_i-1}{z_n-1}$	Δw_i	平均值 Δw_i	收缩系数 λ_{si}	收缩量 $\lambda_{si} \cdot \Delta w_i \cdot h_i$ (mm)	累计收缩量 (mm)
0	1.00				0	0.0298				
		320					0.0285	0.28	2.6	2.6
1	1.32				0.13	0.0272				
		320					0.0260	0.28	2.3	4.9
2	1.64				0.26	0.0247				
		320					0.0235	0.48	3.6	8.5
3	1.96				0.38	0.0223				
		320					0.0210	0.48	3.2	11.7
4	2.28		3.50	0.0298	0.51	0.0197				
		220					0.0188	0.48	2.0	13.7
5	2.50				0.60	0.0179				
		320					0.0166	0.31	1.6	15.3
6	2.82				0.73	0.0153				
		320					0.0141	0.37	1.7	17.0
7	3.14				0.86	0.0128				
		360					0.0114	0.37	1.5	18.5
8	3.50				1.00	0.0100				

5）胀缩变形量 s_{es} 计算

由公式（2.3-8），求得地基胀缩变形总量为：

$$s_{es} = \psi_{es}(s_e + s_s) = 0.7 \times (41.7 + 18.5) = 42.1\text{mm}$$

2.3.5 稳定性计算

位于坡地场地上的建筑物，应按下列要求进行地基稳定性验算：

（1）土质较均匀按圆弧滑动法验算；

（2）土层较薄，土层与岩层间存在软弱层时，取软弱层面为滑动面进行验算；

（3）层状构造的膨胀土，如层面与坡面斜交，且交角小于45°时，验算层面的稳定性。

地基稳定性验算时，应考虑建筑物和堆料的荷载、削坡卸荷时的应力释放、水平膨胀力以及土体吸水膨胀后强度的衰减等因素。地基稳定性安全系数可取1.2。

根据目前获得的大量工程实践资料，虽然膨胀土具有自身的工程特性，但在比较均匀或其他条件无明显差异的情况下，其滑面形态基本上属于圆弧形，可以按一般均质土体的圆弧滑动法验算其稳定性。当膨胀土中存在相对软弱的夹层时，地基的失稳往往沿此面首先滑动，因此将此面作为控制性验算面。层状构造土系指两类不同土层相间成韵律的沉积物、具有明显层状构造特征的土。由于层状构造土的层状特性，表现在其空间分布上的不均匀性、物理性指标的差异性、力学性指标的离散性、设计参数的不确定性等方面使土的各向异性特征更加突出。因此，其特性基本控制了场地的稳定性。当层面与坡面斜交的交角大于45°时，稳定性由层状构造土的自身特性所控制，小于45°时，由土层间特性差异形成相对软弱带所控制。

2.4 预防措施

2.4.1 建筑措施

1. 建筑物体型

在满足使用功能的前提下，建筑物的体型应力求简单。建筑物选址宜位于膨胀土层厚度均匀，地形坡度小的地段；建筑物宜避让胀缩性相差较大的土层，应避开地裂带，不宜建在地下水位升降变化大的地段。当无法避免时，应采取设置沉降缝或提高建筑结构整体抗变形能力等措施。

2. 沉降缝

沉降缝的设置能有效防止建筑物因不均匀沉降而造成的破坏，特别是在膨胀土地区，膨胀土地基的胀缩变形更容易产生建筑物的不均匀变形。因此，膨胀土地区建筑物符合下列情况时，宜设置沉降缝：

（1）挖方与填方交界处或地基土显著不均匀处，包括土的胀缩性强弱不等处和土层厚度不均匀处，例如同一建筑物地基的分级变形量大于35mm时。同一类型的膨胀土，扰动后重新夯实与未经扰动的相比，其膨胀或收缩特性都不相同。如果基础分别埋在挖方和填方上时，在挖填方交界处的墙体及地面常常出现断裂。因此，一般都采用沉降缝分离；

（2）建筑物平面转折部位、高度或荷重有显著差异部位；

（3）建筑结构或基础类型不同部位。

3. 排水系统

导致膨胀土土中水分增加造成膨胀变形的原因，除了自然因素以外，尚有人为因素。因此，有序地疏导场区、房屋内外的生产和生活用水，是防止土体膨胀危害的预防维护措施之一。膨胀土地区建筑物场地应设置有组织的排水系统：

（1）屋面排水宜采用外排水，水落管不得设在沉降缝处，且其下端距散水面不应大于300mm；

（2）室内外生产和生活用水应通过房屋四周明沟有序排放，排水沟应设防渗层，并常保持畅通，及时清理堵塞物和积水。明沟应设在散水之外并与其相连；

（3）场区排水，首先要做好截水沟。特别注意利用原有自然排水系统，顺势利导，切忌挡水，将其有序排出场区之外。

4. 散水

房屋四周受季节性气候和其他人为活动的影响大，外墙部位土的含水量变化和结构的

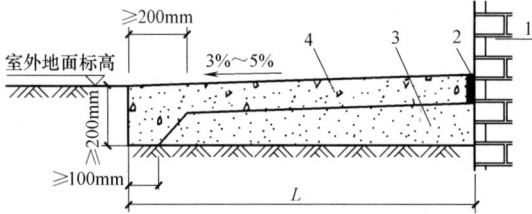

图 2.4-1 散水构造示意

1—外墙；2—交接缝；3—垫层；4—面层

位移幅度都较室内大，容易遭到破坏。因此，房屋四周辅以混凝土等宽散水时（宽度大于2m），能起到防水和保湿的作用，使外墙的位移量减小。建筑物四周散水的构造宜符合下列规定（图2.4-1）：

（1）散水面层宜采用C15混凝土或沥青混凝土，散水垫层宜采用2：8灰土或三合土，散水最小宽度、面层和垫层厚度宜按表2.4-1选用；

（2）散水面层的伸缩缝间距不应大于3m；

（3）散水外缘距基槽不应小于300mm，坡度为3％～5％；

（4）散水与外墙的交接缝和散水之间的伸缩缝，应填嵌柔性防水材料。

散水构造尺寸 表 2.4-1

地基胀缩等级	散水最小宽度 L（m）	面层厚度（mm）	垫层厚度（mm）
Ⅰ	1.2	≥100	≥100
Ⅱ	1.5	≥100	≥150
Ⅲ	2.0	≥120	≥200

平坦场地胀缩等级为Ⅰ级、Ⅱ级的膨胀土地基，当采用宽散水作为主要防治措施时，其构造应符合下列规定（图2.4-2）：

（1）面层可采用强度等级C15的素混凝土或沥青混凝土，厚度不应小于100mm；

（2）隔热保温层可采用1：3石灰焦渣，厚度宜为100mm～200mm；

（3）垫层可采用2：8灰土或三合土，厚度宜为100mm～200mm；

（4）胀缩等级为Ⅰ级的膨胀土地基散水宽度不应小于2m，胀缩等级为Ⅱ级的膨胀土地基散水宽度不应小于3m，坡度宜为3％～5％。

图2.4-3是成都军区后勤部营房设计所在某试验房散水下不同部位的深标升降位移的试验资料。从图中曲线可以看出，房屋四周一定宽度的散水对减小膨胀土上基础的位移起到了明显的作用。应当指出，大量的实际调查资料证

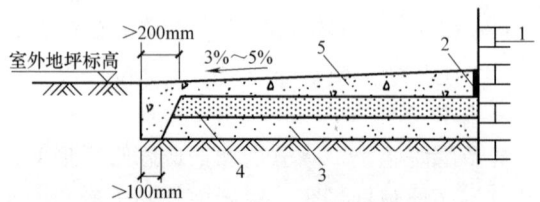

图 2.4-2 宽散水构造示意

1—外墙；2—交接缝；3—垫层；4—隔热保温层；5—面层

明,作为主要预防措施来说,散水对于地势平坦、胀缩等级为Ⅰ、Ⅱ级的膨胀土其效果较好;对于地形复杂和胀缩等级为Ⅲ级的膨胀土上的房屋,散水应配合其他措施使用。

5. 室内地面

膨胀土上房屋室内地面的开裂、隆起比较常见,大面积处理费用太高。因此,处理的原则分为两种,一是要求严格的地面,如精密加工车间、大型民用公共建筑等,地面的不均匀变形会降低产品的质量或正常使用,后果严重。二是如食堂、住宅的地面,开裂后可修理使用。前者可根据膨胀量大小换土处理,后者宜将大面积浇筑面层改为分段浇注嵌缝处理方法,或采用铺砌的办法。

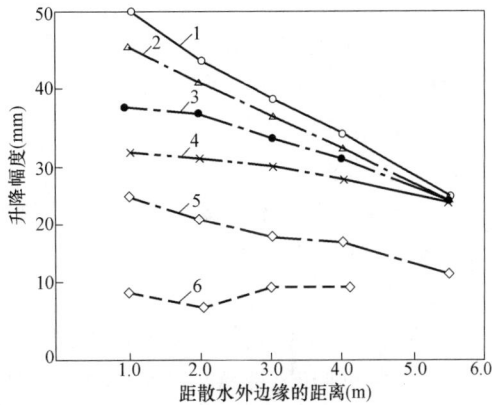

图 2.4-3 散水下不同部位的位移

1—0.5m 深标;2—1.0m 深标;3—1.5m 深标;
4—2.0m 深标;5—3.0m 深标;6—4.0m 深标

对于某些使用要求严格的地面,还可采用架空楼板方法。建筑物的室内地面设计应符合下列要求:

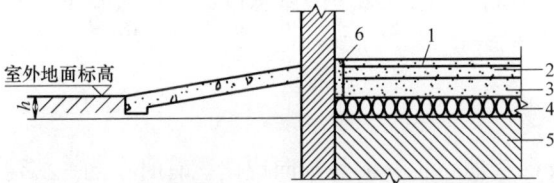

图 2.4-4 使用要求严格的混凝土地面构造示意

1—面层;2—混凝土垫层;3—非膨胀土填充层;
4—变形缓冲层;5—膨胀土地基;6—变形缝

(1)对使用要求严格的地面,可根据地基土的胀缩等级按图 2.4-4 和表 2.4.2 的要求,采取相应的设计措施。胀缩等级为Ⅲ级的膨胀土地基和使用要求特别严格的地面,可采取地面配筋或地面架空等措施。经常用水房间的地面应设防水层,并保持排水通畅。

使用要求严格的混凝土地面构造要求   表 2.4-2

设计要求 δ_{ep0} (%)	$2 \leqslant \delta_{ep0} < 4$	$\delta_{ep0} \geqslant 4$
混凝土垫层厚度(mm)	100	120
换土层总厚度 h(mm)	300	$300 + (\delta_{ep0} - 4) \times 100$
变形缓冲层材料最小粒径(mm)	$\geqslant 150$	$\geqslant 200$

注:1. 表中 δ_{ep0} 取膨胀试验卸荷到零时的膨胀率;

    2. 变形缓冲层材料可采用立砌漂石、块石,要求小头朝下;

    3. 换土层总厚度 h 为室外地面标高至变形缓冲层底标高的距离。

(2)大面积地面应设置分格变形缝。地面、墙体、地沟、地坑和设备基础之间宜用变形缝隔开。变形缝内应填嵌柔性防水材料。

(3)对使用要求没有严格限制的工业与民用建筑地面,可按普通地面进行设计。

6. 广场、场区道路和人行便道

建筑物周围的广场、场区道路和人行便道设计应符合下列要求:

(1)建筑物周围的广场、场区道路和人行便道的标高应低于散水外缘;

(2)广场应设置有组织的截水、排水系统,大面积地面应设置分格变形缝,变形缝内

应填嵌柔性防水材料;

(3) 场区道路宜采用 2：8 灰土上铺砌大块石及砂卵石垫层、沥青混凝土或沥青表面处置面层。路肩宽度不应小于 0.8m;

(4) 人行便道宜采用预制块铺设,并宜与房屋散水相连接。

2.4.2 结构措施

膨胀土地基上的木结构、钢结构及钢筋混凝土框排架结构具有较好的适应不均匀变形能力,主体结构损坏极少,膨胀土地区房屋应优先采用这些结构体系,建筑物结构设计应遵循下列原则:

① 选择适宜的结构体系和基础形式;

② 加强基础和上部结构的整体强度和刚度。

1. 砌体结构

砌体结构应符合下列规定:

(1) 承重墙体应采用实心墙,墙厚不应小于 240mm,砌体强度等级不应低于 MU10,砌筑砂浆强度等级不应低于 M5。不应采用空斗墙、砖拱、无砂大孔混凝土和无筋中型砌块;

(2) 建筑平面拐角部位不应设置门窗洞口,墙体尽端至门窗洞口边的有效宽度不宜小于 1m;

(3) 楼梯间不宜设在建筑物的端部。

2. 圈梁

膨胀土上建筑物地基的变形有的是反向挠曲,也有的是正向挠曲,有时在同一栋建筑内同时出现反向挠曲和正向挠曲,特别在房屋的端部,反向挠曲变形较多。圈梁的设置有助于提高房屋的整体性并控制裂缝的发展,砌体结构的圈梁设置应符合下列要求:

(1) 砌体结构除应在基础顶部和墙盖处各设置一道钢筋混凝土圈梁外,对于Ⅰ级、Ⅱ级膨胀土地基上的多层房屋,其他楼层可隔层设置圈梁;对于Ⅲ级膨胀土地基上的多层房屋,应每层设置圈梁;

(2) 单层工业厂房的围护墙体除应在基础顶部和屋盖处各设置一道钢筋混凝土圈梁外,对于Ⅰ级、Ⅱ级膨胀土地基,沿墙高每隔 4m 增设一道圈梁;对于Ⅲ级膨胀土地基,沿墙高每隔 3m 增设一道圈梁;

(3) 圈梁应在同一平面内闭合;

(4) 基础顶面和屋盖处的圈梁高度不应小于 240mm,其他位置的圈梁不应小于 180mm。圈梁的纵向配筋不小于 $4\phi12$,箍筋不小于 $\phi6@200$。基础圈梁混凝土强度等级不低于 C25,其他位置圈梁混凝土强度等级不低于 C20。

3. 构造柱

砌体结构中设置构造柱的作用主要在于对墙体的约束,有助于提高房屋的整体性并增加房屋的刚度。构造柱须与各层圈梁或梁板连接才能发挥约束作用,构造柱应符合下列要求:

(1) 构造柱的设置部位:房屋的外墙拐角,楼(电)梯间,内、外墙交接处,开间大于 4.2m 的房间纵、横墙交接处,隔开间横墙与内纵墙交接处;

(2) 构造柱的截面不应小于 240mm×240mm,纵向钢筋不小于 $4\phi12$,箍筋不小于 $\phi6$

@200，混凝土强度等级不低于 C20；

（3）构造柱与圈梁连接处，构造柱的纵筋应上下贯通穿过圈梁，或锚入圈梁不小于 35d；

（4）构造柱可不单独设置基础，但纵筋应伸入基础圈梁或基础梁内不小于 35d。

4. 门窗洞口

门窗洞口或其他洞孔宽度大于等于 600mm 时，应采用钢筋混凝土过梁，不得采用砖拱过梁。在底层窗台处宜设置 60mm 厚的钢筋混凝土带，并与构造柱拉结。

5. 预制混凝土梁、板

预制钢筋混凝土梁支承在墙体上的长度不应小于 240mm；预制钢筋混凝土板支承在墙体上的长度不应小于 100mm、支承在梁上的长度不应小于 80mm。预制钢筋混凝土梁、板与支承部位应可靠拉结。

6. 框、排架结构

框、排架结构的围护墙体与柱应采取可靠拉结，且宜砌置在基础梁上，基础梁下宜预留 100mm 空隙，并做防水处理。钢和钢筋混凝土框、排架结构本身具有足够的适应变形的能力，但围护墙体仍易开裂。当以砌体作围护结构时，应将砌体放在基础梁上，基础梁与土表面脱空以防土的膨胀引起梁的过大变形。

7. 吊车梁

吊车梁应采用简支梁，吊车梁与吊车轨道之间应采用便于调整的连接方式。吊车顶面与屋架下弦的净空不宜小于 200mm。有吊车的厂房，由于不均匀变形会引起吊车卡轨而影响使用，故要求连接方法便于调整并预留一定空隙。

2.4.3 地基基础措施

1. 基础选型

对较均匀且胀缩等级为Ⅰ级的膨胀土地基，可采用条形基础，基础埋深较大或基底压力较小时，宜采用墩基础；对胀缩等级为Ⅲ级或设计等级为甲级的膨胀土地基，宜采用桩基础。

2. 地基处理

膨胀土地基处理可采用换土、土性改良、砂石或灰土垫层等方法。换土可采用非膨胀性土、灰土或改良土，换土厚度应通过变形计算确定；土性改良可采用掺和水泥、石灰等材料，掺和比和施工工艺应通过试验确定；平坦场地上胀缩等级为Ⅰ级、Ⅱ级的膨胀土地基可采用砂、碎石垫层，垫层厚度不应小于 300mm，垫层宽度应大于基底宽度，两侧采用与垫层相同的材料回填，并应做好防、隔水处理。

膨胀土的改良一般是在土中掺入一定比例的石灰、水泥或粉煤灰等材料，采用上述材料的浆液向原状土地基中压力灌浆的效果不佳，应慎用。膨胀土中掺入一定比例的石灰后，通过 Ca^+ 离子交换、水化和碳化以及孔隙充填和粘结作用，可以降低甚至消除土的膨胀性，并能提高扰动土的强度。使用时应根据土的膨胀潜势通过试验确定石灰的掺量。石灰宜用熟石灰粉，施工时土料最大粒径不应大于 15mm，并控制其含水量，拌和均匀，分层压实。

大量室内外试验和工程实践表明：土中掺入 2%～8% 的石灰粉并拌和均匀是简单、经济的方法。表 2.4-3 是王新征用河南南阳膨胀土进行室内试验的结果。

掺入石灰粉后膨胀土胀缩性试验结果表 表 2.4-3

掺灰量 (%)	龄期 (d)	膨胀试验			收缩试验	
		无压膨胀率 (%)	50kPa 膨胀率 (%)	膨胀力 (kPa)	缩限 (%)	线缩率 (%)
0		36.0	9.3	284.0	16.20	3.10
6	7	0.5	0.0	9.6	5.20	1.90
	28	0.2	0.0	0.7	4.30	1.07

3. 桩基础

桩基础在膨胀土中的工作性状相当复杂，上部土层因水分变化而产生的胀缩变形对桩有不同的效应。桩的承载力与土性、桩长、土中水分变化幅度和桩顶作用的荷载大小关系密切。土体膨胀时，因含水量增加和密度减小导致桩侧阻和端阻降低；土体收缩时，可能导致该部分土体产生大量裂缝，甚至与桩体脱离而丧失桩侧阻力（图 2.4-5）。因此，在桩基设计时应考虑桩周土的胀缩变形对其承载力的不利影响。桩基础设计时，基桩和承台的构造和设计计算除应符合现行国家标准《建筑地基基础设计规范》GB 50007 的规定外，尚应符合下列规定：

（1）桩顶标高低于大气影响急剧层深度的高、重建筑物，可按一般桩基础进行设计。

（2）桩顶标高位于大气影响急剧层深度内的三层及三层以下的轻型建筑物，桩基础设计应符合下列要求：

1）按承载力计算时应考虑土中水分变化对其承载力的影响。单桩承载力特征值可根据当地经验确定。无此项资料时，应通过现场载荷试验确定。

2）按变形计算时，桩基础升降位移应满足变形允许值的要求。桩端进入大气影响急剧层深度以下或非膨胀土层中的长度应满足下列规定（图 2.4-6）：

图 2.4-5 膨胀土收缩时，桩周土体与桩体脱离情况现场实测

按膨胀变形计算时，应符合下式要求（图 2.4-6a）：

$$l_a \geqslant \frac{v_e - Q_k}{u_p \cdot \lambda \cdot q_{sa}} \tag{2.4-1}$$

按收缩变形计算时，应符合下式要求（图 2.4-6b）：

$$l_a \geqslant \frac{Q_k - A_p \cdot q_{pa}}{u_p \cdot q_{sa}} \qquad (2.4\text{-}2)$$

式中 l_a——桩端进入大气影响急剧层以下或非膨胀土层中的长度（m）；

v_e——在大气影响急剧层内桩侧土的最大胀拔力标准值，应由当地经验或试验确定（kN）；

Q_k——对应于荷载效应标准组合，最不利工况下作用于桩顶的竖向力，包括承台和承台上土的自重（kN）；

u_p——桩身周长（m）；

λ——桩侧土的抗拔系数，应由试验或当地经验确定；当无此资料时，可按国家现行标准《建筑桩基技术规范》JGJ 94 的相关规定取值；

A_p——桩端截面积（m²）；

q_{pa}——桩的端阻力特征值（kPa）；

q_{sa}——桩的侧阻力特征值（kPa）。

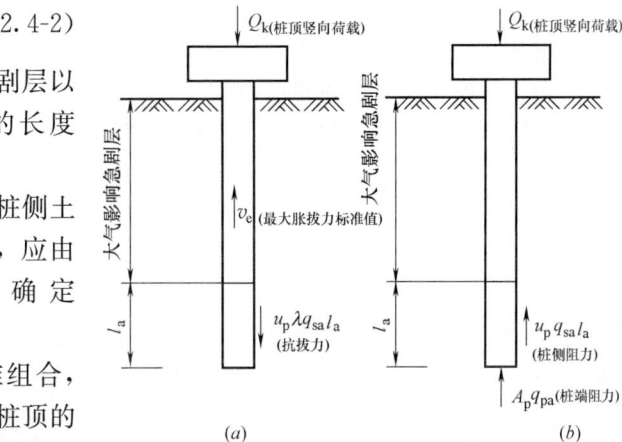

图 2.4-6　桩基计算简图

（a）按膨胀变形计算；（b）按收缩变形计算

按胀缩变形计算时，计算长度应取式（2.4-1）和式（2.4-2）中的较大值，且不得小于 4 倍桩径及 1 倍扩大端的直径，最小长度应大于 1.5m。

（3）当桩身承受胀拔力时，应进行桩身抗拉强度和裂缝宽度控制验算，并采取通长配筋，最小配筋率应符合现行国家标准《建筑地基基础设计规范》GB 50007 的规定。桩承台梁下应留有空隙，其值应大于土层浸水后的最大膨胀量，且不小于 100mm。承台梁两侧应采取防止空隙堵塞的措施。

对于低层房屋的短桩来说，土体膨胀隆起时，胀拔力将导致桩的上拔。国内外的现场试验资料表明：土层的膨胀隆起量决定桩的上拔量，上部土层隆起量较大，且随深度增加而减小，对桩产生上拔作用；下部土层隆起量小甚至不膨胀，将抑制桩的上拔，起到"锚固作用"，如图 2.4-7 所示。图中 CD 表示 9m 深度内土的膨胀隆起量随深度的变化曲线，AB 则为 7m 桩长的单桩上拔量为 40mm。CD 和 AB 线交点 O 处土的隆起量与桩的上拔量相等，即称为"中性点"。O 点以上桩承受胀拔力，以下则为"锚固力"。当由胀拔力产生的上拔力大于"锚固力"时，桩就会被上拔。为抑制上拔量，在桩基设计时，桩顶荷载应等于或略大于上拔力。

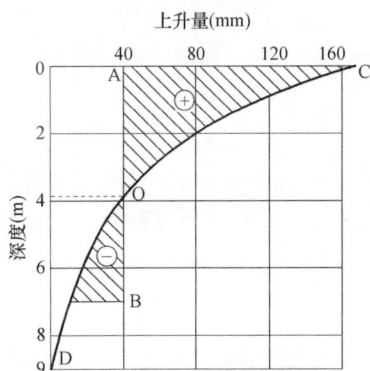

图 2.4-7　土层隆起量与桩的上升量关系

（引自索洛昌的《膨胀土上建筑物的设计与施工》）

上述中性点的位置和胀拔力的大小与土的膨胀潜势和土中水分变化幅度及深度有关。目前国内外关于胀拔力大小的资料很少，只能通过现场试验或地方经验确定。至于膨胀土中桩基的设计，只能提出计算原则。在所提出原则中分别考虑了膨胀和收缩两种情况。在膨胀时考虑了桩周胀拔力，该值宜通过现场试验确定。在收缩时因裂缝出现，不考虑收缩时所产生的负摩擦力，同样也不考虑在大气影响急剧层内的侧阻力。

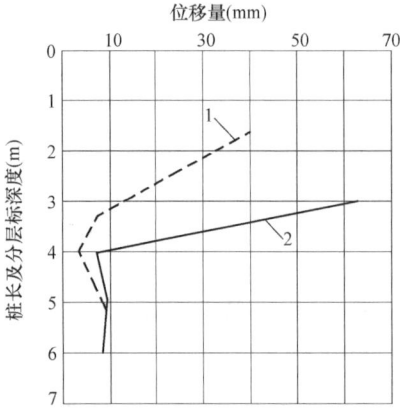

图 2.4-8　桩基与分层标位移量

1—分层标；2—桩基

原云南锡业公司与冶金部昆明勘察公司曾为此进行了专项试验，试验桩桩径为 230mm，桩长分别为 3m 和 4m，桩端脱空，3m 长试验桩的桩顶荷载为 42.0kN，4m 长试验桩的桩顶荷载为 57.6kN；经过两年观察，3m 桩下沉达 60mm 以上，4m 桩仅为 6mm 左右，与深标观测值接近（图 2.4-8）。当地实测大气影响急剧层为 3.3m，可以看出 3.3m 长度内还有一定的摩阻力来抵抗由于收缩后桩上承受的荷载。因此，假定全部荷重由大气影响急剧层以下的桩长来承受是偏于安全的。

（4）桩的现场浸水胀拔力和承载力试验：

膨胀土中单桩承载力及其在大气影响层内桩侧土的最大胀拔力可通过室内试验或现场浸水胀拔力和承载力试验确定。但现场的试验数据更接近实际，同一场地的现场试验数量不应少于 3 点，当基桩最大胀拔力或极限承载力试验值的极差不超过其平均值的 30% 时，取其平均值作为该场地基桩最大胀拔力或极限承载力的标准值。其试验方法和步骤、试验资料整理和计算建议如下。实施时可根据不同需要予以简化。

膨胀土中桩的现场浸水胀拔力和承载力试验的试验步骤见图 2.4-9。

1）选择有代表性的地段作为试验场地，试验前和试验后，分层取原状土样在室内进行物理力学试验和膨胀试验。试验桩和试验设备的布置如图 2.4-10 所示。

2）每组试验可布置三根试验桩，桩长分别为大气影响急剧层深度、大气影响深度和设计桩长深度；胀拔力试验桩桩径宜为 φ400，工程桩按设计桩长和桩径设置。试验桩间距不小于 3 倍桩径，试验桩与锚桩间距不小于 4 倍桩径；桩长为大气影响急剧层深度和大气影响深度的胀拔力试验桩，其桩端脱空不小于 100mm；采用砂井和砂槽双面浸水。砂槽和砂井内填满中、粗砂，砂井的深度不小于当地的大气影响深度。

① 选择有代表性试验地段

↓

② 试验桩及砂井、砂槽设置

↓

③ 反力装置设置

↓

④ 浸水膨胀，胀拔力测试

↓

⑤ 膨胀稳定后，静载试验

↓

⑥ 数据整理

图 2.4-9　桩的现场浸水胀拔力和承载力试验步骤

3）试验可采用锚桩反力梁装置，其最大抗拔能力除满足试验荷载的要求外，应严格控制锚桩和反力梁的变形量。

4）试验桩桩顶设置测力计，现场浸水初期至少每 8h 进行一次桩的胀拔力观测，以捕捉最大的胀拔力，后期可加大观测时间间隔，直至浸水膨胀稳定。

5）浸水膨胀稳定后，停止浸水并将桩顶测力计更换为千斤顶，采用慢速加载维持法

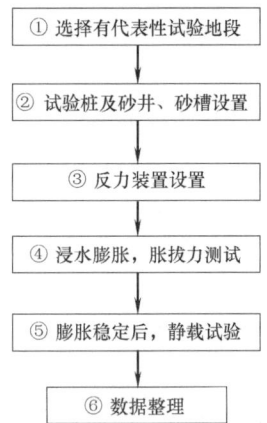

进行单桩承载力试验，测定浸水条件下的单桩承载力。

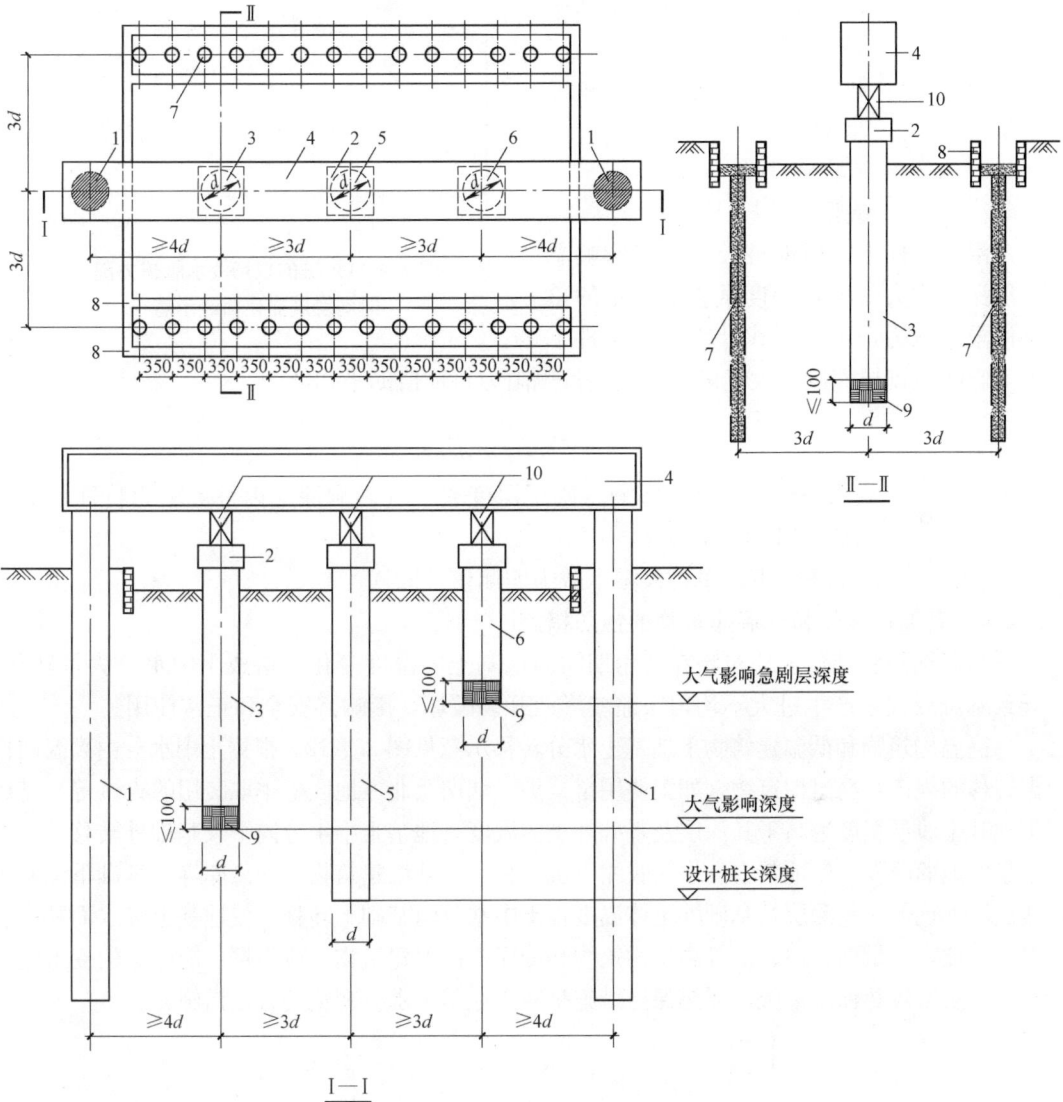

图 2.4-10 桩的现场浸水胀拔力和承载力试验布置示意（单位：mm）

1—锚桩；2—桩帽；3—胀拔力试验桩（大气影响深度）；4—支承梁；

5—工程桩试验桩；6—胀拔力试验桩（大气影响急剧层深度）；7—ϕ127 砂井；

8—砖砌砂槽；9—桩端空隙；10—测力计（千斤顶）

6）绘制桩的现场浸水胀拔力随时间发展变化曲线（图 2.4-11），测定桩的最大胀拔力 v_{emax} 和稳定胀拔力 v_{esta}。

根据桩长为大气影响急剧层深度或大气影响深度试验桩的现场实测单桩最大胀拔力，可按下式计算大气影响急剧层深度或大气影响深度内桩侧土的最大胀切力平均值：

$$\overline{q}_{esk} = \frac{v_{emax}}{\pi \cdot d \cdot l} \tag{2.4-3}$$

式中　$\bar{q}_{esk}$——大气影响急剧层深度或大气
影响深度内桩侧土的最大胀
切力平均值（kPa）；

　　　v_{emax}——单桩最大胀拔力实测值
（kN）；

　　　　　d——试验桩桩径（m）；

　　　　　l——试验桩桩长（m）。

浸水条件下，根据桩长为大气影响急
剧层深度或大气影响深度试验桩测定的单
桩极限承载力，可按下式计算浸水条件下

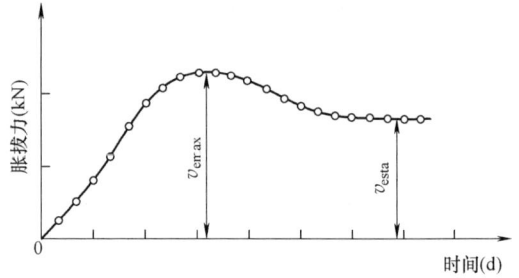

图 2.4-11　桩的现场浸水胀拔力随
时间发展变化曲线示意

大气影响急剧层深度或大气影响深度内桩侧阻力特征值的平均值：

$$\bar{q}_{sa} = \frac{Q_u}{2 \cdot \pi \cdot d \cdot l} \tag{2.4-4}$$

式中　$\bar{q}_{sa}$——浸水条件下，大气影响急剧层深度或大气影响深度内桩侧阻力特征值的平
均值（kPa）；

　　　Q_u——浸水条件下，单桩极限承载力实测值（kN）。

2.4.4　高温构筑物和低温建筑物的预防措施

高温构筑物和低温建筑物在使用期间因地基土的温度变化，造成土中水分大量转移，
导致基础或建筑产生过大不均匀胀缩变形而开裂破坏，影响其安全和正常使用。

高温构筑物和低温建筑物下地基土水分转移示意见图 2.4-12。根据土中水分由高温向低
温转移的规律，高温构筑物（如工业用窑、炉、烟囱及北方地区冬季取暖用的火炕等）基础
下地基土浅层温度远高于其深层及基础外土体温度，地基土中水分向下及基础外转移，并有
大量的地面蒸发，使地基土失水而收缩下沉。相反，低温建筑物（如冷库等）基础下地基土
浅层温度远低于其深层及基础外土体温度，土中水分向基础下转移，使地基土吸水而膨胀上
升。因此，对烟囱、炉、窑等高温构筑物和冷库等低温建筑物，应根据可能产生的变形危害
程度，采取隔热保温措施，隔热保温措施是减少地基土水分变化的有效措施。

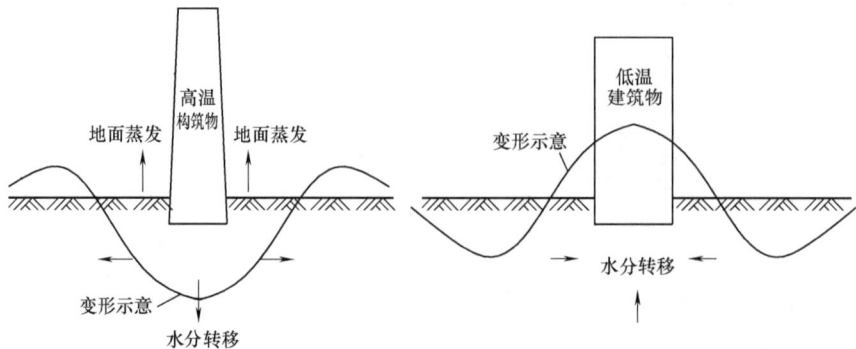

图 2.4-12　高温构筑物和低温建筑物下地基土水分转移示意图

2.4.5　坡地与挡土结构

1. 防治滑坡措施

防治滑坡包括排水措施、设置支挡和设置护坡三个方面。护坡对膨胀土边坡的作用不

仅是防止冲刷，更重要的是保持坡体内含水量的稳定。

非膨胀土坡地只需验算坡体稳定性，但对膨胀土坡地上的建筑，仅满足坡体稳定要求还不足以保证房屋的正常使用。为此，应考虑坡体水平移动和坡体内土的含水量变化对建筑物的影响，这种影响主要来自下列方面：

（1）挖填方过大时，土体原来的含水量状态会发生变化，需经过一段时间后，地基土中的水分才能达到新的平衡；

（2）由于平整场地破坏了原有地貌、自然排水系统及植被，土的含水量将因蒸发而大量减少，如果降雨，局部土质又会发生膨胀；

（3）坡面附近土层受多向蒸发的作用，大气影响深度将大于坡肩较远的土层；

（4）坡比较陡时，旱季会出现裂缝、崩坍。遇雨后，雨水顺裂隙渗入坡体，又可能出现浅层滑动。久旱之后的降雨，往往造成坡体滑动，这是坡地建筑设计中至关重要的问题。

因此，防治滑坡应综合工程地质、水文地质和工程施工影响等因素，分析可能产生滑坡的主要因素，并结合当地建设经验，采取下列措施：

（1）根据计算的滑体推力和滑动面或软弱结合面的位置，设置一级或多级抗滑支挡，或采取其他措施；

（2）挡土结构基础埋深应由稳定性验算确定，并应埋置在滑动面以下，且不应小于1.5m；

（3）应设置场地截水、排水及防渗系统，对坡体裂缝应进行封闭处理；

（4）根据当地经验在坡面干砌或浆砌片石，设置支撑盲沟，种植草皮等。采用全封闭的面层只能防止蒸发，但将造成土体水分增加而有胀裂的可能，因此采用支撑盲沟间植草的办法可以收到调节坡内水分的作用。

2. 高度小于 3m 的挡土墙

高度小于 3m 的挡土墙，主动土压力宜采用楔体试算法确定。破裂面上的抗剪强度指标应采用饱和快剪强度指标。当土体中有明显通过墙址的裂隙面或层面时，尚应以该面作为破裂面验算其稳定性。当挡土墙构造符合下列要求时（图 2.4-13），土压力的计算可不考虑水平膨胀力的作用：

（1）墙背碎石或砂卵石滤水层的宽度不应小于 500mm。滤水层以外宜选用非膨胀性土回填，并应分层压实。当墙背设置砂卵石等散体材料时，一方面可起到滤水的作用，另一方面还可起到一定的缓冲膨胀变形、减小膨胀力的作用；墙后选用非膨胀土作为填料，其目的也是减小水平膨胀力对挡土墙的作用。挡土墙设计考虑膨胀土水平压力后，造价将成倍增加，从经济上看，填膨胀性材料是不合适的。

（2）墙顶和墙脚地面应设封闭面层，宽度不宜小于 2m。

（3）挡土墙每隔 6m～10m 和转角部位应设变形缝。

（4）挡土墙墙身应设泄水孔，间距不大于 3m，坡度不小于 5%，墙背泄水孔口下方应设置隔水层，厚度不小于 300mm。

3. 高度大于 3m 的挡土墙

高度大于 3m 的挡土结构土压力计算时，应根据试验数据或当地经验考虑土体膨胀后抗剪强度衰减的影响，并考虑水平膨胀力的作用。

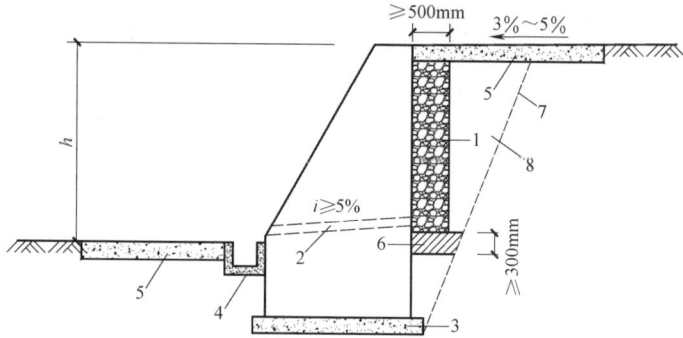

图 2. 4-13　挡土墙构造示意

1—滤水层；2—泄水孔；3—垫层；4—防渗排水沟；
5—封闭地面；6—隔水层；7—开挖面；8—非膨胀土

4. 水平膨胀力

建造在膨胀土中的挡土结构（包括挡土墙、地下室外墙以及基坑支护结构等）都要承受水平膨胀力的作用。水平膨胀变形和膨胀压力是土体三向膨胀的问题，它比单纯的竖向膨胀要复杂得多。"膨胀土地基设计"专题组曾在 20 世纪 80 年代在三轴仪上对原状膨胀土样进行试验研究工作，其结果是：在三轴仪测得的竖向膨胀率比固结仪上测得的数值小，有的竖向膨胀比横向膨胀大；有的却相反。土的成因类型和矿物组成不同是导致上述结果的主要原因。广西大学柯尊敬教授通过试验研究也得出了土中矿物颗粒片状水平排列时土的竖向膨胀潜势要大于横向的结论。中国建筑科学研究院研究人员在黄熙龄院士指导

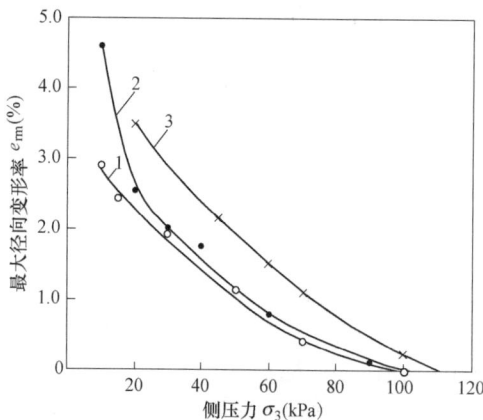

图 2. 4-14　最大径向膨胀率与侧压力关系

1—$\sigma_1 = 30$kPa；2—$\sigma_1 = 50$kPa；3—$\sigma_1 = 80$kPa

下，在改进的三轴仪上对黑棉土（非洲）和粉色膨胀土（安徽淮南）重塑土样的侧向变形性质进行试验研究表明：膨胀土的三向膨胀性能在土性和压力等条件不变时，线膨胀率和体膨胀率随土的密度增大和初始含水量减小而增大；压力是抑制膨胀变形的主要因素，图 2.4-14 所示为非洲黑棉土（$w = 35.0\%$，$\gamma_d = 12.4$kN/m^3）的试验结果。由图中曲线可知：保持径向变形为定值时，竖向压力 σ_1 小时侧向压力 σ_3 也小；竖向压力 σ_1 大时侧向压力 σ_3 亦大。当径向变形为零时，所需的压力即为水平膨胀力。同样，竖向压力大时，其水平膨胀力亦大。这与现场在土自重压力下通过浸水试验测得的结果是一致的，即当土性和土的含水量一定时，土的水平膨胀力在一定深度范围内随深度（自重压力）的增加而增大。

膨胀土水平膨胀力的大小与竖向膨胀力一样，都应通过室内和现场的测试获得。湖北荆门在地表下 2m 深范围内经过四年的浸水试验，观测到的水平膨胀力为 10kPa～16kPa。原铁道部科学研究院西北研究所张颖钧采用安康、成都狮子山、云南蒙自等地的土样，在

自制的三向膨胀仪上用边长 40mm 的立方体试样测得的原状土水平膨胀力为 7.3kPa～21.6kPa，约为其竖向膨胀力的一半；而其击实土样的水平膨胀力为 15.1kPa～50.4kPa，约为其竖向膨胀力的 0.65 倍；在初始含水量基本一致的前提下，重塑土样的水平膨胀力约为原状土样的 2 倍。

苏联的索洛昌曾对萨尔马特黏土在现场通过浸水试验测试水平膨胀力，天然含水量为 31.1%、干密度为 13.8kN/m³ 的侧壁填土在 1.0m～3.0m 深度内的水平膨胀力是随深度增加而增大，最大值分别为 49kPa、51kPa 和 53kPa，相应的稳定值分别为 41kPa、41kPa 和 43kPa。土在浸水过程的初期水平膨胀力达到一峰值后，随着土体的膨胀其密度和强度降低，压力逐渐减小至稳定值。在工程应用时，索洛昌建议可不考虑水平膨胀力沿深度的变化，取 0.8 倍的最大值进行设计计算。

虽然在膨胀土地区的挡土结构中进行过一些水平力测试试验，但因膨胀土成因复杂、土质不均，所得结果离散性大。鉴于缺少试验及实测资料，对高度大于 3m 的挡土墙的膨胀土水平压力取值，设计者应根据地方经验或试验数据确定。膨胀土地基的水平膨胀力可通过室内试验或现场试验测定，但现场试验数据更接近实际，同一场地的试验数量不应少于 3 点，当最大水平膨胀力试验值的极差不超过其平均值的 30% 时，取其平均值作为水平膨胀力的标准值。其试验方法和步骤、试验资料整理和计算方法建议如下，实施时可根据不同需要予以简化。

现场水平膨胀力试验步骤见图 2.4-15。

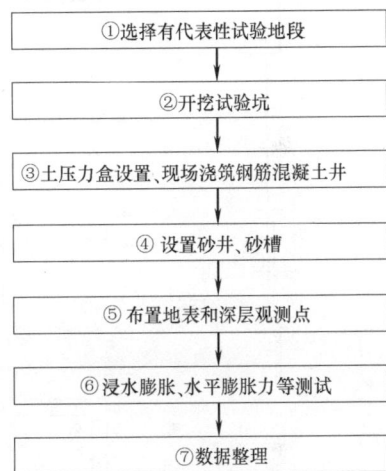

图 2.4-15 现场水平膨胀力试验步骤

①选择有代表性试验地段
②开挖试验坑
③土压力盒设置、现场浇筑钢筋混凝土井
④设置砂井、砂槽
⑤布置地表和深层观测点
⑥浸水膨胀，水平膨胀力等测试
⑦数据整理

（1）选择有代表性的地段作为试验场地，试验前和试验后，分层取原状土样在室内进行物理力学试验和竖向不同压力下的膨胀率及膨胀力试验。试坑和试验设备的布置如图 2.4-16 所示。

（2）挖除试验区表层土，并开挖 2m×3m 深 3m 的试验坑。

（3）试验坑内现场浇筑 2m×2m 高 3.2m 的钢筋混凝土井，相对的一组井壁与坑壁浇灌在一起，另一组井壁与坑壁之间留 0.5m 的间隙，间隙采用非膨胀土分层回填，人工压实，压实系数不小于 0.94。钢筋混凝土井底部设置抗水平移动的抗滑梁；钢筋混凝土井浇筑前，在井壁外侧地表下 0.5m、1.0m、1.5m、2.0m、2.5m 处设置 5 层土压力盒，每层布置 12 个土压力盒（每侧布置 3 个），浸水前测定其初测值。

（4）试验坑四周均匀布置 φ127 的浸水砂井，砂井内填满中、粗砂，深度不小于当地大气影响急剧层深度，且不小于 4m；浸水砂井设置区域的四周采用砖砌墙形成砂槽，槽内满铺厚 100mm 的中、粗砂。

（5）布置地表和深层观测点（见图 2.4-16），以测定地面及深层土体的竖向变形，浸水前测定其初测值。

（6）在砂槽和砂井内浸水，浸水初期至少每 8h 观测一次，以捕捉最大水平膨胀力。后期可延长观测间隔时间，但每周不少于一次，直至膨胀稳定。观测包括压力盒读数、地

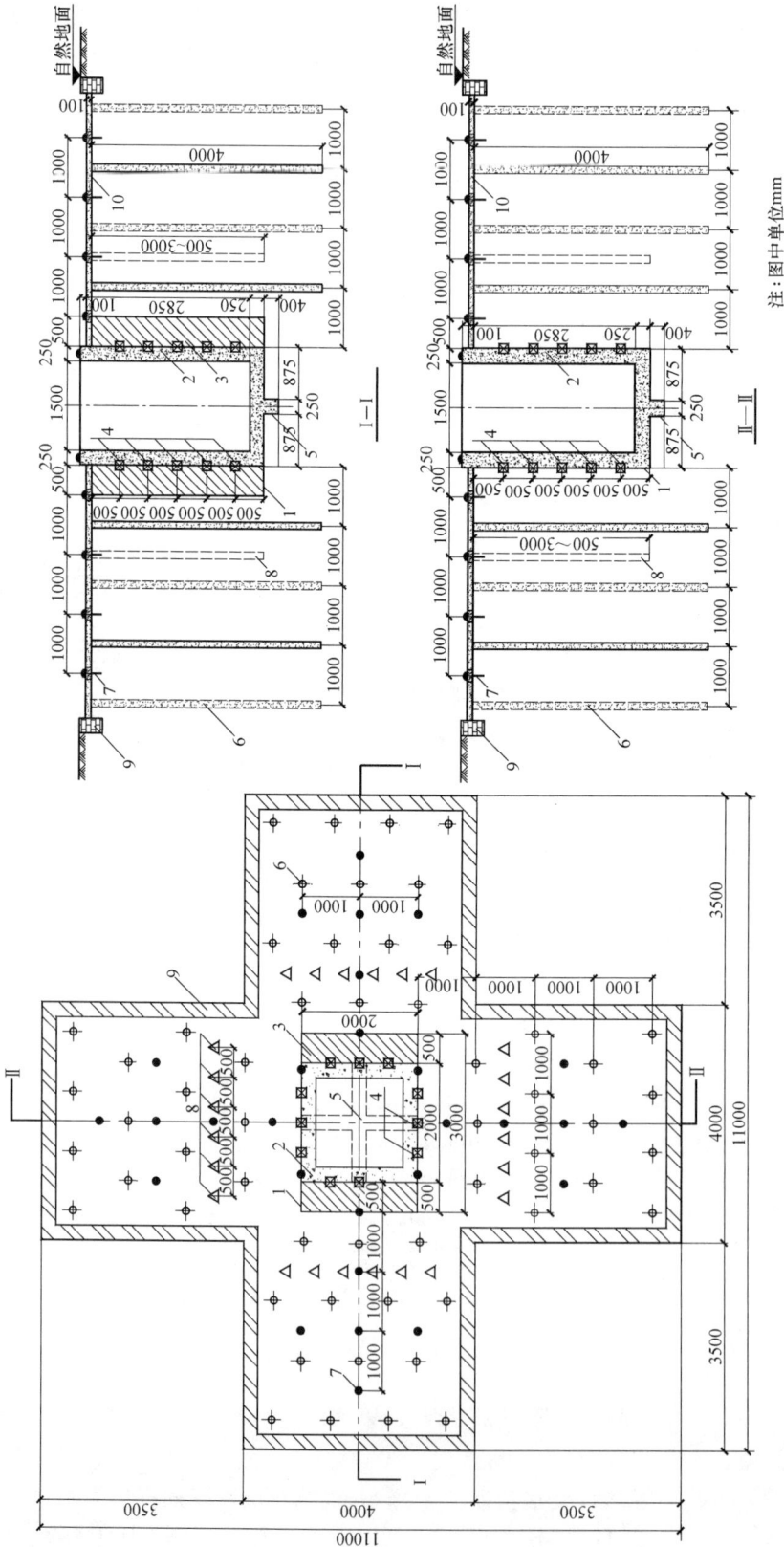

图 2.4-16　现场水平膨胀力试验试坑和试验设备布置示意

1—试验坑；2—钢筋混凝土井；3—非膨胀土；4—压力盒；5—抗滑梁；6—φ127 砂井；7—地表观测点；
8—深层观测点（深度分别为 0.5m，1.0m，1.5m，2.0m，2.5m，3.0m）；9—砖砌墙；10—砂层

表观测点和深层观测点测量等。测点某一时刻的水平膨胀力值等于压力盒测试值与其初测值之差。

（7）绘制不同深度水平膨胀力随时间的变化曲线（图 2.4-17），以确定不同深度的最大水平膨胀力；绘制水平膨胀力随深度的分布曲线（图 2.4-18）。通过测定土层的竖向分层位移，可求得土的水平膨胀力与其相对膨胀量之间的关系。

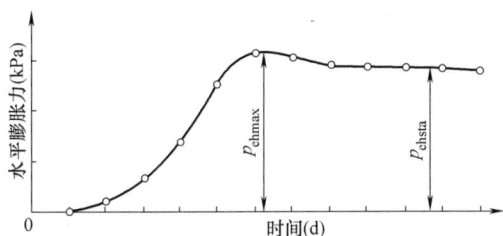

图 2.4-17　深度 h 处水平膨胀压
力随时间变化曲线示意

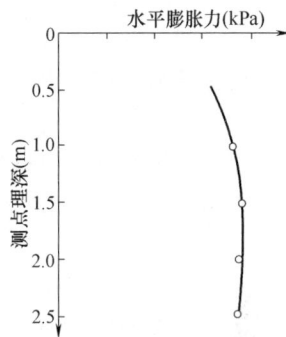

图 2.4-18　水平膨胀力随深
度分布曲线示意

5. 挡土结构实例

稳妥的支护结构是防止坡体滑动、抑制土体水平位移的有效措施，构筑有防水保湿性能的挡土墙是膨胀土坡地上最适宜的支护结构。坡度小于 14°的坡地场地可采用分级低挡土结构进行治理，大量的工程实践表明，具有挡土墙的坡地房屋，遭受损坏的概率很小。图 2.4-19 所示为云南鸡街地区沿 6°～8°斜坡兴建的 6 栋平房，在坡的下方共设置了 6 道重力式挡土墙。房屋的四周设有散水，并与排水明沟联结一起，其下与排水主干道相通。各建筑的基础形式和埋深有所不同。其中Ⅱ-2 采用四角加深至 2.5m 的墩基；Ⅱ-5 为埋深 0.7m～1.0m 的条形基础；其他均为埋深 2m～3m 的墩式基础。经过上述处理后，既保持了坡体的稳定，又减轻了地表水分蒸发散失和雨水的渗入。建成后；实测的房屋位移幅度仅为 15mm～20mm。前墙以下沉为主；后墙则以膨胀上升为主，房屋开裂轻微。需要说明是，3°～14°的边坡，当土中的裂隙面与坡面的夹角较小时，仍有滑动的可能。因此，在平整场地进行工程建设时，应单独或分级设置高度较小的挡墙，并做好防水保湿措施，以保证工程的安全和正常使用。

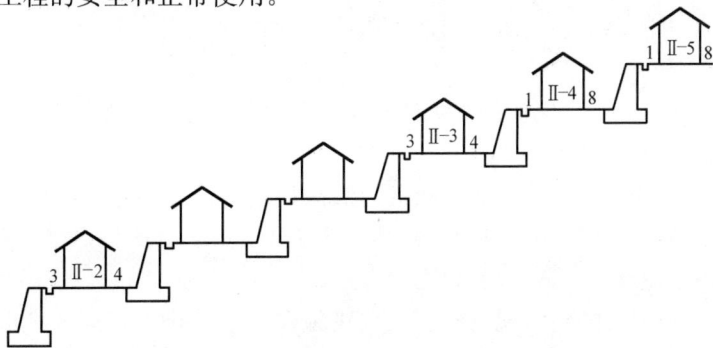

图 2.4-19　云南鸡街坡坎上建筑和挡土墙

（引自黄熙龄）

2.4.6 管道预防措施

地下管道及其附属构筑物（如管沟、检查井、检漏井等）的基础，宜设置防渗垫层。给水管和排水管宜敷设在防渗管沟中，并应设置便于检修的检查井等设施。检漏井应设置在管沟末端和管沟沿线分段检查处，井内应设置集水坑。管道接口应严密不漏水，并宜采用柔性接头。

管道接头的防渗漏措施仅仅是技术保证，重要的是保持长期的定时检查和维修。因此，检漏井等的设置对于检查管道是否漏水是一项关键措施。对于要求很高的建筑物，有必要采用地下管道集中排水的方法，才可能做到及时发现、及时维修。

地下管道或管沟穿过建筑物的基础或墙时，因局部承受地基胀缩往复变形和应力，容易遭到损坏而发生渗漏，应尽量避免。必须穿越时，应设预留孔洞。洞与管沟或管道间的上下净空不宜小于 100mm。洞边与管沟外壁应脱开，其缝隙应采用不透水的柔性材料封堵。

对高压、易燃、易爆管道及其支架基础的设计，应考虑地基土不均匀胀缩变形可能造成的危害，并采取相应的地基处理措施。

2.5 施工和维护管理

2.5.1 施工

膨胀土地区的建筑施工，是落实设计措施、保证建筑物安全和正常使用的重要环节。因此，膨胀土地区的建筑施工，应根据设计要求、场地条件和施工季节，针对膨胀土的特性编制施工组织设计。施工前作好施工准备工作，进行技术交底，落实技术责任制。

膨胀土地区的工程建设必须遵循"先治理，后建设"的原则，也是落实"预防为主，综合治理"要求的重要环节。由于膨胀土含有大量的亲水矿物，伴随土体湿度的变化产生较大体积胀缩变化。因此，在地基基础施工前，应首先完成对场地的治理，减少施工时地基土含水量的变化幅度，从而防止场地失稳或后期地基胀缩变形量的增大。先期治理措施包括：

① 场地平整；

② 挡土墙、护坡等确保场地稳定的挡土结构施工；

③ 截洪沟、排水沟等确保场地排水畅通的排水系统施工；

④ 后期施工可能会增加主体结构地基胀缩变形量的工程应先于主体进行施工，如管沟等。

膨胀土地区建筑施工现场应做好水的管理，确保施工过程中地基土的含水量变化幅度最小，主要措施如下：

① 临时水池、洗料场、淋灰池、截洪沟及搅拌站等设施距建筑物外墙的距离不应小于 10m。临时生活设施距建筑物外墙的距离不应小于 15m，并应做好排（隔）水设施，防止施工和生活用水流（渗）入基坑（槽）；

② 堆放材料和设备的施工现场，应采取措施保持场地排水畅通。排水流向应背离基坑（槽）。如需大量浇水的材料，堆放在距基坑（槽）边缘的距离不应小于 10m；

③ 回填土应分层回填夯实，不得采用灌（注）水作业。

1. 地基和基础施工

地基和基础施工，要确保地基土的含水量变化幅度减少到最低。施工方案和施工措施都应围绕这一目的实施。因此，膨胀土场地上进行开挖工程时，应采取严格保护措施，防止地基土体遭到长时间的暴晒、风干、浸湿或充水。分段开挖、及时封闭，是减少地基土的含水量变化幅度的主要措施；预留部分土层厚度，到下一道工序开始前再清除，能同时达到防止持力层土的扰动和减少水分较大变化的目的。地基和基础施工具体措施如下：

（1）地基基础施工宜采取分段作业，施工过程中基坑（槽）不得暴晒或泡水。地基基础工程宜避开雨天施工；雨期施工时，应采取防水措施；

（2）基坑（槽）开挖时，应及时采取封闭措施。土方开挖应在基底设计标高以上预留150mm～300mm土层，待下一工序开始前继续挖除，验槽后，应及时浇注混凝土垫层或采取其他封闭措施；

（3）开挖基坑（槽）发现地裂、局部上层滞水或土层地质情况等与勘察文件不符时，应及时会同勘察、设计等单位协商处理措施；

（4）坡地土方施工时，挖方作业应由坡上方自上而下开挖；填方作业应自下而上分层压实。坡面形成后，应及时封闭。开挖土方时应保护坡脚。坡顶弃土至开挖线的距离应通过稳定性计算确定，且不应小于5m；

（5）灌注桩施工时，成孔过程中严禁向孔内注水。孔底虚土经清理后，应及时灌注混凝土成桩；

（6）基础施工出地面后，基坑（槽）应及时分层回填，填料宜选用非膨胀土或经改良后的膨胀土，回填压实系数不应小于0.94。

2. 建筑物施工

（1）底层现浇钢筋混凝土楼板（梁），宜采用架空或桁架支模的方法，避免直接支撑在膨胀土上。钢筋混凝土基础梁和圈梁应一次连续浇筑完成。浇筑和养护混凝土过程中应注意养护水的管理，不应多次或大量浇水养护，宜用润湿法养护，防止水流（渗）入地基内；

（2）散水应在室内地面做好后立即施工。施工前应先夯实基土，基土为回填土时，应检查回填土质量，不符合要求时，应重新处理。伸缩缝内的防水材料应充填密实，并略高于散水，或做成脊背形状；

（3）管道及其附属建筑物的施工，宜采用分段快速作业法。管道和电缆沟穿过建筑物基础时，应做好接头。室内管沟敷设时，应做好管沟底的防渗漏及倾向室外的坡度。管道敷设完成后，应及时回填、加盖或封面；

（4）水池、水沟等水工构筑物应符合防漏、防渗要求，混凝土浇筑时不宜留施工缝，必须留缝时应加止水带，也可在池壁及底板增设柔性防水层；

（5）屋面施工完毕，应及时安装天沟、落水管，并与排水系统及时连通。散水的伸缩缝应避开水落管；

（6）水池、水塔等溢水装置应与排水管沟连通。

2.5.2 维护管理

膨胀土是活动性很强的土，环境条件的变化会打破土中原有水分的相对平衡，加剧建筑场地的胀缩变形幅度，对房屋造成危害。膨胀土地区建筑物在使用期间开裂破坏有以下几个主要原因：

　　① 地面水集聚和管道水渗漏；

　　② 挡土墙失效；

　　③ 保湿散水变形破坏；

　　④ 建筑物周边树木快速生长或砍伐；

　　⑤ 建筑物周边绿化带过多浇灌等。

　　因此，膨胀土地区的建筑物，不仅在设计时要求采取有效的预防措施，施工质量合格，在使用期间做好长期有效的维护管理工作也至关重要，维护管理工作是膨胀土地区建筑技术不可或缺的环节。只有做好维护管理工作，才能保证建筑物的安全和正常使用。

　　维护管理工作应根据设计要求，由业主单位的管理部门制定制度和详细的实施计划，并负责监督检查。使用单位应建立建设工程档案，设计图纸、竣工图、设计变更通知、隐蔽工程施工验收记录和勘察报告及维护管理记录应及时归档，妥善保管。管理人员更换时，应认真办理上述档案的交接手续。维护管理工作主要包括建（构）筑物的维护和检修以及损坏建筑物的治理。

1. 维护和检修

　　（1）给水、排水和供热管道系统（主要包括有水或有汽的所有管道、检查井、检漏井、阀门井等），发现漏水或其他故障，应立即断绝水（汽）源，故障排除后方可继续使用；

　　（2）排水沟、雨水明沟、防水地面、散水等应定期进行检查，发现开裂、渗漏、堵塞等现象，应及时修复；

　　（3）定期观察建筑物的使用状况，必要时，应对建筑物进行升降观测。当发现墙柱裂缝、地面隆起开裂、吊车轨道变形、烟囱倾斜、窑体下沉等异常现象时，应做好记录，并及时采取处理措施；

　　（4）建筑物周围不得任意开挖和堆土，如不能避免时，应采取必要的保护措施；

　　（5）定期观察坡体位移情况，当出现裂缝时，应及时采取治理措施。坡脚地带不得随意开挖，坡肩地带不得大面积堆载；

　　（6）场区内的绿化，应按设计要求的品种和距离种植，并定期修剪、控制浇水用水量。植被对建筑物的影响与气候、树种、土性等因素有关，为防止绿化不当对建筑物造成危害，设计绿化方案（植物种类、间距及防治措施等）不得随意更改。提倡采用喷灌、滴灌等现代节水灌溉技术。

2. 损坏建筑物的治理

　　（1）建筑物及其附属设施，出现危及安全或影响使用功能的开裂等损坏情况，应及时会同勘察、设计部门调查分析，查明损坏原因，避免盲目拆除损坏建筑物并就地重建；

　　（2）建筑物出现危及安全或影响使用功能的开裂等损坏情况时，应依据现行国家标准《民用建筑可靠性鉴定标准》GB 50292 的规定，鉴定建筑物的损坏等级，根据损坏程度确定治理方案，区别不同情况，采取相应的治理措施，做到对症下药，标本兼治，并及时付诸实施。

3. 变形观测

　　膨胀土地区建筑物的变形观测包括建筑物的升降、水平位移、基础转动、墙体倾斜和裂缝变化等项目。对新建建筑物，应自施工开始即进行升降观测，并在施工过程的不同荷载阶段进行定期观测。竣工后，应每月进行一次。观测工作宜连续进行 5 年以上。在掌握房屋季节性变形特点的基础上，应选择收缩下降的最低点和膨胀上升的最高点，以及变形交替的季节，每年观测 4 次。在久旱和连续降雨后应增加观测次数。必要时，应同期进行裂缝、基础转动、墙体倾斜及基础水平位移等项目的观测。变形观测方法、所用仪器和精度应符合国家现行标准《建筑变形测量规范》JGJ 8 的规定。

（1）水准基点设置要求

水准基点的埋设应以不受膨胀土胀缩变形影响为原则，宜埋设在邻近的基岩露头或非膨胀土层内。基点应按现行国家标准《工程测量规范》GB 50026 规定的二等水准要求布置。邻近没有非膨胀土土层，可在多年的深水井壁上或在常年潮湿、保水条件良好的地段设置深埋式水准基点（图 2.5-1）。为防止侧向胀缩变形对水准基点的影响，宜加设套管，使基点与周围土体隔开，并加强保湿措施；

深埋式水准基点不宜少于 3 个。每次变形观测时，应进行水准基点校核。水准基点离建筑物较远时，可在建筑物附近设置观测水准基点，其深度不得小于该地区的大气影响深度。

（2）观测点设置要求

观测点的埋设可按建筑物的特点采用不同的类型，观测点的埋设应符合国家现行标准《建筑变形测量规范》JGJ 8 的规定。

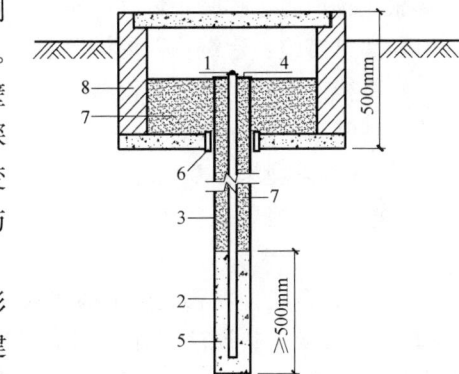

图 2.5-1　深埋式水准基点示意

1—焊接在钢管上的水准标芯；2—ϕ30mm～50mm 钢管；3—ϕ60mm～110mm 套管；4—导向环；5—底部现浇混凝土；6—油毡二层；7—木屑；8—保护井

观测点的布置应全面反映建筑物的变形情况，在砌体承重的房屋转角处、纵横墙交接处以及横墙中部应设置观测点；在房屋转角附近宜加密至每隔 2m 设 1 个观测点；承重内隔墙中部应设置内墙观测点，室内地面中心及四周应设置地面观测点。框架结构的房屋沿柱基或纵横轴线应设置观测点。烟囱、水塔、油罐等构筑物的观测点应沿周边对称设置。每栋建筑物可选择最敏感的 1～2 个剖面设置观测点。

建筑物墙体和地面裂缝观测应选择重点剖面设置观测点（图 2.5-2）。每条裂缝应在不同位置上设置两组以上的观测标志。

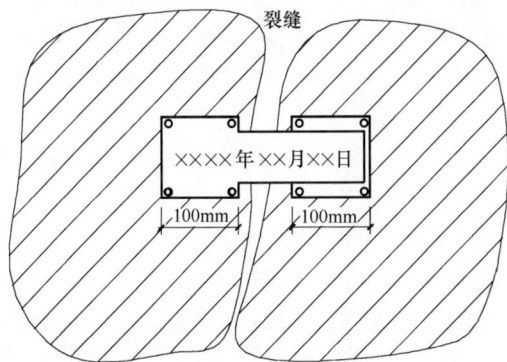

图 2.5-2　裂缝观测片

（3）资料整理

1）校核观测数据，计算每个观测点的高程、逐次变化值和累计变化值；

2）绘制观测点的时间-变形曲线；

3）绘制建筑物的变形展开曲线；

4）选择典型剖面，绘制基础升降、裂缝张闭、基础转动和基础水平位移等项目的关系曲线；

5）计算建筑物的平均变形幅度、相对挠曲以及易损部分的局部倾斜；

6）编写观测报告。

2.6 工程实例

2.6.1 概述

膨胀土场地防止膨胀土危害的常用方法有：

（1）建筑措施：建筑物四周设置散水、宽散水等。

（2）结构措施：砌体结构设置圈梁、构造柱等。

（3）地基基础措施：

1）加大基础埋深：基础埋深不小于大气影响急剧层深度；

2）换土法：将膨胀土地基全部或部分挖除，采用非膨胀土、灰土或改良的膨胀土回填；

3）土性改良法：在膨胀土中掺和水泥、石灰等材料改良膨胀土，减小膨胀土的危害；

4）砂石或灰土垫层法：在基础下设置厚度不小于 300mm 的砂石或灰土垫层，基础两侧做好防、隔水处理；

5）桩（墩）基础：设置桩（墩）基础减小膨胀土地基胀缩变形的危害。

（4）施工组织措施：合理安排施工，遵循"先治理，后建设"的原则；妥善管理施工用水等。

（5）维护管理：做好长期的监测，及时维修，合理绿化等。

具体选择时，应结合当地环境和经验以及经济技术条件进行综合考虑。以下通过 3 个工程实例和 1 个调查研究来说明上述措施的有效性。

2.6.2 满洲里 220m 变电站膨胀土地基处理[5]

1. 工程概况

220m 变电站主建筑均为单层建筑。站址内主要土层岩性为粉土，粉质黏土和含砾粉土。②层土为粉土层，稍湿，局部含有黏土，硬塑状态，具有膨胀性，勘测未揭穿此层土。该土的自由膨胀率 $\delta_{ef} > 90\%$，膨胀潜势分类为强，胀缩等级为Ⅲ级。场地所在区域大气影响深度为 5.0m。

2. 处理措施

（1）地基处理措施

膨胀土区的主建筑建筑面积不大，经过经济比较，对主建筑地基土进行换土处理，将基坑开挖至 4.0m 深，回填 2∶8 灰土，并分层夯实，每层回填厚度控制在 30cm～40cm，夯实系数为 0.95，回填至基底设计标高。基础周围回填土采用与垫层相同材料回填，处理宽度大于基础宽度 300mm。

（2）结构处理措施

提高砌筑砂浆强度等级，在房屋顶层和基础顶部设置圈梁，并按规范要求，在房屋四角及内外墙交叉处设置构造柱，屋顶采用现浇钢筋混凝土屋面板。

（3）防水处理措施

建筑物四周只设宽散水不设明沟，散水宽度 2.0m，以防止地表雨水对建筑物的影响。

（4）绿化保湿措施

根据膨胀土的特性，在主建筑及膨胀土区架构周围，进行绿化，在美化环境的同时，也保持了土中的水分，以减少因天气原因引起土中的水分变化而产生的收缩干裂。

（5）加强监测措施

由于膨胀土的胀缩变形对建筑物的影响是长期的，同时受环境及使用和维护的情况影响较大，为确保工程投运后的安全，根据规范要求，在设计中特别强调了对建（构）筑物进行长期沉降观测的要求，以便能够及早发现和解决问题。

2.6.3 苏丹膨胀土地区变电站地基处理措施[6]

1. 工程概况

苏丹是世界上膨胀土分布较为广泛的国家之一，膨胀土覆盖面积大约占苏丹国土面积的 1/3。从苏丹国内现有的工程情况看，膨胀土使苏丹南方到苏丹港石油管道、公路、机场跑道、喀土穆保税区铁路、下水道和灌溉系统的结构遭到破坏。例如，在喀土穆一家中资宾馆的半地下室餐厅，由于膨胀土作用造成地下室底板隆起达 20cm，地板砖开裂，大门无法开启，周边的明沟排水也失去作用。喀土穆周边许多变电站控制楼散水都不同程度地被顶裂。

由中国援建的苏丹电力项目变电部分共有 5 个变电站，每个变电站由控制楼、岗亭、室外设备构支架基础、道路、电缆沟及变压器基础等子项组成。5 座变电站沿喀土穆南 50km～500km 呈弧形分布，根据地质勘探报告显示，5 个变电站均处于膨胀土地区。当地的大气影响深度为 2.5m～3.5m，大气急剧影响深度 1.0m～1.5m。

2. 膨胀土特性

变电站地基土为当地典型的非洲黑色膨胀土，俗称"苏丹黑棉土"，是一种吸水膨胀、失水收缩，具有较大的往复胀缩变形特性该土膨胀性很强，雨季时表层土充分吸水，地面可比旱季升高 300mm～400mm。

根据本工程的勘察报告，钻探所揭露的最大深度 19.7m 范围内，①层黏土为膨胀土，含少量石英砂颗粒，粒径一般<1mm，含量 5%～10%，且含少量灰白色钙质结核，韧性中等，干强度高，局部裂隙发育，裂隙最大贯通深度 0.8m～1.0m，呈硬塑～坚硬状态，低压缩性。该层在场地内均有分布，层厚 1.80m～3.10m，平均厚度 2.24m。自由膨胀率 δ_{ef}＝80%～140%，具有中～强的膨胀性。

3. 地基基础处理措施

（1）控制楼

变电站控制楼为 2 层钢筋混凝土框架结构，设有地下室电缆夹层，采用柱下独立基础，以减少基底面积，增大基底压力，减小膨胀。埋深约为 3.5m，基底位于第 2 层粉细砂上，该层为可靠的基础持力层。整个基坑采用 1：0.5 放坡，全部采用红黏土回填。为防止土的膨胀对地下室底板的破坏，将地下室底板架空，用松土做垫层，室内外高差为 0.9m，同时在周围封闭，设置 2m 宽散水，以防止水渗入地基土，结构采用自防水混凝土，外粉刷防水砂浆。

（2）电缆沟

电缆沟采用 C25 钢筋混凝土结构，壁厚为 150mm～200mm，100mm 厚素混凝土垫层，埋深 0.6m～1.5m，每隔 10m 进行分缝，分缝处设置橡胶止水带以防止水渗入地下。将大气影响急剧层内膨胀土挖除，用非膨胀性土换填，电缆沟基底下至少换填 300mm 厚，碾压密实，开挖边坡坡度为 1：0.5，待电缆沟施工完毕后，两侧也采用非膨胀性土回填。

（3）构支架

构架柱采用格构式钢结构，通过地脚螺栓与基础连接，为避免膨胀土对设备基础产生不良影响，构支架采用灌注桩基础。

（4）道路

道路同样换填 300mm 厚红黏土，然后铺设厚 300mm 的水稳石，最后施工混凝土结构层，双层双向钢筋。5m 长设 1 道伸缩缝，柔性防水材料沥青麻丝塞缝。

4. 构造措施

（1）挖方与填方交界处、地基土显著不均匀处设置沉降缝。

（2）屋面排水采用外排水，由于苏丹年降水量不足 100mm，所以采用散水排水，水落管下端距散水面 150mm 左右，并用水管接至散水外。

（3）控制楼的散水作如下规定：散水面层采用 C15 混凝土，厚度 100mm；散水垫层采用粗砂垫层，厚度 150mm；散水设置伸缩缝，间距为 3m，并与水落管错开；散水宽度为 1.5m 左右，其外缘超出基槽 300mm，坡度为 3‰～5‰；散水与外墙的交接缝和散水伸缩缝均填以沥青麻丝防水材料，散水在室内地坪面做好后立即施工。

（4）变电房室内地坪：变压器基础主体与变压器油坑、端子箱与电缆沟等基础之间采用变形缝隔开，变形缝均填嵌沥青麻丝柔性防水材料。室外场地地下排水管道及电缆沟的地基设置 150mm 厚灰土垫层，管道敷设在砂垫层上，为防止地面水流入，电缆沟每 50m 左右埋设 1 根排水管，并均匀布置，确保积水及时排到场外。地下管道或空调水管穿过变电房的基础或墙时，设有预留孔洞。洞与管沟或管道间的上、下净空均≥100mm。管道与洞孔间的缝隙采用不透水的沥青麻丝材料填塞。

5. 施工措施

（1）根据设计要求、场地条件和施工季节等因素，认真做好施工组织设计，严格执行施工技术及施工工艺规定，确保施工中尽量减少地基土含水量的变化，以减少土的胀缩变形。

（2）基础施工前完成场区内排水沟，使排水畅通，边坡稳定。施工用水妥善管理，防止管网漏水。临时水池、洗料场、防洪沟及混凝土搅拌站等至变电房外墙的距离≥10m。临时生活设施至变电房外墙的距离＞15m，并做好排水设施，防止施工用水流入基坑（槽）。堆放材料和设备的现场，采取措施保持场地排水通畅。

（3）由于苏丹气温较高，基础施工时采用分段快速作业法，施工过程中避免基坑（槽）曝晒或泡水；雨季施工采取防水措施。基坑（槽）挖土接近基底设计标高时，在其上部留 150mm 土层进行人工抄平。基坑验槽后及时铺设砂石垫层和浇混凝土垫层，基础施工到地面后，基坑（槽）及时分层回填。填料选用非膨胀土、弱膨胀土及掺有其他材料的膨胀土，每层虚铺厚度 300mm。选用弱膨胀土做填料时，其含水量宜为 1.1～1.2 倍的塑限含水量，回填夯实土的干密度≥15.5kN/m³；

（4）控制楼地下室现浇钢筋混凝土楼板（梁），采用架空或桁架支模的方法，避免直接支撑在膨胀土上。散水施工前先夯实基土，回填土需检查其密实度，不符合要求时需重新处理。

（5）使用单位对膨胀土场区内的建筑、管道、地面排水、环境绿化、边坡等认真进行维护管理。管网系统经常保持畅通，遇有漏水或故障应及时检修。经常检查排水沟、雨水明沟、防水地面、散水等的使用状况，如发现开裂、渗漏、堵塞等现象，及时修补，并及时将集水井积水排出场外。

6. 实施效果

在苏丹特定的环境和地质条件下，换填土及灌注桩作为变电站主要地基处理形式，实践证明在经济性、技术可靠性和施工可行性等方面均取得了良好效果。不管采用何种方法，处理后的建筑场地必须满足强度、变形、动力稳定、透水性及特殊土地基稳定性的要求。苏丹项目所有施工场地基本都在南尼罗河和白尼罗河的平原上，常年干旱，年降水量不足100mm，在这种气候条件下，只要从建筑和结构设计、地基处理及施工上加强措施，完全可以避免膨胀地基土对变电站建（构）筑物造成不良影响。苏丹变电站项目经过2008～2010年多次雨季检验，至今仍然正常使用，实践证明预定的措施是可行的。

2.6.4 三峡库区兴山县新县城膨胀土特性及工程处理措施[7]

1. 工程概况

三峡库区兴山县新县城位于香溪河上游古夫河右岸。南距现兴山县城高阳镇约16km，镇政府驻丰邑坪，城区总体规划结构以丰邑坪为中心，沿古夫河右岸呈带状发展。主要的工业、民用建筑均分布在河右岸，用地面积近期约2.3km²，远期3.7km²。

新县城区域内，根据膨胀土的类型及自由膨胀率大小。可以把膨胀土分为以下两个区：

（1）张家坝冲洪积黏土层

分布在水厂边缘至王家岭滑坡边缘地带。该覆盖层厚度变化较大，一般为5m～20m，局部基岩裸露，从南至北，厚度增大，上部为黏土夹少量碎石，下部为砾（卵）石土，结构中密～稍密，极不均一，裂隙不发育，黏土为褐黄色，天然多呈可塑状—硬塑状，自由膨胀率$\delta_{ef}=65\%～75\%$，多数在65%以上，具中等膨胀性，碎石、砾石含量随深度增加，一般含量10%～40%左右。

（2）王家岭、后坝滑坡堆积层

分布在万家岭以北至王家岭滑坡边缘。该层厚度较大，上部分为黏土夹碎石，中、下部为碎块石夹少量黏土，覆盖层下伏基岩为页岩夹粉（细）砂层，黏土为黄色，含灰白色高岭土和铁质、钙质结核，天然呈可塑状，自由膨胀率$\delta_{ef}=63\%～83\%$，具中等膨胀性。

2. 地基处理措施

为了减小膨胀土的胀缩变形对建筑物的影响，采取一些行之有效的地基处理方法，或选择不同类型的基础，消除或减少其胀缩变形量。

（1）换土及砂石垫层

把地基主要胀缩变形层内的膨胀土全部或部分挖除，换以非膨胀性土。通过换土，减少或消除膨胀土的胀缩变形，使其小于等于建筑物的允许变形值。一般情况下，最小厚度约 1m，换土的宽度超过建筑物基础外围 2m 左右。砂石垫层和灰土垫层，一般适用于膨胀等级较高的平坦地形，垫层厚度一般不小于 30cm，垫层宽度大于基底宽度，两侧宜用与垫层相同的材料回填，并做好防水处理。

研究地区，换土与垫层材料可选用古夫河滩上的砂、砾卵石，以及就地开采的石灰岩块，此处理方案比较经济，且简单易行，对于该地区中等膨胀土效果应是显著的。

（2）湿度控制

由于膨胀土的变形与起始含水量密切相关，起始含水量较低，膨胀差就较大，因此施工过程中应避免开挖暴露时间过长造成地基土含水量降低，其目的是保证地基土的含水量不受蒸发的影响，以及防止地表水的渗入。

（3）掺石灰

根据国内外试验结果，掺石灰消除胀缩性效果明显，尤其是掺 6% 及 9% 石灰后，消除膨胀土的膨胀力，膨胀弱的效果更为显著。

3. 膨胀土基础类型的选择

（1）墩基和柱基

隔一定的距离设置独立墩基或柱基加地基梁的基础形式要比条形基础为好，一方面，独立墩基或柱基可减少基础与土的接触面，从而减少地基土胀缩对基础的影响；另一方面，独立墩基或柱基，其基底压力较大，从而可以减小膨胀变形量。

（2）桩基

在大气影响急剧层深度不大时，可选用浅基础，当深度较大时，可将上部结构荷载通过桩，穿过大气影响急剧层，支承在稳定土层上，这是处理强、中膨胀土地基一种较合理的基础形式。

4. 挡土墙设计

三峡库区兴山县新县城为开挖建筑场地，修建了多级挡土墙，均为重力式挡墙。墙高 3m～10m 不等。现已修筑的挡土墙，部分已发生了破坏。破坏形式有墙体水平滑移破坏（如王家岭）和墙体倾覆破坏（如袁家坝公路旁）等。作用在重力式挡土墙上的作用力主要有：墙身自重、墙底反力及土压力（有墙背上的主动土压力、水压力及墙前的被动土压力）。土压力是作用在墙上的主要荷载。土压力的大小，对墙的体型选择和构造措施具有重要意义。膨胀土由于其特有的胀缩特性，其在墙后产生的土压力与常规土系是不同的。卡特等人对印度黑棉土墙背填筑不同厚度的黏性非膨胀土，进行了土压力与深度关系的研究，得出以下结论：

（1）墙背填筑密实饱和膨胀土，其产生的土压力，不再随深度作线性变化。而是在一个深度范围内迅速增大。而超过这个深度后，土压力变化则不显著，土压力时常高于对应的垂直应力，膨胀土产生的土压力大于密实饱和非膨胀土产生的侧压力；

（2）在墙背与黑棉土之间设置 20cm、40cm、60cm、100cm 厚的压实非膨胀土，则黑棉土产生的侧压力随衬垫厚度的增加而降低，并且厚度超过 60cm，土压力降低值逐渐减少，但膨胀土产生的侧压力始终大于密实黏性非膨胀土。

由此可知，膨胀土产生的土压力较大，但可在墙后填筑一些非膨胀性材料，墙体所受的土压力可以减少。

2.6.5 百年一遇干旱对云南鸡街膨胀土及建筑物影响的调查研究[8]

1. 概述

云南鸡街盆地位于个旧市西南方，在个旧、开远、蒙自三县市的中间地带。盆地地形东南高西北低，周围低、中山环绕，中部有一凸起的高地，高差 40 余米。盆地标高 1213m～1251m，盆缘山地标高 1342m～1590m。地貌示意图见图 2.6-1。

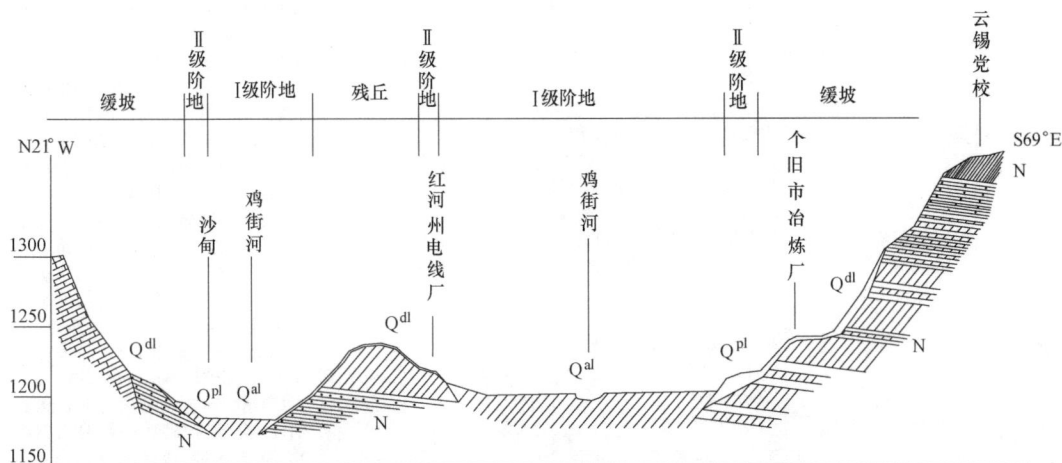

图 2.6-1 鸡街盆地地貌剖面示意图

由于鸡街地区亚热带干燥气候的特点，常年温和对于第三系的湖相沉积物——泥灰岩的风化作用过程中，产生新的矿物——热带水白云母及多水高岭石，其化学成分中氧化矽的含量较高岭石稍高。其特性介于高岭石组与蒙脱石组之间，即此黏土矿具有较高的分散性，晶格不稳定，亲水性较强，具有较强的胀缩性。

2009 年 9 月～2010 年 5 月，西南地区云南等五省市遭遇历史少有的百年一遇的特大干旱，为研究极端气候条件膨胀土地基上房屋的破坏情况及损坏原因，中国有色金属工业昆明勘察设计研究院对东方红农场、鸡街冶炼厂和红河州电线厂三个地点的 41 幢建筑物进行了调查研究。下面为 7 个工程实例调查结果的具体描述。

2. 严重破坏～部分破坏建筑物

表 2.6-1 为 4 栋严重破坏～部分破坏建筑物的调查情况及其破坏原因分析。

4 栋严重破坏～部分破坏建筑物的调查及其破坏原因分析 表 2.6-1

序号	工程名称	建筑物概况	建筑物现状	破坏原因分析
1	东方红农场小食部邮电局	建筑物为 1982 年竣工的单层砖混结构建筑，小食部基础埋深 750mm，毛石条基厚 400mm，地梁 250mm×350mm；邮电局基础埋深 600mm，毛石条基，一层构造，屋顶现浇 6cm 左右。小食部门前有高大乔木。基底膨胀土 δ_{ef} = 65%～90%	墙体有裂缝，由窗台角部开始，裂缝为自上而下贯通的倒八字裂缝；靠公路一侧墙体外凸 2cm～3cm；排水沟严重开裂，部分隆起，排水功能丧失，有些区域积水，有些区域渗漏，基本丧失使用功能；散水开裂，与建筑物主体脱开，基本丧失使用功能；门上部发现水平裂缝，长度约为 5m 左右	(1)基础埋深浅：毛石条形基础属变形性能差的浅基础，基础埋深浅，都在大气影响急剧层深度以内。基础所在膨胀土属中等膨胀潜势，受大气影响剧烈，往复胀缩明显。桩(墩)基础桩长未超过大气影响深度，桩(墩)基础在遇水膨胀和失水收缩变形时，未能提供足够的抗力。 (2)基底压力小：基础面积较大，上部又多为低、矮、结构简单的建筑物，基底单位面积所受压力较小，不利于抵抗膨胀土的膨胀力作用，很容易受到破坏。

续表

序号	工程名称	建筑物概况	建筑物现状	破坏原因分析
2	鸡街冶炼厂办公楼	办公楼建成于 1976 年，墩基，墩基础垫层 1.2m～1.4m。三层砖结构，总建筑面积 846.47m²。基底膨胀土 δ_{ef}=65%～90%	建筑物现状为楼梯有水平裂缝，窗下有斜裂缝，一层左侧砖出现错缝，散水严重破坏，山墙出现斜裂缝，道路两侧竖向位置出现贯通竖向缝	（3）结构强度低、整体性差：砖（混）结构用于低、矮建筑，自重较小，强度低，整体性差，建筑物发生局部沉降时很容易遭到破坏。尤其是缺少圈梁、构造柱等提高强度、整体性的构造措施的建筑物，更容易在雨季、旱季交替，膨胀土往复胀缩中遭到破坏。排架结构自身的承载力和刚度较大，而排架间的承载能力则较弱。在膨胀土胀缩过程中，抵抗膨胀力有明显差异，从而造成排架柱之间的沉降不相同，造成地基不均匀升降，从而破坏排架柱间的墙体。 （4）排水措施差：散水缺失、失效或宽度不足，雨水进入土体，造成膨胀土的吸水膨胀，从而引起建筑物的破坏。同时排水沟失效，雨水及人为排放的污水无法及时排走，下渗后造成沟底隆起，进一步破坏排水沟，进而破坏路面及建筑物。 （5）植物影响大：膨胀土地区植物对建（构）筑物破坏的影响相当严重，路面、围墙、散水、排水沟都是植物间接影响开裂、破坏的。植物尤其是桉树的根系顺着地面开裂处向建筑物蔓延，并进一步破坏路面，最后使水直接渗入建筑物下的膨胀土，胀缩后破坏建筑物
3	鸡街冶炼厂原招待所	建筑物建成于 1977 年，主楼（二层）采用桩基础，桩长 6.15m，底宽分别为 1.3m、2.16m、1.72m，地梁 300mm（宽）×450mm（高）；配套建筑（一层）桩基础采用两种桩型，大桩：桩长 4.15m，底宽 1.1m，地梁 350mm（宽）×700mm（高），小桩：桩长 4.0m，底宽 0.7m，地梁 250mm（宽）×350mm（高）	建筑物存在的问题是一层建筑窗下有 45°斜裂缝	
4	鸡街冶炼厂机修车间	建筑物为单层混凝土排架厂房，1960 年代建成，基础采用爆扩桩，埋深 3.0m	外观基本完好，内部部分破坏，基本不使用。墙面上有裂缝	

3. 完好～基本完好建筑物

表 2.6-2 为 3 栋完好～基本完好建筑物的调查情况及其原因分析。

3 栋完好～基本完好建筑物的调查及其原因分析　　　　表 2-6-2

序号	工程名称	建筑物概况	建筑物现状	破坏原因分析
1	东方红农场 I-4 宿舍 I-5 宿舍	建筑物于 1975 年建成。 I-4 宿舍为墩基础，埋深 2.0m。屋顶设有圈梁，木制坡屋面，加盖大瓦。 I-5 宿舍为毛石条基，埋深 1.0m，基础下设 1m 厚的砂垫层。一层与二层之间设有圈梁。 基底膨胀土 δ_{ef}=30%～65%	房屋基本完好，基本无裂缝	（1）基础埋深：基础下设一定厚度的砂垫层或脱空层，提高了建筑物的变形能力，在基底膨胀土受大气影响，发生往复胀缩时，能够为地基提供一定的变形空间，避免基础直接受膨胀土胀变形的影响。 桩（墩）基础桩长超过大气影响深度，达到含水量相对稳定的土层，不受雨季旱季交替的影响。 （2）结构形式：建筑物设置圈梁、构造柱，在墙体拐角处布设拉结筋，能一定程度提高建筑物的强度和整体性。框架结构的框架梁、框架柱使建筑物形成一个完整的结构体系，强度、整体性得到了很大提高，在膨胀土发生胀缩时，建筑物不会发生破坏。 （3）排水措施：设置宽散水，确保散水使用正常，排水沟通畅，能够使地基土含水量免受降雨和生活用水的影响
2	东方红农场第 55、56 栋宿舍及子弟学校教学楼	建筑物于上四纪 90 年代建成。 第 55、56 栋宿舍为四层砖混结构，基础采用人工挖孔桩（9m 左右），穿过有贴锰结核的夹层，桩长超过大气影响急剧层深度。墙体拐角处布有拉结筋。 子弟学校教学楼为主楼三层附属楼两层，采用人工挖孔桩（爆扩），埋深 6.7m，地梁脱空 100mm，下布 100mm 厚粗砂填孔隙。三层与两层连接处设置伸缩缝。 基底膨胀土 δ_{ef}=65%～90%	房屋基本完好，子弟学校教学楼伸缩缝旁有裂缝出现，二层靠大门侧墙体有裂缝	
3	红河州电线厂食堂招待所	建筑物 1989 年竣工，四层框架结构，所在地形为缓坡地带。基础采用墩基础，埋深 2.9m，基础下方有砂垫层。地基梁与砂垫层之间有 100mm 脱空。建筑物四周散水良好	建筑物情况良好，正常使用	

4. 结论

分析表 2.6-1 和表 2.6-2 可以发现，膨胀土地区建筑物破坏具有以下几个特点：

（1）基础形式：膨胀土地基上建筑物的变形不仅与地基土的压缩和强度特性有关，而且与膨胀土的胀缩有关，条形基础、墩基础等浅基础形式的建筑物较容易受到破坏，尤其是毛石条形基础，变形性能很差，基底压力很小在膨胀土往复胀缩过程中，极易变形破坏，产生斜裂缝，甚至错位；在膨胀土地区内进行工程建设时，为使结构物的抬升量减至最小，膨胀土中的基础宜采用桩，通过桩基将结构物锚至含水量变化极微的深层土中。

（2）结构形式：砖结构是破坏最严重的结构形式，缺少圈梁、地梁的砖结构建筑物大多破坏严重，安全性极大降低；砖混结构建筑物破坏情况要稍好于砖结构，圈梁、构造柱都能很好地提升建筑物的强度和整体性；排架结构多使用在单层厂房中，排架结构在自身的平面内承载力和刚度都较大，而排架间的承载能力则较弱，容易受到破坏。

（3）排水措施：散水和排水沟对建筑物的破坏起到间接作用，散水失效或没有散水的建筑物较容易受到破坏，排水沟淤积堵塞的建筑物大多受到破坏，而排水顺畅的建筑物受损情况较为良好。

（4）植被：植被对土中含水量产生直接影响的同时，会通过对排水设施的破坏对建筑物产生间接影响，栽种植物的种类和距离在膨胀土地区应该格外注意。建筑物与大型阔叶植物距离 3m 以内的较易造成损坏，应控制大型阔叶植物与建筑物之间的距离。

本章参考文献

[1] 中华人民共和国国家标准. 膨胀土地区建筑技术规范（GB 50112—2013）. 北京：中国建筑工业出版社，2012.

[2] E. A. 索洛昌. 膨胀土上建筑物设计与施工. 北京：中国建筑工业出版社，1982.

[3] 黄熙龄. 膨胀土特性及地基设计∥建筑科学研究报告. 中国建筑科学研究院，1980. No. 2.

[4] 廖济川. 膨胀土抗剪强度的研究概况∥全国首届膨胀土科学研讨会论文集. 峨眉：西南交通大学出版社，990.

[5] 李静文. 满洲里 220m 变电站膨胀土地基处理. 内蒙古石油化工. 2006 年第 11 期.

[6] 刘连保，刘广. 苏丹膨胀土地区变电站地基处理措施. 施工技术. 第 41 卷，2012 年 1 月上.

[7] 邵中勇. 三峡库区兴山县新县城膨胀土特性及工程处理措施的研究. 低碳世界. 2014（1）.

[8] 刘文连，等. 百年一遇干旱对云南鸡街膨胀土及建筑物影响研究∥"膨胀土地区建筑技术规范"修订专题研究报告. 中国有色金属工业昆明勘察设计研究院，2011. 09.

第3章 岩溶地基

3.1 概述

岩溶地貌分布在世界各地的可溶性岩石地区,约占地球总面积的10%,而我国岩溶区域以其344万 km² 的总面积(约占国土面积的1/3)为世界瞩目。岩溶(又称喀斯特 Karst)是指可溶性岩层,如碳酸盐类岩层(石灰岩、白云岩)、硫酸盐类岩层(石膏)和卤素类岩层(岩盐)等受水的化学和物理作用产生沟槽、裂隙和空洞,以及由于空洞顶板塌落使地表产生陷穴、洼地等类似现象和作用的总称。岩溶的主要形态有溶洞、溶沟、溶槽、裂隙、暗河、石芽、漏斗及钟乳石等。岩溶按出露条件分为:裸露型喀斯特、覆盖型喀斯特、埋藏型喀斯特等。岩溶发育的四个基本条件为:①具有可溶性岩;②岩石是透水的;③水必须具有侵蚀性;④水在岩石中应处于不断运动之中。

据初步统计,我国有22个省市区发生过岩溶地质灾害,岩溶地质在我国西南、华南以及辽宁沿海地区广为分布。在岩溶发育地区最常见的地质灾害是岩溶塌陷,其表现形式主要为突然毁坏城镇设施,导致道路和建筑物破坏、通讯中断、农田毁坏、水库渗漏、大量水溃入矿坑或隧道,以及使一些供水水源受到不同程度的污染,严重时造成人员伤亡。岩溶地质对工程的影响一般有下列几方面:

(1)岩溶岩面起伏,导致其上覆土质地基压缩变形不均;

(2)岩溶洞穴顶板变形造成地基失稳,尤其是一些浅埋、扁平状、跨度大的洞体,其顶板岩体受数组结构面切割,在自然或人为作用下,有可能坍塌陷落造成地基的局部破坏;

(3)岩溶水的动态变化给施工和建筑物使用造成不良影响。

伴随着我国经济的飞速发展,掀起了交通基建建设与城市化建设的高潮,由于选线、规划等的需要或地质勘察遗漏等原因的影响,许多公路、铁路、工业与民用建筑以及市政建构筑物等在建设过程中均遭遇到了岩溶地质危害情况,岩溶发育区的地基基础勘察、稳定性评价、工程设计与施工逐渐成为建设过程中不可回避的问题。

我国目前对岩溶的研究现状主要集中在岩溶塌陷发育现状和宏观分布规律、岩溶勘查评价技术、岩溶溶洞顶板稳定性研究等方面,取得了一定的成果,但由于岩溶形态的复杂性,在岩溶地区地基基础的场地勘察、设计理论、施工方法、检测与后处理等方面研究还未形成一个较完整的体系。在场地勘察方面,缺乏场地岩溶区定量化的准确描述与安全性综合评定标准;在实际工程设计中,过于保守和过于冒进的两种倾向同时存在;在地基基础的施工方面,施工方法陈旧,缺乏快速可靠的新型施工工艺,加之地层的复杂性造成施工安全质量事故频出;在地基基础岩溶缺陷后处理方面,有效的处理措施更少。

在岩溶区基础工程的实际施工过程中,由于岩溶发育往往存在着极大的不均一性,同时人们对岩溶的认知不足或不够重视，加上缺乏成熟的经验和有效的手段，目前很多岩溶地基上的工程项目很容易出现下面的现象：首先业主方对岩溶地基复杂性认识不足或不够重视，随后勘察资料不够准确充分，后续工程设计依据与实际揭露不尽相符，施工方案失真——对施工中可能出现的问题缺乏预判，进而施工过程中设计现场变更繁多、甚至整个推翻原设计方案，许多工程实际上成为边补充勘察、边变更设计、边调整施工措施的"三边"工程，这样不仅工程造价提高，工期也大大延长，对岩溶地基处理不当时，还易造成岩溶塌陷或建筑物基础失稳等安全事故，导致人力、物力和财力方面的重大损失和工期的无限期延误。我国辽宁东南部沿海岩溶发育区曾经有过这样一个桩端持力层坐落于岩溶发育带的高层建筑大直径钻孔灌注桩桩基失效工程案例。该工程场地表层为约 12m 厚填海碎石土覆盖层，其下为约 30m 厚的灰岩岩溶发育带，由于场地工程勘察过程粗糙无针对性，对岩溶发育情况描述失真，后续工程桩基设计与施工也没有认真对待桩端持力层的岩溶发育情况，在桩基检测的过程中发现所有试验桩均在远未满足桩基承载力设计要求时便出现较大幅度的下沉，后判断为岩溶桩端持力层失稳，虽几经考虑补救方案均因代价太大而放弃，最终该场地放弃原建筑设计方案改为他用，造成了巨大的经济损失。

目前已通过审查的由华东交通大学和江西中煤建设集团有限公司联合主编的国家标准《岩溶地区建筑地基基础技术规范》，总结了各地治理岩溶规程的经验和科研成果，可用以指导勘查、设计与施工。

3.2　岩溶区工程地质勘察方法与要求

3.2.1　国内岩溶区常用勘察方法

1. 地质测绘

地质测绘包括地表测绘及洞穴调查。

地表测绘的基本要求是在搞清各种有关地质要素的基础上，查明场区岩溶现象分布与地下水的分布及运动情况。

洞穴调查的任务主要包括以下两方面：一是查明洞穴的形态特征和地质构造的关系，特别是顶板高度及结构面产状的测量；二是弄清地下水系的来龙去脉。

2. 地球物理勘探

地球物理勘探是利用物体的不同物理特性来辨别物体的，根据不同的物体特性有不同的物探方法，如电阻率法、电位法、频率测深法、电磁法、声波探测、放射性测井等。对于岩溶病害探测常常采用高密度电阻率法、自然电位法、视电阻率、探地雷达。

3. 工程钻探

工程钻探一直是地质调查中最常用的方法，但所花费的时间较多。该种方法不仅可以明确所钻位置及附近的地层情况（岩土性质、厚度、地下水位等），还可以进行钻孔的原位测试和利用钻取的岩土芯做室内测试，以便获取更多、更准确的岩土信息。除地形条件对机具安置有影响外，几乎任何条件下均可使用钻探方法。

在岩溶区通过钻探工作可以了解一定深度范围内的岩溶发育情况，尤其当地表无岩溶现象或有覆盖层时，可在地质调查和物探成果的基础上，结合工程要求去指导钻孔布置。此外，为了利用钻孔更好地了解地下地质情况，配合钻探，往往要进行钻孔压水试验或抽水试验等水文地质工作。在条件允许时，还可采用物探测井、钻孔摄影、井下电视等技术手段，以配合了解钻孔周围的地质情况。

4. 遥感技术

遥感技术是根据电磁辐射的理论，应用现代技术中的各种探测器，对远距离目标辐射来的电磁波信息进行接受，传送到地面接收站加工处理成遥感资料（图像或数据），用来探测识别目标物的整个过程。遥感技术是建立在现代物理学、数学、电子计算机技术和地学规律基础上的，具有调查面积大、重复性好等特点，遥感图像能宏观且真实地反映地表特征和各种地质现象的空间关系，遥感影像视域广阔、信息量大，在识别岩溶地貌形态、岩溶层组划分及地质构造特征等方面，具有其他勘测方法所不及的优点，尤其适用于我国南方裸露型岩溶地区。

5. 静力触探

静力触探手段在工程地质勘察中主要用来确定软土、黏性土和砂类土的承载力。把静力触探用于覆盖型岩溶工程地质勘察，在长（春）大（连）铁路瓦房店路基塌陷病害整治工程提供了实践经验。在一定的地层条件下，静力触探手段解决了其他勘探手段不能解决的问题，取得了良好的效果。在覆盖型岩溶工程地质勘察中，静力触探手段主要是查明第四系覆盖层中有无隐蔽土洞存在、土洞的规模及埋藏位置、疏松裂隙带的分布及其范围等。对于覆盖型岩溶工程地质勘察，在钻探、物探手段受到技术、经济以及场地的限制，无法满足要求时，为了探明覆盖层中潜蚀作用的分布范围和强度，可以采用静力触探方法。

上述所列的各种方法都有一定的局限性，要快速准确地查明岩溶现象，各种方法的综合运用及优化是必然的，特别是不同物探方法成果之间以及物探与钻探成果之间的相互解释尤为重要。

3.2.2　岩溶地质勘察的基本要求

拟建工程场地或其附近存在对工程安全有影响的岩溶地质情况时，应进行岩溶地质勘察。岩溶地质勘察宜采用工程地质测绘和调查、物探、钻探等多种手段结合的方法进行。岩溶地质勘察一般可分为可行性研究勘察、初步勘察、详细勘察、施工勘察四个阶段，各阶段勘察应符合下列要求：

① 可行性研究勘察应查明岩溶、洞隙的发育条件，并对其危害程度和发展趋势作出判断，对场地的稳定性和工程建设的适宜性做出初步评价；

② 初步勘察应查明岩溶洞隙及其伴生土洞、塌陷的分布、发育程度和发育规律，并按场地的稳定性和适宜性进行分区；

③ 详细勘察应查明拟建工程范围及有影响地段的各种岩溶洞隙和土洞的位置、规模、埋深，岩溶堆填物性状和地下水特征，对地基基础的设计和岩溶的治理提出建议；

④ 施工勘察应针对某一地段或尚待查明的专门问题进行补充勘察。当采用大直径嵌岩桩时，尚应进行专门的桩基勘察。

各阶段勘查工作除应遵守工程地质勘察的规定外，尚应包括下列内容：

1. 可行性研究勘察与初步勘察

（1）岩溶洞隙的分布、形态和发育规模；

（2）岩面起伏、形状和覆盖层厚度；

（3）地下水赋存条件、水位变化和运动规律；

（4）岩溶发育与地貌、构造、岩性、地下水的关系；

（5）土洞和塌陷的分布、形态和发育规律；

（6）土洞和塌陷的成因及其发展趋势；

（7）当地治理岩溶、土洞和塌陷的经验。

2. 详细勘察

（1）勘探线应严格沿建筑物轴线布置，勘探点间距不应大于规范规定，条件复杂时每个独立基础均应布置勘探点；

（2）勘探孔深度除满足规范规定外，当基础底面下的土层厚度不符合规范规定时，应有部分或全部勘探孔钻入基岩；

（3）当预定深度内有洞体存在，且可能影响地基稳定时，应钻入洞底基岩面下不少于2m，必要时应圈定洞体范围；

（4）对一柱一桩的基础，宜逐柱布置勘探孔；

（5）在土洞和塌陷发育地段，可采用静力触探、轻型动力触探、小口径钻探等手段，详细查明其分布；

（6）当需要查明断层、岩组分界、洞隙和土洞形态、塌陷等情况时，应布置适当的探槽或探井；

（7）物探应根据物性条件采用有效方法，对异常点应采用钻探验证，当发现或可能存在危害工程的洞体时，应加密勘探点；

（8）凡人员可以进入的洞体，均应入洞勘查，人员不能进入的洞体，宜采用井下电视等手段探测。

3. 施工勘察

（1）工作量应根据岩溶地基设计和施工要求布置；

（2）在土洞、塌陷地段，可在已开挖的基槽内布置触探或钎探，进行检测。对大直径嵌岩桩，勘探点应逐桩布置，勘探深度应不小于底面以下桩径的 3 倍并不小于 5m，当相邻桩底的基岩面起伏较大时应适当加深；

（3）详细调查岩溶发育的地质背景和形成条件；

（4）明确描述洞隙、土洞、塌陷的形态、平面位置和顶底标高；

（5）根据地基基础设计要求进行针对性岩溶稳定性分析；

（6）给出相应岩溶治理和监测的建议。

3.3　工程场地勘察步骤与控制要点

3.3.1　勘察步骤

工程场地勘察步骤如图 3.3-1 所示。

3.3.2　勘察控制原则与要点

岩溶地区勘察除要满足《岩土工程勘察规范》GB 50021 及各相关规程规范的要求外，还应做到：

（1）可行性研究或选址勘察非常重要，在整个勘察程序上必须坚持以工程地质测绘与

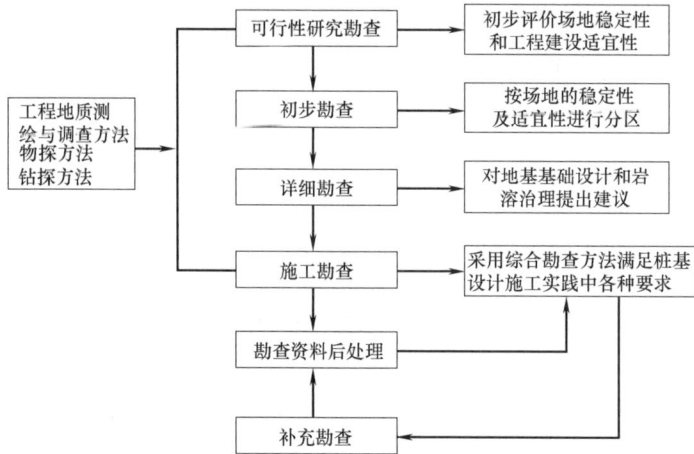

图 3.3-1 勘察步骤框图

调查为先导原则。

（2）勘察程序应遵循从面到点、先地表后地下、先定性后定量、先控制后一般以及先疏后密的原则。

（3）施工勘察阶段应对不同建筑、荷载要求及不同岩溶地质状况采取针对性手段进行补充勘察：

1）有条件的情况下，尽量采取槽探、开挖等直接揭露的方法探明起伏岩溶的状况；

2）凡人员可进入的洞体均需入洞直接勘查，不具备条件时，也应采用井下电视等间接手段进行勘查；

3）对承受荷载及桩径较大基桩，为探明桩底持力层安全范围（深度及宽度范围）应按需要进行一桩多勘或加密桩侧钻探数量，探明范围必须满足持力层厚度要求以及起伏造成的临空面隐患要求。

（4）对荷载较大的以及重要性建筑桩基础应进行综合勘察资料后处理（综合地质调查与测绘、物探以及钻探等资料），绘制详细三维岩溶地质分布图以直观地为设计与施工提供依据。

岩溶区地质复杂多样，当前的勘察物探等方法对其了解还不能做到完全满足工程建设的需要，且需要付出巨大的经济与时间代价。因此，在实际岩溶区工程的勘察工作中，需要做到把握原则、区别对待，采用综合方法对场地不同工程的需要程度进行勘察了解。同时，勘察资料的后处理工作应得到重视，常规单一的区域地质布置图、物探成果图、地质剖面图、钻孔柱状图等均不能完整直观地描述岩溶地基的状况，对于复杂岩溶地基上的重要建筑需要采用专门的后处理方法（数理统计、处理软件等）对各种勘察手段获得的结果联系起来进行整理分析，为工程建设的设计与施工提供准确直观的依据。

3.4 地基基础设计

岩溶地基根据岩溶发育特征可分为溶洞地基、溶沟（槽）地基、溶蚀（裂隙、漏斗）

地基、石芽地基、土洞地基。岩溶区地基基础的设计是在获得详细的工程场地地质、水文情况，并充分了解建筑场地稳定性评价与相应地基稳定性评价情况的基础之上进行的。

3.4.1 建筑场地稳定性评价

设计人员在进行设计时，首先要了解在拟建范围内岩溶的发育与分布情况，按岩溶发育程度在平面上划分出对建筑物稳定性不同影响的区域，用来作为建筑场地选择、建筑结构形式选取的依据。岩溶强发育区域不适合用作某些重要建筑地基或代价太高，如大跨度特种结构地基、超高层建筑地基、大跨度桥基、其他重要性较高的建构筑物地基等。

岩溶发育程度划分、场地选取注意事项可参照《建筑地基基础设计规范》GB 50007—2011 第 6.6.2 条、6.6.3 条规定，根据地质勘察报告揭示按照表 3.4-1 选用。

岩溶发育程度划分 表 3.4-1

等级	岩溶场地条件
岩溶强发育	地表有较多岩溶塌陷、漏斗、洼地、泉眼 溶沟、溶槽强发育，石芽密布，相邻钻孔间存在临空面且基岩面高差大于5m 地下有暗河、伏流 钻孔见洞(隙)率大于30%或线岩溶率大于20% 溶槽或串珠状竖向溶洞发育深度达20m以上
岩溶中等发育	介于强发育和微发育之间
岩溶微发育	地表无岩溶塌陷、漏斗 溶沟、溶槽微发育 相邻钻孔间存在临空面且基岩面相对高差小于2m 钻孔见洞(隙)率小于10%或线岩溶率小于5%

地基基础设计等级为甲级、乙级的建筑物主体宜避开强岩溶发育区域。

3.4.2 建筑地基稳定性评价

岩溶对地基稳定性产生的危害主要有下列几种情况：

（1）在地基主要受力层范围内，若有溶洞、暗河等，在附加荷载或振动荷载作用下，溶洞顶板坍塌，使地基突然下沉；

（2）溶洞、溶槽、石芽、漏斗等岩溶形态或造成基岩面起伏较大，或者有软土分布，使地基不均匀下沉；

（3）基础埋置在基岩上，其附近有溶沟、竖向溶蚀裂隙、落水洞等，有可能使基础下岩层沿倾向于上述临空面的软弱结构面发生滑动；

（4）基岩和上覆土层内，由于岩溶地区较复杂的水文地质条件，易产生新的岩土工程问题，造成地基恶化。

岩溶地基稳定性分析常指洞体稳定性分析（一般为溶洞顶板稳定性分析）；基础附近有临空面时，还应进行向临空面的抗倾覆稳定性分析和沿岩体结构面抗滑移稳定性分析。

常用的地基稳定性评价方法有定性和定量方法两种。定性方法属于经验类比，可应用于一般次要工程或工程初步方案阶段。可根据已查明的地质水文条件，结合建筑结构形式与基底荷载的情况，对影响岩溶地基稳定性的各种因素进行综合分析比较，做出定性稳定性评价。影响地基稳定性评价因素见表 3.4-2。

目前对溶洞顶板稳定性研究，主要集中在理论评价方法的研究上，有关顶板稳定性研究的室内物理模型和现场工程研究不多，因此溶洞顶板稳定性研究还处于初步的阶段。近年来稳定性评价方法的研究取得较大进展，对岩溶洞穴地基稳定性的分析评价经历了从定性—半定量—定量的过程。

影响地基稳定性评价因素 表 3.4-2

评价因素	对稳定有利因素	对稳定不利因素
地质构造	无断裂、褶曲，裂隙不发育或胶结良好	有断裂、褶曲，裂隙发育，有两组以上张开裂隙切割岩体、呈干砌状
岩层产状	走向与洞轴线正交或斜交	走向与洞轴线平行、倾角陡
岩性和层厚	厚层块状，纯质灰岩，强度高	薄层石灰岩、泥灰岩、白云质灰岩，有互层，岩体强度低
洞体形态及埋藏条件	埋藏深，覆盖层厚，洞体小（与基础尺寸比较）洞体呈竖井状或裂隙状，单体分布	埋藏浅，在基底附近，洞径大，呈扁平状，复体相连
顶板情况	底板厚度与洞跨比值大，平板状或呈拱状，有钙质胶结	底板厚度与洞跨比值小，有切割的悬挂岩块，未胶结
充填情况	为密实充填物填满，且无被水冲蚀可能性	未充填，半充填或水流冲蚀填充物
地下水	无地下水	有水流或间歇性水流
地震设防烈度	小于 7 度	等于或大于 7 度
建筑物荷重及重要性	荷重小的一般建筑	荷重大的重要性建筑

目前对溶洞顶板稳定性的评价主要有以下几种半定量的方法：

（1）完整顶板安全厚度的评价

完整顶板是指未被节理裂隙切割或虽被切割但胶结良好，可视为整体的洞穴顶板，否则即为不完整顶板。其评价方法主要有：

1）利用剪切概念估算顶板厚度

当溶洞顶板岩层完整、层理较厚、强度较高，但溶洞跨度较小，剪力是主要控制条件，可按抗剪强度计算，以理论计算顶板安全厚度再乘以适当的安全系数，即为顶板的安全厚度。

2）按梁板受力情况估算

当溶洞顶板岩层完整，近似于水平层且洞跨较大，弯矩是主要控制条件，可按梁板受力情况计算，以理论计算顶板安全厚度再乘以适当的安全系数，即为顶板的安全厚度。当顶板跨中有裂隙，两支座处岩石坚固时按悬臂梁计算端部弯矩；当顶板较完整，但两端支座处岩层有裂隙，与洞壁不成整体时，可按简支梁计算弯矩；当顶板和洞壁岩层均较完整时，可按两端固定梁计算弯矩。

3）载荷试验法

在有代表性的浅层洞体上，将顶板岩体修凿呈一梁状，有条件时底面或侧面亦可贴设电阻应变片，于其上分级加载，观察其应力与变形。通过试验可以了解在特定条件下洞体的变形特征、破坏形式等，以试验结果对洞体稳定性进行评价是一种定量的评价方法，是众所公认的。但受条件限制，以往工程中应用较少。

（2）不完整顶板安全厚度的评价

1）按塌落堵塞概念估算

洞内无地下水搬运的情况下，溶洞顶板塌落时，岩块体积松胀，但塌落至一定高度溶洞将被完全堵塞，顶板即不再塌落。

2）按破裂拱概念估算

当顶板岩体被密集裂隙切割呈块状或碎石状时，可认为顶板将呈拱状塌落，而其上荷载及岩体则由拱自身承担。

定量的具体计算方法可参考《工程地质手册》第530页"（三）地基稳定性的定量评价"。

3.4.3 地基基础的设计原则

岩溶地区地基基础形式可为采用天然地基的浅基础、地基处理后的浅基础以及深基础等。工程中具体采用何种地基基础形式应根据场地岩溶发育程度、水文地质条件与相应的场地与地基稳定性评价结果并结合拟建建筑结构形式综合分析选用。

（1）如岩溶发育情况较轻、岩溶地质分类属于覆盖型岩溶或埋藏型岩溶情况，岩溶覆盖层地质条件较好，可以满足浅基础相应设计要求，并可满足岩溶地基稳定性相关验算后可采用天然地基与浅基础。

（2）岩溶发育情况较轻时，对于出露型岩溶地质或覆盖层较浅、具备挖除换填条件的覆盖型岩溶或埋藏型岩溶情况，可采用人工换填低强度等级混凝土等措施处理岩溶地基表面的溶沟、溶槽及小型溶洞等，在满足岩溶地基稳定性相关验算后，可按岩石地基采用浅基础形式。

（3）如岩溶发育情况较轻或中等，对于岩溶地质分类属于覆盖型岩溶或埋藏型岩溶情况，覆盖层地质条件尚可，且厚度足够厚，采取相应地基处理方式后可满足浅基础设计的相关要求，并满足岩溶地基稳定性相关验算后可采用地基处理后的浅基础形式。

（4）如岩溶发育情况较轻或中等，对于岩溶地质分类属于覆盖型岩溶或埋藏型岩溶情况，覆盖层地质条件较差，覆盖层地基处理措施无法满足设计需要时，可采用深基础形式或复合地基处理后的深基础形式。

3.4.4 浅基础设计及工程案例

依据岩溶地质类型、岩溶发育程度、覆盖层地层情况、水文地质条件等因素，在满足浅基础设计要求及相应岩溶地基安全性验算时可采用天然地基或人工处理地基的浅基础。

1. 浅基础设计基础形式选择及基础结构的调整方法

浅基础的具体形式可根据岩溶地基稳定性评价情况、建筑结构的具体形式进行选取，随岩溶发育情况越明显、覆盖层条件越差所选择的天然基础形式与上部结构形式也应完整性越好，如加强建筑物基础及上部结构刚度、减小荷重的方法，能减少地基的不均匀变形、取得较好的技术经济效果。

浅基础设计调整措施有针对性的填塞、跨越、增大基础面积及截面尺寸、调整柱网及基础梁板布置、采用整体刚度更好的筏形及箱形基础、改善上部结构完整性等方式，相应浅基础设计处理措施可参见《建筑地基基础设计规范》GB 50007—2011第6.6.9条规定。

2. 地基处理方法

地基处理方式应结合覆盖层地层及水文地质条件、所采取的建筑结构与基础形式及下部岩溶发育具体特点综合选取，可为单一工法的地基处理方式，也可为多种工法复合的地基处理方式。

对于裸露型及覆盖型岩溶地基，当采用浅基础时一般均需对软弱覆盖层或一定厚度岩溶地基进行处理后采用。同时，对于需要进行地基处理的工程，在选择地基处理方案时，也应考虑上部结构、基础和地基的共同作用，尽量选用加强上部结构和处理地基相结合的方案，这样既可降低地基的处理费用，又可收到满意的效果。地基处理方式可为以下方式：

（1）换填法：对于裸露型岩溶地基或浅覆盖型岩溶地基可采取挖除洞隙、石芽、溶槽内的软弱填充物，回填碎石、块石、灰土或低强度等级素混凝土等。

（2）褥垫层法：在压缩性不均匀的土岩组合地基上，凿除局部突出的石芽或孤石，在基础与岩石接触部位设置"褥垫"，褥垫层可采用炉渣、中粗砂及碎石等，以调整地基不均匀变形。

（3）灌浆充填法：当基础下深埋溶洞、溶隙充填物工程特性稍好或无填充物时，溶隙产状平缓其他处理方法难度较大时，可采用注浆法处理。注浆材料一般为水泥浆，为防止溶隙贯通水泥浆渗漏，一般掺以一定比例的粉煤灰和速凝剂水玻璃。

（4）刚性桩、半刚性桩、散体材料桩复合地基处理方法：当覆盖型岩溶地基覆盖层具有一定厚度，且经地基处理后可满足地基承载力及沉降要求时，是一种经济有效的处理方法。一般有碎石桩法、灰土桩、旋喷桩、搅拌桩、CFG 桩等。

（5）此外还有一些复合地基与桩基础复合使用的设计方法，如复合地基处理岩溶地基上面的覆盖层以满足地基承载力的需要，同时采用疏桩基础嵌入岩溶地基用以控制基础的整体沉降量与不均匀沉降。

《建筑地基基础设计规范》GB 50007—2011 第 6.6.4 条、6.6.5 条、6.6.6 条规定对岩溶地基稳定性影响范围、地基处理要求等做出了相关规定，设计中应予以遵守。

3. 工程案例

在辽宁沿海一个浅覆盖型岩溶发育区建设一栋高层建筑，原设计为筏板下嵌岩桩基础，工程基坑开挖临近设计底标高、将浅覆盖层挖除后，发现溶洞、溶槽、溶沟遍布且基岩面起伏较大（图 3.4-1、图 3.4-2），向下继续开挖及后续桩基础设计与施工难度巨大。后采取结构与地基基础方案调整：增加上部结构刚度、调整基础底板面积与整体刚度以及降低单位面积上的上部荷载值等措施，同时补充勘察成果后采用挖除充填黏土并换填低强度等级素混凝土措施，在满足地基附加应力影响深度一定范围内溶洞稳定性验算后，修改为厚板箱形基础，施工完成后，变形观测显示效果良好。

图 3.4-1　开挖后岩溶情况　　　　　　图 3.4-2　开挖后岩溶换填低强度等级混凝土

3.4.5 桩基设计及工程案例

对于复杂岩溶地基情况下荷载较重的高层建筑基础及桥梁基础，或其他柱下荷载较大的重要建筑，一般宜采用大直径灌注桩基础处理方式。

1. 岩溶区桩基设计应注意的问题

由于岩溶地区工程水文地质条件的复杂性，岩溶区建筑桩基设计须注意下列问题：

（1）对整个场地岩溶的发育规律、埋藏条件和岩溶的分布、形状、大小、延伸方向，基岩的完整性、风化程度、岩溶水情况和岩溶填充物等都要通过详细勘测彻底查明。其中，要特别注意建筑场地内是否有大型溶洞，另外，应特别注意岩溶的主要延伸方向和路线，因为该路线上的溶洞、裂隙石芽分布最多，使岩体的承载力偏低。设计时，要加大这条路线上各桩的底面积，以提高桩的承载力。成孔后做基岩检查时也要特别注意这条路线上的桩底岩溶发育情况；

（2）岩溶地区的桩基一般宜用钻孔桩或人工挖孔灌注桩。当单桩荷载较大且岩层埋深较浅时，宜采用嵌岩桩；

（3）一般情况下完整岩石的桩端持力层厚度应满足不小于 3 倍桩径；

（4）桩端应力扩散范围内应无岩体临空面，否则，应验算基底岩体向临空面滑动、倾覆的可能性；

（5）因岩溶地基普遍存在溶蚀裂隙而使基岩不完整，将降低岩石的整体承载能力。设计时建议桩底面积在按国家规范公式计算的基础上增大 10%～20%，以保证桩的承载力；

（6）考虑到设计桩端下可能存在的复杂岩溶情况，桩基设计很可能出现边施工、边补充勘查、边设计的情况。

2. 现行相关规范规定

目前各现行相关国标、地标和手册如《建筑地基基础设计规范》GB 50007—2011、《建筑桩基技术规范》JGJ 94—2008、《广东建筑地基基础设计规范》DBJ 15-31—2003、《贵州建筑地基基础设计规范》DB 22/45—2004、《工程地质手册》第四版等对岩溶区嵌岩桩持力层均有所规定，但不尽统一明确，总结起来为：

（1）岩溶地区承载力较高的大直径桩（直径不小于 1.0m，单桩承载力特征值不小于 500kN）应在施工中采用超前钻并结合其他物探方法查明桩端基岩性状，包括岩样的强度，是否有溶洞、溶洞的尺寸、顶板破碎程度、顶板厚度等。顶板较破碎或较薄时应予穿过。完整顶板的厚度不小于溶洞平面尺寸时可不穿过，但顶板应满足受冲切承载力要求。

（2）要求单桩竖向承载力特征值的确定应符合下列规定：桩端持力层以下有软弱下卧层或破碎带和溶洞时，应校核下卧层的承载力，必要时尚应验算其变形。嵌岩灌注桩桩端以下 3 倍桩径且不小于 2m 范围内应无软弱夹层、断裂破碎带和洞穴分布；并应在桩底应力扩散范围内无岩体临空面，完整岩石地基的应力扩散角可采用 30°～40°，硬质岩石取小值，软质岩石取大值，并应考虑岩石结构面影响。

实际工程设计与施工过程中，会出现很多不完全满足以上要求的情况，若完全按照相关规范要求进行设计与施工，将大大增加桩基施工难度，增加经济与时间成本。如下几种嵌岩桩溶洞顶板安全厚度情况值得探讨：

（1）在嵌岩桩桩体直径 d 一定、基岩完整，当溶洞水平半径 $b \geqslant 2d$ 时，虽溶洞顶板厚度 $H \geqslant 3d$ 但小于洞跨，仍需考虑溶洞影响；

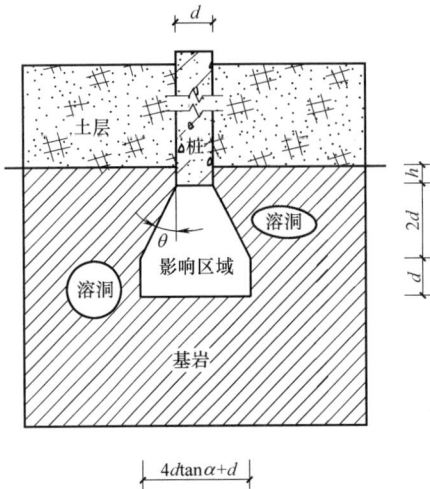

图 3.4-3 忽略溶洞影响的区域示意图

（2）在嵌岩桩桩体直径 d 一定、基岩完整、溶洞顶板厚度 $H<3d$ 情况下，当溶洞顶板抗冲切极限承载力大于单桩承载力特征值的 2.5 倍，可忽略溶洞对嵌岩桩承载能力的影响；

（3）在嵌岩桩桩体直径 d 一定、基岩完整、桩底不存在溶洞的情况下，当图 3.4-3 所示区域范围外存在溶洞时（θ 为通过刚度比确定的应力扩散角），可忽略溶洞对嵌岩桩承载能力的影响（h 为嵌岩桩入岩深度）。

3. 选型与布置原则

充分掌握建筑场地地质条件，并考虑到桩成孔设备、施工条件等因素，合理选择桩型。通常岩溶区桩基优先考虑钻（冲）孔灌注桩和人工挖孔桩两类桩型，如果地下水位较低，施工降排水方便可行且对周围环境无较大影响时，可优先考虑人工挖孔桩。

桩长主要取决于桩端持力层的选择。岩溶区桩基一般应嵌入基岩，嵌岩深度一般根据持力层岩石抗压强度、起伏状况、完整性、结构面等因素综合确定，但嵌岩深度也不宜过深。当上覆土层为软弱土层时，对超长桩桩截面尺寸还应考虑桩的长细比要求及超长桩的自身压缩变形问题。

桩位布置一般为基础板下满堂均匀布置、沿墙下布置与沿柱下布置等方式。当岩溶分布较为复杂、洞隙较多时，宜优选基础板下满堂均匀布置或墙下条形基础下布桩。一柱一桩、独立柱基础下布桩时应慎重，且基础承台间还应采用连系梁等连接，以增加桩基安全性与可靠度。

4. 设计步骤

桩基设计步骤如图 3.4-4 所示。

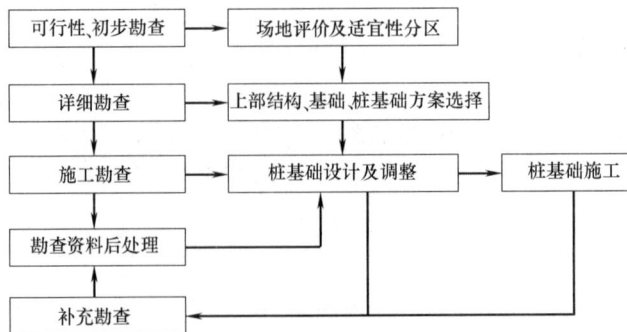

图 3.4-4 桩基设计步骤框图

5. 岩溶地基桩基础调整措施

（1）跨越法

在桩基施工勘察一桩一勘后，如发现某根桩下岩溶洞体较深、洞体较大或浅埋洞体顶板厚度和完整程度难以确定时，可采取去除此桩位，在该桩两侧具有合理桩端持力层位置处增设两根桩，将跨越结构置于岩溶地基基础之上，根据上部结构性质、荷载大小及跨度大小，分别采取板、梁、拱等方式跨越，负担原桩位上部荷载。在设置跨越结构时，其支承面需有可靠基岩，梁式结构支撑面须经验算，其力学简图如图 3.4-5 所示。该法优点在于无论岩溶的具体形态如何，可将比较复杂的地下工程变为较易进行的地面工程。

（2）增大桩径法

如桩下遭遇狭窄的溶沟、溶隙时，按照相关规范要求桩端下完整岩石厚度不宜小于 $3D$，但桩基完全穿越整个溶隙深度难度较大，且较小的桩径无法跨越整个溶隙、无法满足桩基承载力及桩端持力层稳定性要求。此时如溶沟、溶隙岩石完整，可采用增大桩直径对溶隙进行跨越，以减少嵌岩桩入岩深度过深的施工困难，并确保桩端持力层的稳定性，如图 3.4-6 所示。

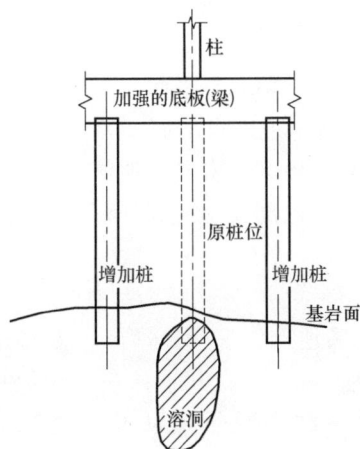

图 3.4-5　跨越法力学简图

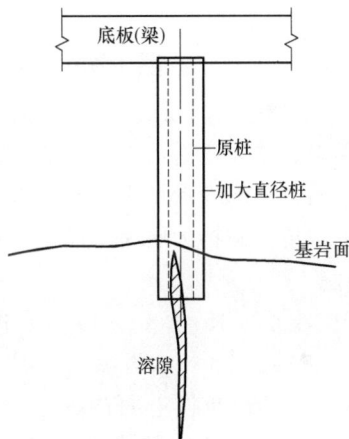

图 3.4-6　增大桩径法法力学简图

（3）溶洞、溶隙填充法

当桩端持力层一定宽度与深度影响范围内遭遇复杂岩溶状况时，如可以成功实施换填与持力层岩层同强度等级的密实素混凝土，则可不考虑桩端持力层岩溶不利影响，如图 3.4-7 所示。

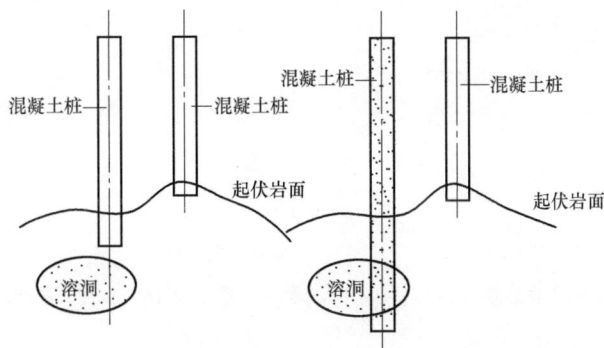

图 3.4-7　桩端持力层溶洞填充后桩基

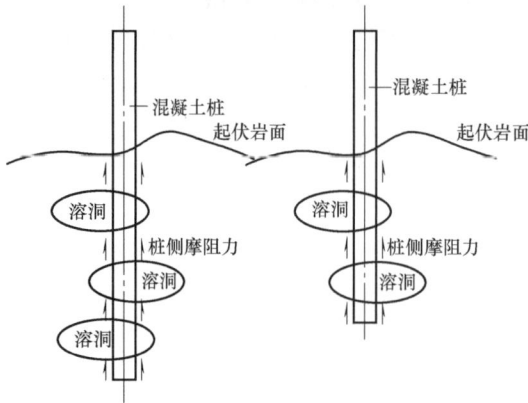

图 3.4-8 穿越"串珠"溶洞

（4）穿越法及"串珠"溶洞侧摩阻力计算

当桩身穿越"串珠"状溶洞、并采用桩身同强度等级混凝土填充洞隙后，叮根据填充饱满程度按照所穿越的有效深度进行桩侧摩阻力计算，详见图 3.4-8，此时，桩类型将由端承桩类型向摩擦桩类型过渡，桩端持力层完整性要求可适当放宽。

6. 岩溶区嵌岩桩工程案例

某工程位于辽宁省东南部沿海，高层剪力墙住宅项目，层数 30 层，单层地下室，重要性等级为一级。场地等级为二级，地基基础设计等级为甲级，场地地形平坦，为人工填海整平而成，高程 5.78m～4.00m，相对高差 1.78m，场地地貌单元属海滨地貌。场地地层自上而下为：杂填土、碎石、红黏土、中风化石灰岩，覆盖层平均厚度约为 15m。该区基岩岩溶现象发育，属覆盖型岩溶地质，岩溶发育带表面密布溶沟、溶槽、裂隙等、内部大小溶洞分布密集。基础采用嵌岩桩，桩基础持力层为中风化石灰岩。

【案例 1】

以 10 号楼的 45 号（10-45 号）桩为例。10 号楼场地±0.00＝8.30m，45 号桩桩长 21.40m，桩径 0.8m，入岩深度 10.20m（初见岩层为−5.46m，其下存在一近似垂直临空面，−12.26m 处临空面内凹成溶洞），设计单桩承载力特征值为 3500kN，桩底下 2.60m 处存在一个近似椭球型溶洞，溶洞赤道半径 a 和赤道半径 $b \approx 1.5m$，极半径 $c \approx 0.90m$，施工简图如图 3.4-9 所示，现场静载试验曲线如图 3.4-10 所示。

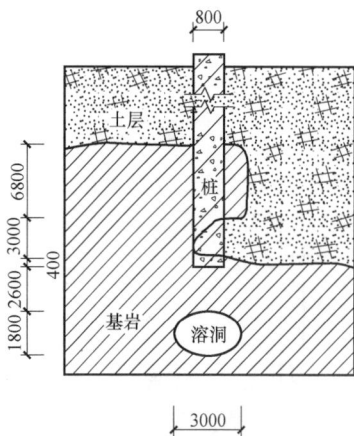

图 3.4-9 10-45 号嵌岩桩施工图（单位：mm）

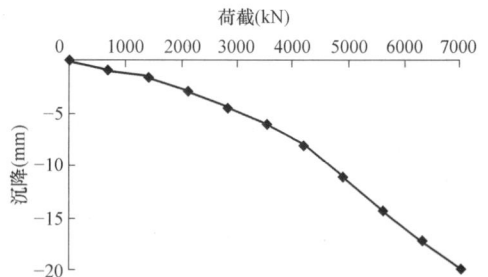

图 3.4-10 10-45 号嵌岩桩静载试验结果

本例中，虽然桩端上部入岩深度已达 6.8m，远远超过 3d（桩径），但考虑到临空面因素，不得不继续向下延伸。因隐伏溶洞直径达到 3.0m，但小于 4d（3.2m），因此控制桩端位置保证溶洞顶板厚度为 2.6m，满足 3d（2.4m）安全厚度要求。后经正常使用表明此持力层厚度选择是成功的。

【案例 2】

以 13 号楼的 5 号（13-5 号）桩为例。13 号楼场地±0.00＝7.90m，5 号桩桩长 17.55m，桩径 0.7m，入岩深度 2.95m（初见岩层为－8.40m，其下 2.6m 存在一溶洞，且相邻桩桩底存在较浅溶洞，因此穿越此溶洞），设计单桩承载力特征值为 2600kN，桩底下 1.75m 处存在一个近似椭球型溶洞，溶洞赤道半径 a 和赤道半径 $b≈1.0$m，极半径 $c≈0.5$m，施工简图如图 3.4-11 所示。

本例中，该桩端完整持力层厚度（溶洞顶板厚度）为 1.75m 不满足 3d（2.1m）要求，但本桩设计承载力取值较小，且周边岩石完整性较好，经按照顶板极限抗冲切承载力进行验算，为单桩承载力特征值的 2.93 倍，后经正常使用表明此处理选择是成功的。

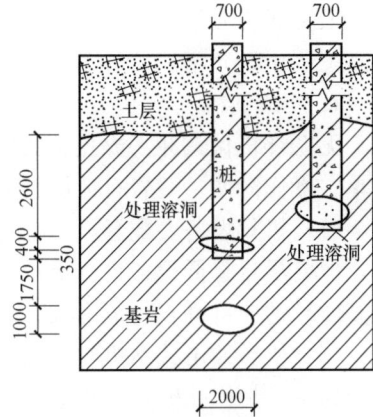

图 3.4-11 13-5 号嵌岩桩施工图（单位：mm）

【案例 3】

以 4 号楼的 101 号（4-101 号）桩为例。4 号楼±0.00＝8.00m，桩间距为 2.4m，101 号桩桩长 16.40m，桩径 0.8m，入岩深度 2.40m（初见岩层为－7.30m，其下 2.0m 存在一溶洞，穿越此溶洞），设计单桩承载力特征值为 2600kN。其相邻 102 号桩底存在一溶洞，顶板厚度 4.9m，近似椭球型溶洞，溶洞赤道半径 a 和赤道半径 $b≈2.0$m，极半径 $c≈0.7$m，未穿越其下溶洞，施工简图如图 3.4-12 所示，现场静载试验曲线如图 3.4-13 所示。

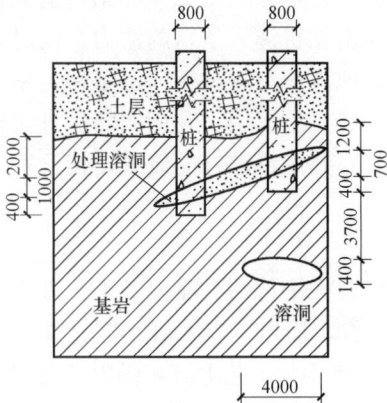

图 3.4-12 4-101 号嵌岩桩施工图（单位：mm）

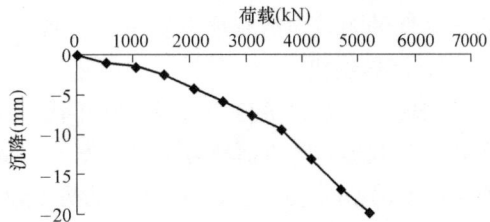

图 3.4-13 4-101 号嵌岩桩静载试验结果

本例中，102 号桩端下伏溶洞处于 101 号桩端，按照顶板安全厚度探讨，101 号桩端溶洞顶板厚度 H＞3d，溶洞在 102 号桩桩底应力影响范围外，不考虑溶洞对 102 号桩的影响，经实际使用情况检验，此判断是正确的。

本工程于 2009 年竣工，楼房未出现不均匀沉降、开裂等问题，无岩溶危害发生，得到了业主单位和监理单位的一致好评。

3.5 岩溶地基桩基施工成孔设备和工艺

近年来，成桩技术与设备的开发，本着控制环境污染、提高工效、发掘桩的承载潜能、增强成桩质量可靠性等要求，不断创新，以下对灰岩地区常用的桩基成孔机具及新设备新工艺予以介绍。

1. 冲击钻机

无循环机械式冲击成孔、曲柄连杆游梁式冲击钻机是这类钻机的代表。冲击钻机原理简单、操作简便，对岩石地层较为有效，生产成本低，生产的厂家较多。成孔的特点：

（1）机具设备要配套，当桩径较大时，冲锤直径相应加大、加重，所需钻机也要大吨位，但要尽量降低设备自身重量，以减小平台设备和吊装设备投入。

（2）适应桩基直径范围大：从 600mm～3500mm 均能采用机械式冲击钻机。

（3）机械冲击式钻机对上部地质较为疏松的地层较为有利，冲击钻机钻进时，以挤密孔壁为主，加固孔壁，防止塌孔。

（4）机械式冲击钻适用地层广，黏土、亚黏土、淤泥质土层、粉砂层施工，卵、砾石层、漂石、块石、基岩施工，岩溶区地基等均适用。

（5）冲击成孔速度较慢，重复破碎，且水中桩基施工无法保证常规冲击成孔的泥浆循环；如何保持施工过程中孔壁的稳定性及排渣是必须解决的问题。

（6）在环境影响方面，冲击反循环钻进引起的振动对周围环境影响比回转钻机要大，特别是冲击下部坚硬基础岩面时，冲击振动能产生较大的噪声。

2. 冲击反循环钻机

冲击反循环桩孔钻机是在传统无循环冲击钻机的基础上发展起来的新机型。该机将传统的冲击无循环钻进工艺改成先进的冲击反循环钻进工艺，克服了无循环钻进造成孔底岩石重复破碎的致命弱点，使钻进效率提高数倍，给冲击钻机注入了新的活力。同时该钻机既保留了冲击钻机适用性强的特点，又可在多种复杂地层中钻进，还保留了冲击钻机结构简单、可靠、操作维修方便的优点。在目前灌注桩（墙）施工中，凡用回转钻进比较困难或不能钻进的复杂地层，多采用冲击反循环钻机施工，并取得较好的效果，使这种钻机在岩土钻掘的领域中占有重要的一席之地。

3. 回转钻机

回转式水井钻机自 20 世纪 60 年代开始研制至今，无论从钻深能力、工艺方式、结构形式及装载形式等方面都有了较大发展。从钻深系列看，100m～2000m 不同钻深的钻机都有生产，但钻深 300m～600m 范围的机型较多。从钻机结构与工艺上讲，仍以转盘回转正循环为主，对于多功能型钻机、液压顶驱式钻机及机动性能好的车装型钻仍然是少数。回转式基础处理工程钻机近几年虽然也加快了研制速度，但仍以散装式反循环钻机为主。

主要适用于：深水井工程、建筑基础、桥梁基础、水坝基础、高压线桩、风电底桩、地质矿井、油田套管。钻孔深度：工程（10m～200m）、钻孔直径（0.8m～2.5m），钻机已用于全国各大工程桥梁及高层建筑的基础施工，效果较好。对于复杂岩溶区的桩基施工，回转钻机对于塌孔及偏岩的处理能力较弱。

4. 旋挖钻机

旋挖钻机采用液压履带式伸缩底盘、自行起落可折叠钻桅、伸缩式钻杆，具有垂直度自动检测、调整、孔深数码显示等功能，整机操纵一般用液压先导控制、负荷传感，具有操作轻便、舒适等特点。主、副两个卷扬可适用于工地多种工况，该类钻机配合不同钻具，适用于干式（短螺旋）或湿式（回转斗）及岩层（岩心钻）的成孔作业，还可配挂长螺旋钻、地下连续墙抓斗、振动桩锤等，实现多种功能。旋挖钻机施工效率高，是市政建设、铁路公路桥梁、地下连续墙、水利、防渗护坡等理想的基础施工设备，适用于填土层、黏土层、粉土层、淤泥层、砂土层以及短螺旋不能钻进的含有部分卵石、碎石的地层，采用岩心钻头时，还可嵌入岩层。

旋挖钻机近年来在中国得到了突破性的发展，在学习国外诸如德国宝峨技术的情况下，国内生产厂商越来越多，竞争激烈。中国正经历着基础设施大发展的阶段，旋挖钻机技术发展较快，各设备厂商相互学习，互相促进。目前设备向大功率、大尺寸方向发展，但就复杂岩溶地质区，特殊岩层桩基施工的情况下，采用单一的旋挖工法仍然不能克服偏孔、溶洞处理等难题。可以采取旋挖钻机配合液压振动锤进行施工，液压振冲锤解决了长护筒的安装及起拔问题，在长护筒导正的情况下，旋挖钻机采用改良后的钻具进行施工，在克服复杂岩溶地质条件方面将会有较大突破，会取得明显的效果。

5. 大直径潜孔锤钻机

大直径潜孔锤组钻具集气动潜孔锤冲击凿岩与气举反循环排渣于一体，具有高效的碎岩效果和良好的排渣能力，可以大大提高钻进效率。采用配套钻机施工，以压缩空气作为动力介质，通过独立的四通道钻杆送至孔底潜孔锤，进行冲击回转钻进。潜孔锤的工作废气通过独立的管道直接排到地表，压缩空气闭式循环，因而潜孔锤的工作压力不受孔深影响，并具有单独的气举反循环气路，供气举反循环排渣。此外，大直径潜孔锤组钻具还可配备跟管系统，对复杂岩溶区克服塌孔、偏岩具有一定效果，但护筒的起拔有较大难度，需额外配备专用设备。

总体来说，该设备能耗高，成本高，不适合于常规的民建工程。

6. PAS 钻机

Percussion Auger System 简称 PAS，意为带冲击的长螺旋系统。PAS 是冲击与回转扭矩的有效结合，有效成孔直径 470mm～1600mm。在岩层中 PAS 的成孔速度是液压旋挖钻机的三倍，在抗压强度是 50MPa～120MPa 不同硬度的岩层中，每延米的成孔时间是 20分钟至 1 小时。PAS 与传统的潜孔锤相比，最大的优势是风耗小，相比大直径潜孔锤而言油耗低，PAS 在空压机上的成本仅为大直径潜孔锤的 1/4～1/5。与全液压旋挖钻机相比，PAS 系统不需大扭矩设备，只需配置在常规旋挖机上即可使用，减少了设备的投入。

PAS 可根据不同的地质条件配置不同的钻具：

(1) 配置短螺旋钻杆，适用于干作业嵌岩桩；

(2) 配置桶钻钻杆，适用于湿作业嵌岩桩；

(3) 配置反循环钻杆，适用于地下水丰富地质条件，如海上桩基及近海桩基作业；

(4) 配置长螺旋钻杆，适用于咬合桩的预钻孔或者连续桩墙施工；

(5) 配置长螺旋钻杆，适用于超流态后插钢筋笼桩基施工；

(6) 配置液压回转护筒钳，适合于陆地和海上桩基。

　　PAS系统经过多年的发展，钻具多样化，有较大的突破，适用范围广泛；钻机系统稳定，系统的故障率也得到了一定的控制；施工效率高，施工本身的成本有所降低，但该系统的价格较高，据顾客反映故障率较高。对于复杂岩溶地区桩基施工能够解决入岩深度大的问题，但塌孔及偏孔问题不易控制。

7. 磨桩机-大直径旋管机、全回转钻机

　　国外系列旋管机于20世纪90年代中后期引入我国，旋管机不仅可用于高层建筑的大直径灌注桩施工，也可以用于拔除人工障碍物，如钢管桩、H桩、板桩、岩石或基岩。近年国内厂商在引入与创新的基础上也生产出我国自主知识品牌类似功效的全回转钻机。

　　旋管机施工工艺流程：设备对中调平护筒安装—护筒前端切削碎岩抓斗排土排岩—护筒内凿岩破碎及抓斗排土—下放钢筋笼及灌注导管—边浇筑混凝土边拔出导管。旋管机的护筒上带切削钻具，可直接实现钻头的功能，通过旋挖切削岩石，抓斗排渣。用带钻具的护筒来切削碎岩，类似薄壁取芯钻具的原理，对复杂岩溶区、岩面起伏、岩石倾角大的岩层有较好的效果，通过大吨位的上部设备对护筒位置有较强的稳固作用，再通过护筒钻具切削嵌入岩石，从而实现了纠偏的效果。

　　综上对桩工机械的简析，很难采用单一的桩工设备来解决复杂岩溶的所有问题。目前普遍采用的是机械式冲击钻机，该设备操作简单，成本低，能解决在岩石中冲孔成孔的问题，在岩石中成孔的效率普遍要比回转钻机要高，同时也存在许多缺点，如较难解决塌孔、偏孔问题，桩径、桩位较难控制，混凝土充盈系数偏大等弊病。回转钻机相比之下也存在塌孔、偏孔等问题，且在岩石中的施工效率更低。但回转钻机能较准地控制桩位、桩径、混凝土充溢系数较冲击钻机小。单独采用旋挖钻机或者PAS钻机同样也存在上述塌孔、偏孔问题。大直径潜孔锤能耗高、成本高也不能彻底克服上述难题。全回转套管钻机利用长护筒克服塌孔问题以及同时采用薄壁钻头通过旋转切削嵌入起伏大的岩面，孔壁纠偏的效果较好。综合分析，针对复杂岩溶区地质特点，要解决施工的难题，采用长钢护筒是合理的，它能起到解决塌孔和起到导正纠偏的作用。可以采用多种设备复合的施工工法克服复杂岩溶区嵌岩桩施工的难题，思路就是第一长护筒，第二在长护筒的导正的情况下使用薄壁取芯钻头"啃"入倾斜的岩面解决偏孔。根据这两条原则，我们可以组合出多种设备的组合工法，如采用液压振动锤配合旋挖或PAS钻机、液压振动锤配合冲击钻机及带薄壁取芯钻具的回转钻机等组合方式。

本章参考文献

［1］　编委会. 工程地质手册（第四版）. 北京：中国建筑工业出版社，2007.
［2］　地基与基础（第三版），顾晓鲁，钱鸿缙，刘慧珊，汪时敏. 北京：中国建筑工业出版社，2003.
［3］　中华人民共和国国家标准. 建筑地基基础设计规范（GB 50007—2011）. 北京：中国建筑工业出版社，2012.
［4］　中华人民共和国行业标准. 建筑基桩检测技术规范（JGJ 106—2014）. 北京：中国建筑工业出版社，2014.
［5］　中华人民共和国行业标准. 建筑基桩技术规范（JGJ 94—2008）. 北京：中国建筑工业出版社，2008.
［6］　中华人民共和国国家标准. 岩土工程勘察规范（GB 50021—2001（2009））. 北京：中国建筑工业出版社，2009.
［7］　岩溶地区桩基工程综合技术研究. 科研报告. 中国京冶工程技术有限公司. 2011.

第4章 盐渍土地基处理技术

4.1 盐渍土的概念、成因和分布规律

4.1.1 盐渍土的概念

"易溶盐含量大于或等于 0.3％且小于 20％并具有溶陷或盐胀等工程特性的土"称为盐渍土。如图 4-1-1、图 4-1-2 所示。此处"含盐量"指"土中所含盐的质量与土颗粒质量之比。"

图 4.1-1 察尔汗盐湖附近超盐渍土

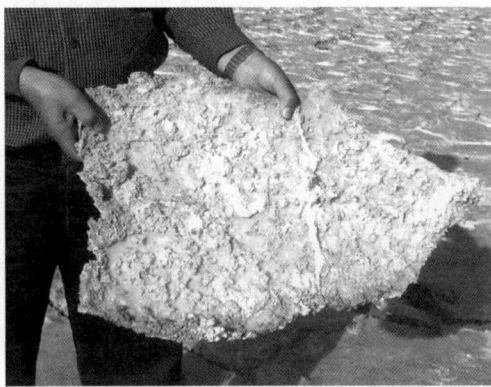

图 4.1-2 地表富集盐分呈"盐壳"状

国内外关于盐渍土含盐量和含盐类别标准的规定历来不同。例如：《岩土工程勘察规范》GB 50021—2009 规定：岩土中易溶盐含量大于 0.3％，并具有溶陷、盐胀、腐蚀等工程特性时，应判定为盐渍岩土。《公路工程地质勘察规范》JTG C20—2011 规定：地表以下 1m 深度范围内的土层，当其易溶盐的平均含量大于 0.3％，具有溶陷、盐胀等特性时，应判定为盐渍土。

我国一些盐渍土地区的勘察资料表明，不少土样的易溶盐含量虽然小于 0.5％，但其溶陷系数却大于 0.01，最大的达到 0.09 以上。另外，我国部分地区的盐渍土厚度特别大，超过 20m，且具强渗透性，浸水后的累计溶陷量大，对工程的危害也较严重。所以将易溶盐含量超过 0.3％作为区别盐渍土和非盐渍土的最低界限是较适当的。

在测定含盐量的试验中，上述干土重量的确定方法不同，所得的含盐量就不同。根据我国执行的土工试验方法，不计入大于 2mm 粒径的干土重，由此得出的含盐量，显然难以反映粗颗粒土的实际情况。所以从工程的观点来看，更重要的是直接对盐渍土地基工程特性的了解和评价。

现行《盐渍土地区建筑技术规范》GB/T 50942—2014 中提到的盐渍土不包括盐岩以及含盐量大于 20％的（或以盐为主）的土体。

4.1.2 盐渍土的成因

盐渍土的形成均由其当地的地理、地形、气候以及工程地质和水文地质条件等自然因素决定（图 4.1-3，图 4.1-4）。部分由于人类活动而改变原来的自然环境，也使本来不含盐的土层产生盐渍化，形成次生盐渍土。归纳起来，盐渍土的形成，不外乎以下几个原因。

1. 含盐的地表水

在干旱地区，每当春夏冰雪融化或骤降暴雨后，形成地表径流，在其溶解了沿途中的盐分后成为含盐的矿化地表水，当流出山口或流速减慢形成漫流时，在强烈的地表蒸发作用下，流程不长即被蒸发殆尽，水中盐分即聚集在地表或地表以下的一定深度范围内，形成盐渍土。戈壁滩中的盐渍土，就是由此形成，其含盐成分与地表水所溶解的盐成分直接有关。

2. 含盐的地下水

当地下水中含有盐分，通过土的毛细管作用，含盐的水溶液上升，在毛细管带范围内，由于地表蒸发而湿度降低或因地温降低，都会使毛细水中的盐分析出而生成盐渍土。其积盐程度取决于地下水位的深度、毛细水的升高、地下水的矿化度或含盐量以及土的类别和结构等。

3. 含盐海水

滨海地区经常受到海潮侵袭或因海面风力直接将海水吹至陆地，经过蒸发，盐分析出积留在土中，形成盐渍土。此外，滨海地区大量采取地下水，使得含盐海水倒灌，加之气候干旱，蒸发量大，也能形成人为的次生盐渍土。

4. 盐湖、沼泽退化

由于新构造运动和气候变化，使得一些内陆盐湖或沼泽退化干涸，形成大片盐渍土区域。例如新疆塔里木盆地的罗布泊，历史上曾是我国第二大咸水湖，面积达 $5000km^2$，20 世纪 50 年代初，积水面积尚有 $2000km^2$，后因塔里木河上游建水库截留，在年降雨量不足 10mm、蒸发量超过 3000mm 的极端干旱气候下，很快干涸，变成盐渍土和盐壳。

图 4.1-3　高含盐量的盐渍土块

图 4.1-4　盐渍土地表盐结晶

5. 其他原因

除上述原因外，在我国西北干旱地区，风大且多，时常将含盐的砂土吹落到山前戈壁和沙漠以及倾斜平原处，积聚形成新盐渍土层。此外，在干旱或半干旱地区，部分植物可以从很深的土层中汲取大量盐分,积聚在枝叶中,死亡后盐分重新进入表层土。这些,都会促使土体盐渍化的产生。

4.1.3 盐渍土的分布规律

1. 盐渍土的区域分布规律

鉴于盐渍土的特殊成因,盐渍土在我国的分布具有一定的规律性,见表4.1-1。

中国土壤盐渍化分区表

表4.1-1

区名	范围	积盐特征及盐渍类型	水文、水文地质特点
滨海湿润~半湿润海水浸渍盐渍区	沿海一带,北起辽东半岛经渤海湾、黄海、东海、台湾海峡、南海、海南岛等滨海	盐渍类型主要以NaCl为主,北部含有NaHCO₃成分,南部有酸性硫酸盐	地处河流下游,河流出口与海洋相通。水质有规律地呈带状分布,越靠近海矿化度越高
东北半湿润~半干旱草原盐渍区	三江平原、松嫩平原和辽河平原	冻融过程对盐分积累有重要影响,土壤和地下水的NaHCO₃含量占总盐量的50%~80%	除黑龙江、松花江、辽河等外流河外,还有许多无尾河,积水成为泡子,地下水和泡子水多含NaHCO₃成分
黄淮海半湿润~半干旱耕作盐渍区	冀、鲁、豫、苏、皖的黄河、淮河、海河的广大冲积平原	在低矿化条件下积盐,具有季节性积盐或脱盐,盐分在土壤中表聚性很强,以SO₄-Cl盐或Cl-SO₄盐为主	主要为黄河、淮河、海河三大水系。黄河为地上河对两岸有很大威胁
内蒙古高原干旱~半荒漠盐渍区	内蒙古东部高平原的呼伦贝尔和中部草原,狼山以北直抵中蒙边境	在干旱草原条件下,碱土具有明显的剖面发育。在河迹和湖周发育为NaHCO₃草甸盐渍土,还有大面积的潜在盐渍土	除海拉尔河、伊敏河等外流河外,内流水系发育成咸水湖、盐湖
黄河中、上游半干旱~半荒漠盐渍区	陕、甘、青、蒙的一部分和宁夏大部分黄河流经地区	黄土高原中有潜在盐渍化,在黄河河套冲积平原有碱土、NaHCO₃盐渍土以及SO₄-Cl盐或Cl-SO₄盐渍土等	黄河流经本区,在鄂尔多斯高平原内有一些盐池和碱池
甘、新、蒙干旱~荒漠盐渍区	河西走廊、阿拉善以西和准噶尔盆地	残余积盐大面积发育,土壤盐碱化发育	除新疆额尔齐斯河为外流河外,其余均为内流区,盐湖、咸水湖发育
青、新极端干旱~荒漠盐渍区	吐鲁番盆地、塔里木盆地、疏勒河下游和柴达木盆地	土壤盐渍化普遍存在,各种类型的盐渍土均有发育,残余积盐过程和现代积盐过程大面积分布	完全封闭的内流盆地,盐湖、盐池、咸水湖大量分布
西藏高寒荒漠盐渍区	西藏高原	冻融过程对盐分富集有重要影响,盐渍土主要分布在湖周边和河谷低地,盐渍类型以硫酸盐为主	羌塘高原闭流区,咸水湖广泛发育

2. 盐渍土的平面分布规律

此外,盐渍土中各类盐分的溶解度不同,所以在同一盐渍土地区,不同的地理、地貌、工程地质和水文地质环境下,其分布在宏观上是有一定规律的。地形地貌对盐渍土的形成有很大影响,从而也影响了盐渍土的类别和分布规律。以青海省为例,从昆仑山向柴达木盆地中心,按地貌单元依次可分为:山前区,山前冲、洪积倾斜平原区,冲、洪积平原区,湖积平原区和察尔汗盐湖区(图4.1-5,图4.1-6)。地形由陡变缓,土的粒径组成也由粗变细,从卵石、砾石、砾砂逐步过渡到粗、中、细、粉砂以及粉土或黏性土,地下水位离地表逐渐由深变浅。由于碳酸盐的溶解度小,所以在山前洪、冲积倾斜平原区,形成以碳酸盐为主的盐渍土带。而在洪、冲积平原区，则成为过渡带，从含少量的碳酸盐，过渡到以含硫酸盐为主的硫酸盐、亚硫酸盐和氯盐渍土。在毗邻察尔汗盐湖的湖积平原区，地下水位很高，土中含的主要是易溶的氯盐。

图 4.1-5 富含硫酸盐的坡体

图 4.1-6 山前平原区盐渍土

3. 盐渍土在深度上的分布规律

盐渍土中各盐类因其溶解度不同，故在含盐地下水或毛细水的迁移或受蒸发的过程中，以先后不同的顺序达到饱和并析出，在深度上盐渍土的分布也具有一定规律。其大致规律为：氯盐在地面附近的浅层处，其下为硫酸盐，碳酸盐则在较深的土层中。

4.2 盐渍土的分类

盐渍土的分类方法很多，但分类原则一般都是根据盐渍土本身特点，按其对工业、农业或交通运输业的影响和危害程度进行分类。盐渍土对不同工程对象的危害特点和影响程度是不同的。如对铁路或公路的危害，与对建筑物的地基和基础就不同。所以各部门根据各自的特点和需要来划分盐渍土的类别。此外，尚应指出，各种盐渍土分类方法中的界限，都是人为确定的，考虑的因素和角度不同，所以盐渍土分类的界限值也不完全相同。主要的分类方法有按盐的化学成分分类、按含盐量分类以及按土颗粒粒径分类。

4.2.1 按盐的化学成分分类

地基中常含多种盐类，不同性质盐的含量多少，影响着盐渍土的工程性质。如含氯盐为主的盐渍土，因氯盐的溶解度较大，遇水后土中的结晶盐极易溶解，使土质变软，强度降低，并产生溶陷变形。此外，其盐溶液会对钢筋混凝土基础和其他地下设施中的钢筋或钢材产生腐蚀。含硫酸盐为主的盐渍土，除会产生溶陷变形外，其中的硫酸钠在温度和湿度变化时，还将产生较大的体积变形，造成地基的膨胀或收缩，此外，其溶液对基础和其他地下设施的材料也会产生腐蚀作用。碳酸盐对土的工程性质的影响，视盐的成分而定，碳酸钙和碳酸镁等很难溶于水，对土起着胶结和稳定的作用，而碳酸钠和碳酸氢钠则使土在遇水后产生膨胀。因此，需要对盐渍土中含盐成分，按常规方法进行全量化学分析，确定各种盐的含量，然后进行分类，以判断哪种或哪几种盐对盐渍土的工程性质起主导作用。对此，目前一般采用 0.1kg 土中阴离子含量的比值作为分类标准。土中的主要成分一般为氯盐、硫酸盐和碳酸盐，故根据氯离子、硫酸根离子、碳酸根离子和碳酸氢根离子含量的比值，分为氯盐渍土、亚氯盐渍土、亚硫酸盐渍土、硫酸盐渍土、碱性盐渍土，见表 4.2-1。

该分类对盐渍土中的含盐成分作出了定性的间接说明，而作为建筑物地基，其危害性则并不十分清楚。此外，该分类多适用于路基的设计，也可供建筑物地基设计时参考。

盐渍土按盐的化学成分分类表　　　　　　　　　　　表 4.2-1

盐渍土名称	$\dfrac{c(Cl^-)}{2c(SO_4^{2-})}$	$\dfrac{2c(CO_3^{2-})+c(HCO_3^-)}{c(Cl^-)+2c(SO_4^{2-})}$
氯盐渍土	>2.0	—
亚氯盐渍土	$\leqslant 2.0, >1.0$	—
亚硫酸盐渍土	$\leqslant 1.0, >0.3$	—
硫酸盐渍土	$\leqslant 0.3$	—
碱性盐渍土	—	>0.3

4.2.2　按含盐量分类

综合国内外对盐渍土按含盐量进行分类的方法，可知以含盐量作为单一指标来区分盐渍土工程危害的严重程度是不合理的，无法准确反映它对工程的实际危害性。例如，易溶盐含量超过 0.5% 的砂土，浸水后可能产生较大溶陷，而同样的含盐量对黏土几乎不产生溶陷；即便对同一类土，其含盐量和含盐性质相同，其溶陷性也可能相差甚远，对土骨架紧密接触的结构，盐仅填充土中孔隙，盐的溶解对土的结构变化影响较小；反之，如土骨架之间是通过盐结晶胶结的，则盐的溶解使土的结构完全解体，造成很大的溶陷变形。在盐渍土按含盐量分类的基础上，结合近年来对盐渍土含盐量与盐渍土危害程度的关系研究，得出表 4.2-2。

盐渍土按含盐量分类表　　　　　　　　　　　表 4.2-2

盐渍土名称	盐渍土层的平均含盐量(%)		
	氯盐渍土及亚氯盐渍土	硫酸盐渍土及亚硫酸盐渍土	碱性盐渍土
弱盐渍土	$\geqslant 0.3, <1.0$	—	—
中盐渍土	$\geqslant 1.0, <5.0$	$\geqslant 0.3, <2.0$	$\geqslant 0.3, <1.0$
强盐渍土	$\geqslant 5.0, <8.0$	$\geqslant 2.0, <5.0$	$\geqslant 1.0, <2.0$
超盐渍土	$\geqslant 8.0$	$\geqslant 5.0$	$\geqslant 2.0$

4.2.3　按土颗粒粒径分类

现行国家标准《土工试验方法标准》GB/T 50123 对易溶盐的测定中，未规定粒径范围，但近年来的大量工程实践表明：相同的含盐量和相同的含盐类型，在不同粒径的土体中表现出不同的溶陷性和盐胀性，为此，盐渍土可分为粗颗粒盐渍土和细颗粒盐渍土，并采用不同的含盐量测试规定。粗颗粒盐渍土是指粗粒组土粒质量之和多于总土质量50%的盐渍土。细颗粒盐渍土是指细粒组土粒质量之和多于或等于总质量50%的盐渍土。

4.3　盐渍土的基本性质

4.3.1　溶陷性及其评价

1. 溶陷性机理

因水对土中盐类的溶解和迁移作用而产生的土体沉陷称为溶陷。

盐渍土地基浸水后，会产生较大的沉陷，这一现象与黄土地基浸水后沉陷相似，但机理上却有本质区别。建造在盐渍土地基上的建筑物，当地基遭遇浸水时，建筑物除原来建筑物荷载而导致的地基压密沉降外，还要产生因盐渍土溶陷而引起的附加沉陷。

当浸水时间不长，水量不多时，水使土中部分或全部盐结晶溶解，土的结构破坏，强度降低，土颗粒重新排列，孔隙减小，产生溶陷，此时，溶陷量取决于浸水量、土中盐的性质和含量以及土的原始结构状态。

当浸水时间很长，浸水量很大而造成渗流的情况下，盐渍土中的部分固体颗粒将被水流带走，产生潜蚀。由于潜蚀的结果，使盐渍土的孔隙率增大，在外部荷载的作用下，土体产生附加的溶陷变形，此类变形除与浸水量、浸水时间、土中盐的类别和含量、土的类别和结构状态等有关外，还与水的渗流速度有关。

2. 溶陷性评价

盐渍土作为特殊土，在设计前，必须对其溶陷性作出评价。盐渍土溶陷性评价主要包括如下几方面内容。

（1）评价指标

盐渍土的溶陷性评价指标主要是溶陷系数和溶陷等级。

1）溶陷系数

溶陷系数指的是单位厚度的盐渍土的溶陷量。测定溶陷系数 δ_{rx} 的方法有三种，现场浸水载荷试验、室内压缩试验法、液体排开法。一般按溶陷系数 δ_{rx} 将溶陷程度分为下列三类：

① 当 $0.01 < \delta_{rx} \leqslant 0.03$ 时，溶陷性轻微；

② 当 $0.03 < \delta_{rx} \leqslant 0.05$ 时，溶陷性中等；

③ 当 $\delta_{rx} > 0.05$ 时，溶陷性强。

溶陷系数只表示盐渍土的溶陷，但并不表示实际盐渍土地基浸水后可能产生的溶陷量。溶陷性强的盐渍土，如土层厚度不大，也不会产生较大的溶陷量。因此，在评价盐渍土地基的溶陷性时，宜用盐渍土地基的溶陷等级来衡量。

2）溶陷等级

根据盐渍土地基浸水后可能产生的溶陷量 s_{rx}，将溶陷等级分为三级，见表 4.3-1。

盐渍土地基的溶陷等级 表 4.3-1

溶陷等级	总溶陷量 s_{rx}(mm)	溶陷等级	总溶陷量 s_{rx}(mm)
Ⅰ级 弱溶陷	$70 < s_{rx} \leqslant 150$	Ⅲ级 强溶陷	$s_{rx} > 400$
Ⅱ级 中溶陷	$150 < s_{rx} \leqslant 400$		

获取溶陷量的方法有二，一是通过溶陷系数分层总和法计算；二是通过现场浸水载荷试验直接获取。分层总和计算公式如下：

$$s_{rx} = \sum_{i=1}^{n} \delta_{rxi} h_i \quad (i = 1, \cdots, n) \tag{4.3-1}$$

式中　s_{rx}——盐渍土地基的总溶陷量计算值（mm）；

　　　δ_{rxi}——室内试验测定的第 i 层土的溶陷系数；

　　　h_i——第 i 层土的厚度（mm）；

n——基础底面以下可能产生溶陷的土层层数。

（2）综合评价

根据工程实施前后环境条件的变化和工程使用过程中的环境条件，盐渍土地基可分为 A 类使用环境和 B 类使用环境。

A 类使用环境：工程实施前后和工程使用过程中不会发生大的环境变化，能保持盐渍土地基的天然结构状态，地基受淡水侵蚀的可能性小或能够有效防止淡水侵蚀。

B 类使用环境：工程实施前后和工程使用过程中会发生较大的环境变化，盐渍土地基受淡水侵蚀的可能性大，且难以防范。

各类盐渍土场地的溶陷性均应根据地基的溶陷等级，结合场地的使用环境条件 A 或 B 作出综合评价。由于使用环境的划分是定性而非定量的，因此盐渍土的综合评价也是定性的，更重要的目的是建立地区经验。

4.3.2 盐胀性及其评价

1. 盐胀性机理

盐渍土因温度或含水量变化而产生的土体体积增大称为盐胀。

盐渍土的盐胀与一般膨胀土的膨胀机理不同。盐渍土的盐胀，部分是由于土体吸水产生膨胀（如碳酸盐渍土），而更多的则是因失水或温度降低导致盐类结晶膨胀（如硫酸盐渍土），且后者危害性较大。

研究表明，很多盐类在结晶时都具有一定的膨胀性，只是膨胀程度各异而已，表 4.3-2 列出了土中几种主要盐类结晶后的体积膨胀量。

各种盐类吸水结晶后的体积膨胀 表 4.3-2

盐类吸水结晶	$\Delta V(\%)$	盐类吸水结晶	$\Delta V(\%)$
$CaCl_2 \cdot 2H_2O \rightarrow CaCl_2 \cdot 4H_2O$	35	$Na_2CO_3 \cdot H_2O \rightarrow Na_2CO_3 \cdot 10H_2O$	148
$CaCl_2 \cdot 4H_2O \rightarrow CaCl_2 \cdot 6H_2O$	24	$NaCl \rightarrow NaCl \cdot 2H_2O$	130
$MgSO_4 \cdot H_2O \rightarrow MgSO_4 \cdot 6H_2O$	145	$Na_2SO_4 \rightarrow Na_2SO_4 \cdot 10H_2O$	311
$MgSO_4 \cdot 6H_2O \rightarrow MgSO_4 \cdot 7H_2O$	11		

盐渍土地基产生膨胀的主要原因是土中盐在温度或湿度变化时结晶而发生体积膨胀（图 4.3-1）。盐的溶解度随温度变化，当温度由高变低时，溶解度变小，使部分结晶析出。当地温低于 32.4℃时，如土的原始含水量较高，溶解了较多的硫酸盐，后因水分蒸发含水量减小，也会使水中含盐量饱和以重结晶析出。结晶时，结合 10 个水分子，体积膨胀可达 3 倍以上，造成不良后果。由上所述，盐渍土地基的膨胀量大小除与硫酸盐的含量有关外，主要取决于温度和含水量的变化。此外，它还与地基上压力的大小有关，实践证明，当土中盐含量小于 1% 时，可以不考虑其膨胀作用。此外，盐渍土地区建筑

图 4.3-1 硫酸盐盐渍土盐胀造成的基础开裂

工程在考虑盐胀的同时应考虑冻胀，内陆盐渍土多位于干旱地区，冬天气候寒冷，地下水位较高，在盐胀的同时往往伴随有冻胀，在有些情况下冻胀远比盐胀量大，如新疆库尔勒的部分地区存在这种现象。

影响盐渍土膨胀的主要因素有温度、土中硫酸钠含量、含水量、土的密实度和黏土矿物含量。

2. 盐胀性评价

由于绝大部分盐胀均发生在硫酸钠盐渍土中，因此，盐渍土地基中硫酸钠含量小于1%，且使用环境条件不变时，可不计盐胀性对建（构）筑物的影响。除此之外的盐渍土盐胀性评价包括如下几方面的内容：

（1）评价指标

1）盐胀系数与硫酸钠含量

单位厚度的盐渍土的盐胀量称为盐胀系数。测定盐胀系数的方法主要有现场浸水试验和室内盐胀性试验。根据盐胀系数和硫酸钠含量判断盐胀性时，见表 4.3-3。

盐渍土盐胀性分类　　　　　　　　　　　　　　　　表 4.3-3

盐胀性	非盐胀性	弱盐胀性	中盐胀性	强盐胀性
盐胀系数 δ_{yz}	$\delta_{yz} \leqslant 0.01$	$0.01 < \delta_{yz} \leqslant 0.02$	$0.02 < \delta_{yz} \leqslant 0.04$	$\delta_{yz} > 0.04$
硫酸钠含量 C_{ssn}（%）	$C_{ssn} \leqslant 0.5$	$0.5 < C_{ssn} \leqslant 1.2$	$1.2 < C_{ssn} \leqslant 2$	$C_{ssn} > 2.0$

注：当盐胀系数和硫酸钠含量两个指标判断的盐胀性不一致时，应以硫酸钠含量为主。

2）盐渍土地基的盐胀等级

根据盐渍土的总盐胀量，将盐渍土地基的盐胀等级分为三级，见表 4.3-4。

盐渍土地基的盐胀等级　　　　　　　　　　　　　　表 4.3-4

盐胀等级	总盐胀量 s_{yz}(mm)	盐胀等级	总盐胀量 s_{yz}(mm)
Ⅰ级弱盐胀	$30 < s_{yz} \leqslant 70$	Ⅲ级强盐胀	$s_{yz} > 150$
Ⅱ级 中盐胀	$70 < s_{yz} \leqslant 150$		

获取溶陷量的方法有二，一是通过盐胀系数分层总和法计算；二是通过现场浸水载荷试验直接获得。盐胀系数分层总和法计算如下：

$$s_{yz} = \sum_{i=1}^{n} \delta_{yzi} h_i \quad (i = 1, \cdots, n) \tag{4.3-2}$$

式中　s_{yz}——盐渍土地基的总盐胀量计算值（mm）；

　　　δ_{yzi}——室内试验测定的第 i 层土的盐胀系数；

　　　n——基础底面以下可能产生盐胀的土层层数。

（2）综合评价

与溶陷性评价相似，盐胀性评价也应根据地基的盐胀等级，结合场地的使用环境条件 A 或 B 作出综合评价。

4.3.3　腐蚀性及其评价

1. 腐蚀性机理

盐渍土含盐量较高，尤其是易溶盐，它使土具有明显的腐蚀性，对建筑物基础和地下设施，构成一种严酷的腐蚀环境，影响其耐久性和安全使用。土的腐蚀性、含盐地下水的腐蚀性以及土、水、气接触界面的变化共同构成了这一腐蚀环境。盐渍土腐蚀具有如下特征：

（1）盐渍土的腐蚀，是土腐蚀的一种较为严重的类型，既与土腐蚀相关因素紧密相连，又取决于含盐的性质、种类和数量等。

（2）以氯盐为主的盐渍土，主要对金属的腐蚀危害大，如罐、池、混凝土中的钢筋及地下管线等。氯盐类也通过结晶等胀缩作用对地基土的稳定性产生影响，对一般混凝土也有轻微影响。

（3）以硫酸盐为主的盐渍土，主要是通过化学作用、结晶胀缩作用等，对水泥制品（砂浆、混凝土）和黏土砖类建筑材质发生膨胀腐蚀破坏，对钢结构、混凝土中钢筋、地下管道等也有一定的腐蚀作用。

（4）氯盐和硫酸盐同时存在的盐渍土，具有更强的腐蚀性，其他可溶盐的存在通常都会提高土的腐蚀性。

（5）盐渍土的腐蚀性还与环境类别有关，当环境土层为弱盐渍土、土体含水量小于3‰且工程处于 A 类使用环境条件时，可初步认定工程场地及其附近的土为弱腐蚀性，可不进行腐蚀性评价。

总之，盐渍土较常规土具有更强的腐蚀性，在盐渍土地区进行工程建设时，必须把解决腐蚀性问题放在重要位置，通过合理的防腐蚀措施，使建筑物和各种地下设施达到安全使用和耐久的目的。

2. 腐蚀性评价

盐渍土腐蚀性评价主要内容包括：土对钢结构的腐蚀性评价；水和土对钢筋混凝土结构中钢筋的腐蚀性评价；水和土对混凝土结构的腐蚀性评价；水和土对砌体结构、水泥和石灰的腐蚀性评价等（图 4.3-2）。评价等级按盐渍土对建（构）筑物的腐蚀性，可分为强腐蚀性、中腐蚀性、弱腐蚀性和微腐蚀性四个等级。

对丙类建（构）筑物，当同时具备弱透水性土、无干湿交替、不冻区段三个条件时，盐渍土的腐蚀性可降低一级。

不同类盐渍土腐蚀性评价侧重点不同，氯盐主要腐蚀钢材，对以氯盐为主的

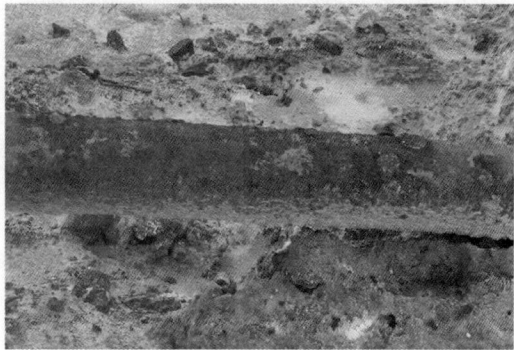

图 4.3-2 盐渍土对金属管道的腐蚀

盐渍土，重点评价其对钢筋的腐蚀性；硫酸盐主要与混凝土、石灰、黏土砖等发生物理化学反应，对以硫酸盐为主的盐渍土，重点评价其对混凝土、石灰、黏土砖的腐蚀性。

4.4 盐渍土地区工程勘察要点与试验检测方法

4.4.1 盐渍土地区勘察要点

盐渍土是具有特殊性质的土，其勘察工作除应首先满足现行国家标准《岩土工程勘察规范》GB 50021 的要求外，还应具有进一步的要求。

1. 勘察目的

（1）收集当地的气象资料和水文资料；

（2）调查场地及附近盐渍土地区地表植被种属、发育程度及分布特点；

（3）调查场地及附近盐渍土地区工程建设经验和既有建（构）筑物使用、损坏情况；

（4）查明盐渍土的成因、分布、含盐类型和含盐量；

（5）查明地表水的径流、排泄和积聚情况；

（6）查明地下水类型、埋藏条件、水质、水位、毛细水上升高度及季节性变化规律；

（7）测定盐渍土的物理和力学性质指标；

（8）评价盐渍土地基的溶陷性及溶陷等级；

（9）评价盐渍土地基的盐胀性及盐胀等级；

（10）评价环境条件对盐渍土地基的影响；

（11）评价盐渍土对建筑材料的腐蚀性；

（12）测定天然状态和浸水条件下的地基承载力特征值；

（13）提出地基处理方案及防护措施的建议。

2. 勘察阶段

盐渍土地区的勘察阶段可分为可行性研究勘察阶段、初步勘察阶段和详细勘察阶段，各阶段勘察应符合下列规定：

（1）可行性研究勘察阶段：应通过现场踏勘，工程地质调查和测绘，收集有关自然条件、盐渍土危害程度与治理经验等资料，必要的勘探工作等，初步查明盐渍土的分布范围、盐渍化程度及其变化规律，为建筑场地选择提供必要的资料。

（2）初步勘察阶段：应通过详细的地形、地貌、植被、气象、水文、地质、盐渍土病害等的调查，配合必要的勘探、现场测试、室内试验，查明场地盐渍土的类型、盐渍化程度、分布规律及对建（构）筑物可能产生的作用效应，提出盐渍土地基设计参数、地基处理和防护的初步方案。

（3）详细勘察阶段：在初步勘察的基础上详细查明盐渍土地基的含盐性质、含盐量、盐分分布规律、变化趋势等，并根据各单项工程地基的盐渍土类型及含盐特点，进行岩土工程分析评价，提出地基综合治理方案。

（4）对场地面积不大、地质条件简单或有建筑经验的地区，可简化勘察阶段，但应符合初步勘察和详细勘察两个阶段的要求。

（5）对工程地质条件复杂或有特殊要求的建（构）筑物，宜进行施工勘察或专项勘察。

对于工程地质条件复杂的盐渍土地区或有特殊要求的建（构）筑物，常规勘察周期内可能无法查清盐渍土的分布、类型及工程地质性质，需要在施工阶段进行进一步勘察或投入更多时间和精力进行专门勘察。

3. 勘探取样

根据大量调查资料统计，盐渍土的含盐量一般是距地表不深处变化较大，尤其是表层 2.0m 深度盐分比较富集，深部变化较小。因此，对盐渍土取土样间隔的要求，浅层较小深部较大。建筑工程项目不同，其地基要求、基础形式、防护措施不同，故取样深度不同。

此外水样也应结合盐渍土的特性和建筑物的特征有针对性地采取。

4. 水位观测

对地下水位变化幅度较大或变化趋势对建（构）筑物不利的地段，应从初步勘察阶段开始对地下水位动态进行长期观测。可以采用钻孔对地下水位进行持续观测。通过对地下水位的动态观测，有助于分析场地、地基的盐渍化发展趋势，以便做好相关防护工作。

4.4.2 盐渍土地区试验检测方法

1. 室内试验

室内试验主要包括：

（1）盐渍土物理性质指标测定方法

与非盐渍土一样，盐渍土三相组成的比例关系，能表征土的一系列物理性质，这些物理性质同样可以用诸如：颗粒组成、土颗粒比重、含水量、孔隙比、液塑限等表示，但是，盐渍土与非盐渍土的不同在于盐渍土含有较多的盐类（尤其是易溶盐），这种特性，对盐渍土的物理性质有较大的影响，所以在测定各项物理指标时也必须与非盐渍土加以区别。

（2）粗粒土易溶盐含量测定方法

试验表明，易溶盐含量超过 0.5% 的砂土，浸水后可能产生较大的溶陷，而同样的含盐量对黏土几乎不产生溶陷，因此，含盐量本身的测定方法值得进一步研究，尤其是对粗粒土，若只考虑粒径小于 2mm 的干土重，显然就放大了土的含盐量指标；但如果将粗粒土中全部粒径大于 2mm 的干土重量均计入，则含盐量很低，部分粗粒土将被误判为"非盐渍土"，且无法合理地反映粗颗粒盐渍土的工程特性。故为准确定名，评价其含盐影响，应将细粒土的含盐量测定、碎石土含盐量、砂土含盐量分开考虑。

（3）盐渍土溶陷系数室内试验方法

盐渍土溶陷系数室内试验方法主要为：压缩试验法和液体排开法。其中压缩试验法主要为单线法和双线法。土的溶陷系数实际上随压力变化，因此，在计算盐渍土地基的溶陷时，溶陷系数不仅对不同的盐渍土层取不同的值，而且应根据该土层在地基中所受总压力的大小，确定其溶陷系数，显然，在事先无法得到该土层受多大压力 p 的情况下，采用双线法的室内压缩试验是适宜的。对建筑物地基的溶陷性评价或对建筑物基础的溶陷量进行估算时，为简便起见，也可以采用单线法进行试验，在没有明确规定压力下，该压力可取 200kPa。

（4）硫酸盐渍土盐胀性室内试验方法

硫酸盐渍土盐胀性室内试验方法主要用于室内测定硫酸盐渍土的分层盐胀系数，评价土体的盐胀性。试验成果见图 4.4-1。

2. 现场试验

（1）盐渍土地基浸水载荷试验方法

浸水载荷试验分为：测定溶陷系数的浸水载

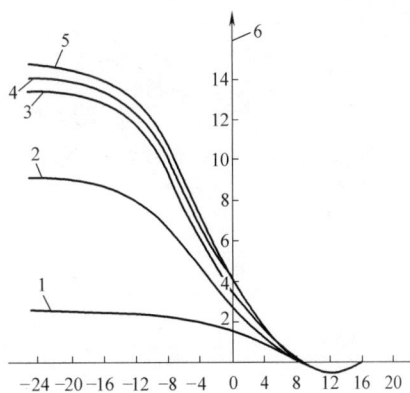

图 4.4-1　盐渍土盐胀系数与温度关系

注：图中曲线状态下，含水量为
18.27%～19.30%。

1—硫酸钠含量 0.633%；2—硫酸钠含量 1.697%；3—硫酸钠含量 3.387%；
4—硫酸钠含量 4.589%；5—硫酸钠含量 5.589%；6—盐胀系数（%）

图 4.4-2　盐渍土地基浸水载荷试验

荷试验、测定盐渍土地基承载力特征值的浸水载荷试验。如图 4.4-2 所示。

　　现场浸水载荷试验，是在常规载荷试验基础上结合盐渍土的溶陷特性作出规定的。浸水时间除要考虑土的渗透性外，还要根据土的类别和盐的性质而定。当盐渍土地基由含盐量不同的多层土组成时，浸水后地基可分为三个区域（图 4.4-3）：Ⅰ区内为重力渗流区，承压板的沉降主要由该区盐渍土的溶陷导致；Ⅱ区盐渍土的含水量在浸水后有不同程度的明显提高，但对承压板的影响不是主要的；Ⅲ区的盐渍土仍保持浸水前的状态。多层盐渍土地基的浸水载荷试验，除了观测承压板的沉降量，另可分层设置土中的观测标，测定不同深度处的沉降量，观测标可按土层情况分层设置，但分层厚度不宜超过 1m，所有沉降观测标均应设置在Ⅰ区。通过试验，根据各分层上下两个观测标的浸水前后沉降差 Δs_{i-1} 和 Δs_i，即可求出各层土的溶陷系数：

$$\delta_{\mathrm{r}xi} = \frac{\Delta s_{i-1} - \Delta s_i}{h_i} \tag{4.4-1}$$

式中　Δs_{i-1}、Δs_i——第 i 层顶面和底面观测标在浸水前后的沉降差（cm）；
　　　　h_i——第 i 层的厚度。

　　为检测渗流浓度和浸水深度等，也可在基坑内设观察孔，在浸水试验期间定时测量分析。

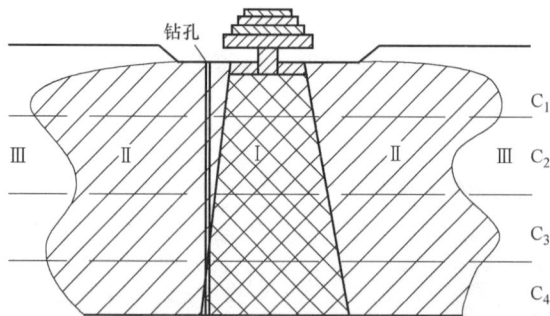

图 4.4-3　多层盐渍土地基的浸水载荷试验

（2）硫酸盐渍土盐胀性现场试验方法

试验方法分为单点法和多点法。需要注意的问题主要有：

1) 观测时间和观测次数可以根据现场所在地区温度变化等因素进行综合调整和安排。

2) 在观测时间范围内，若某深度处的土层以及该层以下的土层均无盐胀导致的向上的位移，则取该层到地表的距离为有效盐胀区厚度。总盐胀量取地表观测所得的盐胀位移。

3) 这种方法测得的盐胀系数是一个综合值，它与土基的含盐量、含盐性质、含水量及原地面结构有关，所以每个测试地段在测试期间应进行 1～2 次的试坑调查和取样试验，分析测点的工作状况，综合判断盐胀系数的取值。

（3）盐渍土浸水影响深度测定方法

盐渍土浸水深度测定对盐渍土地基变形预测具有直接影响。查明地基浸水范围或深度的传统方法只有挖探或钻探，前者费工费时，且深度有限，后者在建筑物内部或贴近建筑物处很难施展。原冶金部建筑研究总院根据盐渍土地基在浸水前后的波速有明显差别的原理，利用瑞利波法测定地基浸水深度取得了较好的效果。

4.5 盐渍土地区地基处理措施

盐渍土地基处理的目的，主要在于改善土的力学性质，消除或减小地基因浸水而引起的溶陷或盐胀等。与其他类土的地基处理的目的有所不同，盐渍土地基处理的范围和厚度应根据其含盐类型、含盐量、分布状态、盐渍土的物理和力学性质、溶陷等级、盐胀特性及建筑物类型等来选定。盐渍土地基处理的方法很多，部分方法还应对其机理进一步试验研究。每种方法都有其适用范围和局限性。对具体工程来说，究竟选用什么处理方法比较合适，不仅要考虑地质条件、施工机具设备、材料来源、施工期限、处理费用等因素，还应考虑处理方法的适用范围，根据具体情况可采用单一的地基处理方式，也可采用两种或两种以上的综合处理方法。总之，应对各种处理方法进行技术和经济比较后，再选择经济、合理、可靠的处理方法。

大量的工程和试验表明，盐渍土在天然状态下，由于盐的胶结作用，其承载力一般都较高，可作为一般工业和民用建筑的良好地基，但当盐渍土地基浸水后，土中易溶盐被溶解，形成一种新的软弱地基，承载力显著下降，溶陷迅速产生，所以，盐渍土浸水后产生的溶陷变形成为对盐渍土地基的主要危害之一。国内的一些研究和勘探部门根据盐渍土的不同特性提出了不同的地基处理方法，主要有如下方法。

4.5.1 浸水预溶法

浸水预溶法即对拟建的建筑物地基预先浸水，在渗透过程中土中易溶盐溶解，并渗流到较深的土层中，易溶盐的溶解破坏了土颗粒之间的原有结构，在土自重压力下产生压密。对以砂、砾石土和渗透性较好的非饱和黏性土为主的盐渍土，有的土结构疏松，具有大孔隙结构特征，而这些"砂颗粒"中很多是由很小的土颗粒经胶结而成的集粒，遇水后，盐类被溶解，导致由盐胶结而成的集粒还原成细小土粒，填充孔隙，因而土体产生溶陷。由于地基土预先浸水已产生溶陷，所以建筑在该场地上的建筑物即使再遇水，其溶陷变形也要小得多，实际上，这是一种简易的"原位换土法"，即通过预浸水洗去土中盐分，把盐渍土改良为非盐渍土。一些文献指出，浸水预溶法可消除溶陷量的 70%～80%，这也相当于改善了地基溶陷等级，具有效果较好、施工方便、成本低等特点。

浸水预溶法用于减低或消除盐渍土的溶陷性，一般适用于厚度较大、渗透性较好的砂、砾石土、粉土。对于渗透性较差的黏性土不宜采用浸水预溶法。该法用水量大，场地要具有充足的水源。另外，最好在空旷的新建场地采用，如在已建场地附近采用时，浸水场地与已建场地之间要有足够的安全距离。

（1）采用浸水预溶法处理地基应注意如下几点：

1）浸水预溶不得在冬季有冻结可能的条件下进行；

2）应考虑对邻近建筑物和其他设施的影响，根据相关试验结果，其影响半径可达到1.2倍的浸水坑直径；

3）浸水预溶结束10天左右应进行基础施工，在施工过程中应保持地基土湿润，因在含水量减低的情况下，土的溶陷性有恢复的可能性。

（2）采用浸水预溶法处理地基时：

1）浸水场地面积应根据建筑物的平面尺寸和溶陷土层厚度确定，浸水场地平面尺寸每边应超过拟建建筑物边缘不小于2.5m；

2）预浸深度应超过盐渍土溶陷性土层厚度或预计可能的浸水深度，浸水水头高度不宜低于0.3m，浸水时间一般为2～3个月，浸水量一般与盐渍土类型、含盐量、厚度、水的矿化度及浸水时的气温等因素有关；

3）采用浸水预溶时，应考虑对邻近建（构）筑物和其他设施的影响；

4）对渗透性小，含盐量高或厚度大的盐渍土地基，宜采用附加措施增大预溶效果（如钻孔渗水等）。

（3）为查明浸水预溶法处理地基土的溶陷性消除程度、残留的溶陷性土层厚度及地基的溶陷等级等，应在基础施工前进行专门性的勘察评定。浸水预溶后土中含水量增大，压缩性增高，承载力降低，应通过载荷试验确定处理后地基土的承载力。

（4）浸水预溶加强夯法是将浸水预溶法与其他地基处理方式结合使用的一个典型。多用于含结晶盐较多的砂石类土中。例如，青海西部地区的盐渍土大部分属于砂石类土，部分土层为粉土，处于干旱或半干旱状态，天然含水量低，平均含水量在5%左右，且土的天然结构强度很高，所以，单独采用强夯法减小地基的浸水溶陷比较困难，对一些比较重要或对沉降有特殊要求的工程，为消除地基浸水溶陷的问题，提出了先浸水后强夯的方法，即先对拟建建筑物地基进行浸水预溶，然后再进行强夯，这种方法的处理效果与浸水时间、强夯能量、土质条件等密切相关。

4.5.2 强夯法

部分盐渍土结构松散，具有大孔隙和架空结构的特征，土的密度很低，颗粒间接触面积相对较少，抗剪强度不高。对于这种含结晶盐不多、非饱和的低塑性盐渍土，实践证明采用强夯是减少地基土溶陷的一种有效方法。

强夯时，地表的竖向夯击能传给地基的能量是以压缩波、剪切波和瑞利波联合传播的。体波沿半球阵面向外传播，压缩波使土颗粒产生平行于波阵面方向的推拉运动，剪切波使土颗粒产生正交于波阵面的横向运动，而瑞利波则使土颗粒产生由水平和竖向运动分量的组合运动，夯击能量使土体原结构破坏，并在运动冲击下减小土的孔隙比，使土体达到密实状态，从而减小盐渍土的溶陷性。目前，采用强夯法处理盐渍土地基还没有一整套成熟的理论和设计计算方法，一定要根据现场的地质条件和工程的使用要求，通过现场试验，正确地选定强夯参数，才能达到有效而经济的目的。强夯参数包括：锤重、落距、最佳夯击能、夯击遍数、两次夯击的间歇时间、影响深度和夯点的布置等。

强夯法是反复将夯锤（质量一般为10t～40t）提到一定高度使其自由落下（落距一般为10m～40m），给地基以冲击和振动能量，从而提高地基的承载力并降低其压缩性，改善地基性能。由于强夯法具有加固效果显著、适用土类广、设备简单、施工方便、节省劳力、施工期短、节约材料、施工文明和施工费用低等优点，我国自20世纪70年代引进此法后迅速在全国推广应用。大量工程实例证明，强夯法用于处理碎石土、砂土、低饱和度的粉土与黏性土、湿陷性黄土、素填土和杂填土等地基，一般均能取得较好的效果。对于软土地基，一般来说处理效果不显著。

强夯置换法是采用在夯坑内回填块石、碎石等粗颗粒材料，用夯锤夯击形成连续的强夯置换墩。强夯置换法是20世纪80年代后期开发的方法，适用于高饱和度的粉土与软塑—流塑的黏性土等地基土对变形控制要求不严的工程。强夯法虽然已在工程中得到广泛的应用，但有关强夯机理的研究，至今尚未取得满意的结果。因此，目前还没有一套成熟的设计计算方法。此外，强夯置换法具有加固效果显著、施工期短、施工费用低等优点，目前已用于公路、机场、房屋建筑、油罐等工程，一般效果良好，个别工程因设计、施工不当，加固后出现下沉较大或墩体与墩间土下沉不等的情况。

强夯和强夯置换的施工机械要求如下：

1. 起重机械

起吊夯锤用的机械设备一般选用履带式起重机（起重量分别有15t、20t、25t、30t和50t几种），其稳定性好，在施工场地行走较方便。在夯锤重量、落距大时，还可以在吊臂两侧辅以门架防止落锤时机架倾覆，提高起重能力。

2. 自动脱钩装置

当采用履带式起重机作为强夯起重设备时，一般是通过动滑轮组用脱钩装置来起落夯锤。脱钩装置要求有足够的强度，使用灵活，脱钩快速、安全。自动脱钩器由吊环、耳板、销环、吊钩等组成。拉绳一端固定在销柄上，另一端穿过转向滑轮，固定在悬臂杆底部横轴上，当夯锤起吊到要求高度时，升钩拉绳随即拉开销柄，脱钩装置开启，夯锤便自动脱钩下落，同时自动复位。

3. 夯锤

夯锤设计原则是重心低，稳定性好，产生负压和气垫作用小。一般夯锤用钢板作外壳，内部焊接钢筋骨架后浇筑混凝土，一般为圆形（圆台形），此外也有方形。方形锤虽制作简单，但起吊时由于夯锤旋转，难以保证前后几次夯击的夯坑重合，结果造成锤角与夯坑壁接触，使一部分夯击能消耗在坑壁上，对夯击效果有影响。锤底面积可按土的性质确定，锤底静接地压力值可取25kPa～40kPa，对于饱和细颗粒宜取较小值。夯锤底面设上下贯通的排气孔，以利空气迅速排走，减小阻力，同时减小起锤时，锤底与土面形成真空产生的吸附力。排气孔的孔径一般为250mm～300mm。国内夯锤质量一般为8t、10t、16t、25t。

某盐渍土地基采用质量10t、直径2.1m的夯锤，起重设备为15kN履带吊车，单点夯的落锤高度分别为5m和10m，夯击能分别为500kJ和1000kJ。落锤高度相同，夯击次

图 4.5-1　强夯法处理盐渍土地基

数不同时，地基土的累计沉降量随夯击次数增加，夯击最初 4 次，每次夯击量增加幅度较大，其后随之减小，夯击 8～10 次以后，每击的夯沉量显著减小，约为 3cm～4cm/击，最后两击夯沉量之差为 1cm～2cm，夯至 18 击后，单点夯击能 500kJ 的总夯沉量为 654mm，1000kJ 夯击能的总夯沉量为 790mm，夯击坑四周没有隆起现象，坑内有松动浮土约 10cm～20cm（图 4.5-1）。为检验强夯处理效果，分别进行了强夯前后的浸水载荷试验，结果显示强夯后地基土的 p-s 曲线没有出现拐点，变形模量较高，在各级压力下浸水均无溶陷性，夯后深度 3.0m 处的地基，在 200kPa 压力下，浸水溶陷量也只有 1.3cm。

4.5.3　换填法

对于溶陷性较高但层厚不大的盐渍土采用换填法消除其溶陷性是较为可靠的，即把基础下一定深度范围内的盐渍土挖除，如果盐渍土层较薄，可全部挖除，然后回填不含盐的砂石、灰土等换填盐渍土层，分层压实。作为建筑物基础的持力层，可部分消除或完全消除盐渍土的溶陷性，减小地基的变形，提高地基的承载能力。

换填法涉及挖方和填方，因此盐渍土层厚度成为是否选择换填法的一个制约条件。如盐渍土层厚度偏大，全部采用换填法就显得不经济。此外，当地下水埋深较浅时，一方面对换填施工造成很大难度，另一方面，在换填过程中如不对地下水进行有效隔离，换填结束后的新地基可能会因为地下水的毛细和蒸腾作用，再次成为盐渍土，导致处理失效。

盐渍土地基的换填处理，一般采用砂石垫层，在具有较好经验的相关地区，也可以取用风积沙作为垫层材料。在盐渍土地区，有的盐渍土层仅存在于地表下 1m～5m 厚，对于该情况，可采用砂石垫层处理地基，将基础下盐渍土层全部挖除，回填不含盐的砂石材料，应注意，此种方法仅适用于当盐渍土层不厚时、可全部替换的情况。因砂石垫层透水性较好，如果砂石垫层下还残留部分溶陷性盐渍土层时，则地基浸水后同样会产生溶陷。采用砂石垫层是针对完全消除地基溶陷而言，其挖除深度随盐渍土层厚度而定，但一般不宜大于 5m，太深会给施工带来较大困难，也不经济。砂石垫层的厚度应保证下卧层顶面处的压应力小于该土层浸水后的承载力，还应保证垫层周围盐渍土溶陷时砂石垫层的稳定性，如果垫层宽度不够，四周盐渍土浸水后产生溶陷，强度降低，垫层就有可能部分被挤入侧壁的盐渍土中，使基础沉降增大。

当换填深度未能超过溶陷性和盐胀性土层的厚度时，才存在残留的盐渍土层的溶陷量和盐胀量。

对换填材料一般有如下要求：

（1）砂石：宜采用级配良好、质地坚硬的粒料，其颗粒的不均匀系数不小于 10，以中、粗砂为好，不得含有草根、垃圾等杂物，含泥量不大于 5%。碎、卵石最大粒径不大于 50mm，一般为 5mm～40mm 的天然级配，含泥量不大于 5%。

（2）石屑：其粒径小于 2mm 部分不得超过总重的 40%，含粉量（粒径小于 0.074mm）不得超过总重的 9%，含泥量不大于 5%。

（3）素土：土料中有机质含量不大于 5%，不得含有冻土或膨胀土。当含有碎石时，其粒径不宜大于 50mm。

（4）灰土：石灰剂量，系按熟石灰占混合料总重的百分比计，一般为 8%，磨细生石灰为 6%。土料宜用黏性土，塑性指数大于 15，不得含有松软杂质，并应过筛，其颗粒粒径不大于 15mm。石灰宜用新鲜的生石灰，其颗粒粒径不大于 5mm，不得夹有半熟化的生石灰块，其质量要求通常以 CaO＋MgO 含量不低于 55% 控制。

4.5.4 盐化法

对于干旱地区含盐量较高、盐渍土层很厚的地基土，可考虑采用盐化处理方法，即所谓的"以盐制盐"，在建筑物地基中注入饱和或过饱和的盐溶液，形成一定厚度的盐饱和土层，使地基土发生如下变化：（1）饱和盐溶液注入地基后随着水分的蒸发，盐结晶析出，填充原来土中的孔隙，并可起到土颗粒骨架作用；（2）饱和盐溶液注入地基并析出后减小了原来的孔隙比，使盐渍土渗透性减小。地基经盐化处理后，由于本身的致密性增大，透水性减小，既保持或增加了原土层较高的结构强度，又使地基受到水浸时也不会发生较大的溶陷，这在地下水位较低、气候干燥的西北地区是有可能实现的，特别是与地基防水措施结合起来，将是一种经济有效的方法。相关试验结果表明，盐化法可使处理后的盐渍土地基浸水的沉降减小到处理前浸水沉降的 1/5～1/7。

该法仅宜于在西部干旱地区一般轻型建（构）筑物中结合表层压实法一起使用。

地基盐化法处理的施工，可采用大开挖，对整个基坑底面全部进行盐化处理，如果不是大开挖也可对某一柱基或条基进行盐化处理，无论哪种方法，盐化处理的范围都尽量大于基础外缘 2.0m，开挖到基础设计标高后注入饱和盐溶液，饱和盐溶液要从基础的四角注入。

盐化用盐一般可采用工业锅炉用盐或一般食盐，水可用当地饮用自来水，也可直接用当地的盐湖水来代替。施工现场应备有若干较大的空油桶或容器，以备饱和盐溶液的加工。

相关单位在青海西部盐渍土地区进行盐化法处理，发现其优点是：可就地取材，降低造价；施工简便，消耗人力物力少；施工周期短，如与防水措施结合使用，更增强了建筑物安全使用的可靠性。

青海某工程将盐化处理和防水处理应用于污水处理厂外输泵房工厂，该厂房为单层排架结构，带有 20kN 吊车，厂房内有四台污水处理泵，地面常有水。地基土主要为中砂和粉质黏土交替出现，土体含盐量为 0.53%～2.99%，泵房柱基础和条形基础的基坑全部进行了盐化处理，地面和集水沟用沥青砂进行水平和垂直防水处理，保证了防水层出现漏水的情况下，经盐化处理后的地基也不会出现较大的沉陷。外输泵房建成后，对盐化处理过的地基进行了人工浸水试验，地基没有出现过大变形和不均匀沉降，而同一地点未经盐化处理的库房经同样浸水后迅速出现裂缝。

4.5.5 盐渍土地基处理方法对比

前述为盐渍土地区地基处理的常用方法，具体选用时应结合地方经验并针对盐渍土种类、地基基础设计要求等综合考虑。各种方法主要适用范围对比总结见表 4.5-1。

盐渍土地基处理方法对比表　　　表 4.5-1

对比因素 地基处理方法	适用范围	处理深度	优缺点
浸水预溶法	厚度较大,渗透性较好的砂、砾石土及粉土等	处理深度与土体渗透性有关,一般能够满足设计要求	优点:直接降低盐渍土的含盐量,施工方便,成本相对较低 缺点:用水量大,需要充足的水源,浸水场地应与已建场地之间有足够的安全距离,浸水时间长
强夯法	结构松散,具有大孔隙或架空结构的低密度盐渍土,例如碎石土、砂土、低饱和度的粉土与黏性土等	处理深度与夯击能、夯击次数等有关,处理深度约为 4～11m	优点:利用夯击能直接增大土体重度,提高土体承载能力。 缺点:噪声污染,对相邻建筑物有影响,处理深度与夯击方法关系密切,需试夯
换填法	适用于位于地表,厚度不大的盐渍土	处理深度一般为 1m～5m	优点:直接换为非盐渍土,消除换填范围内盐渍土的影响。 缺点:仅适用于盐渍土层不厚的情况,厚度较大时,会增大换填量,不经济
盐化法	适用于较干旱区域,层厚较厚的盐渍土层	处理深度与盐溶液能够渗入的深度有关	优点:可就地取材,制取盐溶液,施工简单,周期短 缺点:不确定性大,需要提前进行试验,确定可行性

4.6　盐渍土地区设计技术措施

盐渍土地区的各类建(构)筑物设计时,应综合分析地基承载力及其变化、地基溶陷等级与地基总溶陷量、地基盐胀等级与地基总盐胀量、盐渍土对地基基础及地下构筑物、管线的腐蚀性等因素。具体在设计过程中主要分为防水排水设计、建筑与结构设计、防腐设计等几方面内容。对于不同的建筑物类别和地基变形等级采取设计措施见表 4.6-1。

设计措施选择表　　　表 4.6-1

地基变形等级 建筑物类别	I 70mm～150mm	II 150mm～400mm	III ≥400mm
甲级	[1]+[2]或[1]+[3]	[1]+[2]+[3]	[1]+[2]+[3]+[4]或[1]+[3]+[4]
乙级	[1]或[2]或[3]	[1]+[2]或[1]+[3]	[1]+[2]或[1]+[3]或[1]+[4]
丙级	[0]	[1]	[1]

注:表中 [0] 表示不需要采取措施;[1] 表示防水措施;[2] 表示地基处理措施;[3] 表示基础措施;[4] 表示结构措施。

4.6.1　防水排水设计

盐渍土中盐分发生的各种作用与现象,几乎都与水有关。盐渍土地区工程建设所发生的各种工程危害的根源一般在于水。要保证盐渍土地区工程建设的安全,防水是最基本的措施,应在设计阶段给予高度重视。

1. 场地排水设计

(1)山前倾斜平原地区的建设场地,场外应设截水沟,并建立地表水排水系统,确保排水、排洪通畅。

（2）建（构）筑物周围 6m 以内的场地坡度应大于 2%，6m 以外应大于 0.5%；建（构）筑物周围 6m 范围内为防水监护区，其内不宜设水池、排水明沟、直埋式排水管道、绿化带等。

（3）所有排水设施应有防渗措施。

2. 地面防水设计

（1）建（构）筑物周围应及时回填并做好散水处理，散水坡宽度应大于 1.0m，坡度应大于 5%。散水宜采用现浇混凝土，其下应设置 150mm～200mm 硬质不透水层，与外墙交接处应做柔性防水处理。

（2）经常受水浸或可能积水的地面，应做防水地面，其下也应设 150mm～200mm 的防水层。

（3）在中盐渍土至超盐渍土地区，建（构）筑物的室内地面、室外地坪、场地道路与盐渍土层之间均应设置隔离层或隔断层，其宽度应大于基础宽度 100mm～200mm，使用耐久性应确保与建（构）筑物设计使用年限一致。

（4）有下列情况之一时，可采用架空地板：

1）地面不允许出现裂缝或局部变形；

2）地下水位接近室内地面；

3）地基土为强盐渍土至超盐渍土；

4）地基土为盐胀性盐渍土。

3. 管道防渗

（1）应防止管道渗漏，在管道接头处设置柔性防水，重要部位设置检漏井、检漏管沟、集水井等，这些装置自身也应有防渗功能。

（2）各类管道穿过墙、梁、井、沟时，应采用柔性防水接头。

4. 其他

（1）对沉降缝、伸缩缝、抗震缝等应对两侧墙体自地坪起 1.0m 范围内采取防水措施，并与墙体其他部分封闭。

（2）当构件受水、土影响有防水、防腐要求并且要求严格控制裂缝宽度时，构件侧面的分布钢筋配筋率不宜低于 0.4%，且分布钢筋间距不宜大于 150mm。

（3）建（构）筑物周边的绿化带应与建（构）筑物保持安全距离，防止绿化用水浸入基础下部。

4.6.2 建筑与结构设计

1. 建（构）筑物结构方案的选择

盐渍土地区建筑结构方案的选择宜选用整体性强、空间刚度大的结构形式，且建（构）筑物的长高比不宜大于 3.0；宜选用抗不均匀沉降能力强的结构；在以溶陷性为主的盐渍土地区，宜优先采用轻型结构和轻质材料；多层砌体结构不宜采用纵墙承重体系；强盐胀场地的低层房屋宜适当增加基础埋置深度。

2. 砌体结构设计

设计等级为甲级、乙级的建（构）筑物的设计应符合下列规定：

（1）砌体内配置通长钢筋网片，钢筋网片宜焊接，不宜绑扎。

（2）烧结普通砖强度等级不得低于 MU15，混凝土砌块强度等级不得低于 MU10，砌筑砂浆强度不得低于 M10。

（3）在同一单元不宜内外纵墙转折。

（4）门窗洞口布置宜整齐、适中、上下对齐，且应设钢筋混凝土过梁，过梁的支承长度每边不应小于 240mm。

3. 圈梁设计

（1）对于多层房屋，在基础顶面、屋面处以及每层楼板处均应设置一道钢筋混凝土圈梁。

（2）对于单层厂房，除基础顶面和屋盖处各设置一道钢筋混凝土圈梁外，当墙高大于 3m 时，沿墙高每隔 3m 应增设一道钢筋混凝土圈梁。

（3）圈梁应在所有内外纵横墙同一标高上贯通闭合；当不能闭合时，应采取加强措施。

（4）基础顶面处圈梁的高度不宜小于 240mm，其他位置不宜小于 180mm，圈梁的宽度不宜小于 240mm。

（5）基础顶面处圈梁的纵向钢筋不宜少于 6Φ12，其他位置不得少于 4Φ12，圈梁箍筋的间距宜为 200mm，但在有水源的开间及其毗邻开间，底层圈梁的箍筋间距宜加密；圈梁混凝土强度等级不宜低于 C25。

（6）圈梁与构造柱或框架、排架柱应有可靠连接。

4. 构造柱设计

（1）在有水源的开间及其毗邻开间的房屋四角宜各设置一根钢筋混凝土构造柱。

（2）钢筋混凝土构造柱与芯柱纵向钢筋不宜少于 4Φ12，箍筋间距宜为 150mm～200mm；构造柱混凝土强度等级不宜低于 C25。

（3）构造柱和芯柱应与墙体紧密拉结成整体。

5. 中盐渍土至超盐渍土地区

（1）盐渍土至超盐渍土地区采用桩基础时，应符合下列规定：

1）宜采用钢筋混凝土实心预制桩，并采取有效的防腐措施；

2）应分析桩周土浸水溶陷产生负摩阻力的可能性；

3）在 B 类使用环境条件下，应通过现场浸水载荷试验确定桩的承载力。

（2）在中盐渍土至超盐渍土地区，不宜采用各种类型的壳体等薄壁型基础。

6. 其他

（1）单层钢筋混凝土厂房，墙与柱或基础梁、圈梁与柱之间应采用拉结钢筋连成整体。

（2）厂房内吊车顶面与屋架下弦之间应留有不小于 200mm 的净空。

（3）建（构）筑物中有管道穿过墙体时，管道周边应预留 100mm～200mm 的间隙。

（4）在以盐胀为主的盐渍土地区，宜采取加大基底附加压力的措施约束盐胀变形，或适当增大基础埋深，减少盐胀引起的差异变形。

4.6.3　防腐设计

1. 砌体结构防腐措施

（1）室外部分地表向上 1m 以内的区段以及干湿交替和冻融循环的部位应作为采取防腐措施的重点部位。

（2）应将提高建筑材料自身的抗腐蚀能力作为重要的防腐措施。

（3）选用混凝土外加剂时，以硫酸盐为主的腐蚀环境，可选用减水剂、密实剂、防硫酸盐添加剂等。

（4）在以上措施尚不能满足防腐要求时，可在建（构）筑物受腐蚀侧外表面进行涂覆、渗透、隔离等处理，采取加防腐涂料、浸透层、玻璃钢、耐腐蚀砖板、聚合物防腐砂浆等措施。

2. 混凝土防腐措施

在满足结构受力要求的前提下，其防腐蚀措施可按表 4.6-2 选用。

防腐蚀措施   表 4. 6-2

项　　目		环境等级		
		弱	中	强
内部防腐措施	水泥品种	普硅水泥、矿渣水泥	普硅水泥、矿渣水泥、抗硫酸盐水泥	普硅水泥、矿渣水泥、抗硫酸盐水泥
	混凝土最低强度等级	C30	C35	C40
	最小水泥用量（kg/m³）	300	320	340
	最大水灰比	0.5	0.45	0.4
	保护层厚度（mm）	≥50	≥50	≥50
	外加剂	—	阻锈剂、减水剂、密实剂等	阻锈剂、减水剂、密实剂等
外部防腐措施	干湿交替	—	沥青类、渗透类涂层	沥青类、渗透类、树脂类涂层、玻璃钢、耐腐蚀砖板砖层等
	湿	—	防水层	防水层
	干	—	—	沥青类涂层

3. 不同盐分环境下的防腐设计

（1）氯盐为主的环境下不宜单独采用硅酸盐或普通硅酸盐水泥作为胶凝材料配制混凝土，应加入 20％～50％的矿物掺合料，并宜加入少量硅灰。水泥用量不应少于 240 kg/m³。

（2）硫酸盐为主的环境下不宜采用灰土基础，石灰桩、灰土桩等；水泥宜选用铝酸三钙含量小于 5％的普通硅酸盐水泥或抗硫酸盐水泥，配置混凝土时宜掺加矿物掺合料。

4. 其他

（1）普通钢筋应优先选用 HRB335 级和 HRB400 级钢筋，受力钢筋直径不应小于 12mm，当构件处于可能遭受强腐蚀的环境时，受力钢筋直径不应小于 16mm。

（2）对于中等腐蚀性至强腐蚀性环境下的混凝土构件中的钢筋构件应与浇筑在混凝土中并部分暴露在外的吊环、紧固件、连接件等铁件隔离。

4.7　盐渍土地区施工技术措施

对于盐渍土地区的工程建设而言，合理的设计是很重要的，但是施工同样关键，不应被忽视。因为盐渍土的危害在施工阶段就可能显现出来，或在施工阶段就可能蕴藏着使建筑物发生破坏的潜在因素。实践也确实表明，在盐渍土地区的工程施工中常常存在下列问题：

（1）施工单位素质差，水平低，在施工准备阶段不能做出详细的施工组织设计方案；在施工阶段，管理混乱，现场设施布局、建筑材料堆放杂乱无章，结果造成施工用水乱放乱排，浸入地基，发生溶陷，使正在施工中的建筑物发生破坏，甚至有可能会使附近已建好的建筑物都受到影响。

（2）为抢工期，施工现场的排水泄洪设施尚未完成，就仓促进行主体工程的施工，造成雨水等侵入地基，发生溶陷破坏事故。

（3）施工不彻底，只抓主体工程，而对地下给排水管道、水井和管沟等隐蔽工程质量不重视，或在竣工后施工用水管道未及时拆除，结果又可能发生管道漏水侵入地基，造成危害。

（4）对建筑施工材料不加以选择或不严格检验，如使用含盐量大的水搅拌混凝土和砂浆或对含盐量大的砂子不注意清洗，使大量的盐分进入混凝土或砂浆之中，这些盐分会侵蚀混凝土、钢筋或砖石砌体，逐渐导致结构发生破坏。

由上述问题可见，对于盐渍土地区的工程来说，施工阶段确有它独有的特点，必须慎重对待，必须采取一些相应的特殊措施，才能保证建筑物或其他工程设施的顺利建成且安全耐久。

4.7.1　施工前准备

1. 施工前准备工作

施工前应完成下列工作：

（1）熟悉岩土工程勘察报告、施工图纸等资料；

（2）结合现场实际情况，了解本地区盐渍土地基、基础处理经验，编制施工组织设计或施工大纲；

（3）平整施工场地，做好原地面临时排水设施，清除地表盐壳和不符合设计要求的表土，并碾压密实；对过湿或积水洼地以及软弱地基，应按设计要求做好排水、清淤换填工作；

（4）根据施工需要修建护坡、挡土墙等；

（5）进行工艺性试验，确定施工工艺流程及有关工艺参数。

2. 施工的时间和程序安排

施工的时间和程序安排应符合下列规定：

（1）施工时间选择应结合当地盐渍土的水盐状态，宜在枯水季节施工，不宜在冬期施工；

（2）在冬期或雨期进行施工时，应采取防冻、防雨雪、排洪等防止管道冻裂漏水以及突发性山洪侵入地基、基坑等措施；

（3）应先施工建（构）筑物的地下工程和埋置较深、荷载较大或需要采取地基处理措施的基础，基坑应及时回填、分层夯实；

（4）敷设管道时，应先施工排水管道，并确保其畅通。

4.7.2　防水排水工程施工

施工用水和施工场地的排水问题不容忽视，施工给排水管道布置情况应绘制在施工总平面图上。施工中必须按设计要求，做好施工场地及附近的临时排水设施，并尽量与永久性排水设施相结合。

1. 场地排水施工

（1）施工前应布置好排水系统，施工过程中应保持排水系统畅通，并应使场地及其附近无积水。

（2）排水困难的场地或基坑有被水淹没的可能时，应在场地外设置排水系统、护坡或挡土墙；在地下水位较高场地，除挡导地表水外，应在坑底设置集水井、排水沟，以降低场地的地下水位。

2. 地下管、沟、集水井、检漏井、防（检）漏沟敷设

（1）各种管材及其配件进场时，应按设计要求和国家现行有关标准进行检查，管道敷设前尚应对管材及其配件的规格、尺寸和外观质量逐件检查；并应抽样试验，严禁使用不合格产品。

（2）管道及其附属构筑物的施工，宜采用分段快速作业法；管道应与管基（或支架）密合，管道接口应严密不漏水；新、旧管道连接时，应先做好排水设施；管道敷设完成后，应及时回填、加盖或封面；检漏井等的地基与基础，应在邻近的管道敷设前施工完毕。

（3）地下管、沟、集水井、检漏井、防（检）漏沟等的施工，必须确保砌体砂浆饱满，混凝土浇捣密实，防水层严密不漏水；管道穿过井（或沟）时，应在井（或沟）壁处预留洞孔，管道与洞孔间的缝隙，应用不透水的柔性材料填塞；铺设盖板前，应将井、沟底清理干净；井、沟壁与基槽间，应用素土分层回填夯实，其压实系数不应小于 0.90。

（4）管道、井、沟（漕）等施工完毕，应进行压水或注水试验，不合格的应返修或加固，重做试验，直至合格为止。

3. 地基中隔水层的铺筑

（1）盐渍土地基中隔水层材料宜采用土工合成材料中的复合土工膜或土工膜。采用二布一膜的复合土工膜时，可不设上、下保护层；采用一布一膜的复合土工膜时，可仅在有膜的一面设保护层；采用土工膜时，应设上、下保护层。保护层材料宜采用砂料，其粉粒和黏粒含量应小于 15%。

（2）土工合成材料铺设时应采取全断面铺设，并铺设平展且紧贴下承层，无褶皱。铺设中应确保其整体性，相邻两幅采用焊接或缝接时，其接头应摺向下坡方向；当搭接时，搭接宽度应大于 200mm。铺设完后应检查有无破损处，有破损时应在破损处的上面加铺能防止破损处漏水的土工合成材料进行补强。

（3）土工合成材料铺设时表面平整度与横坡应符合设计要求。

（4）土工合成材料铺设完成后，严禁行人、牲畜和各种车辆通行，并应及时填筑保护层或填料，避免受到阳光长时间的直接暴晒。第一层填料应采用轻型推土机、前置式装载机或人工摊铺，厚度不得小于 300mm，土中不得夹有带棱角的石块；在距土工合成材料层 80mm 以内的填料，其最大粒径不得大于 20mm。运料车应采取倒行卸料或人工倒运摊铺的方法。

（5）在土工膜上填筑粗粒土时，应设上保护层。保护层摊平后先碾压 2 遍～3 遍，再铺一层粗粒土，与上保护层一起碾压，保护层总厚度不应大于 400mm。

4.7.3　基础与结构工程施工

1. 基坑的开挖和施工

（1）基坑开挖时，应防止坑壁坍塌；基坑挖土接近基底设计标高时，宜在其上部预留 150mm～300mm 土层，待下一工序开始前继续挖除。

（2）当基坑挖至设计深度时，应进行验槽；验槽后，宜及时浇筑混凝土垫层或采取封闭坑底措施，严禁基坑浸水。

2. 其他

（1）各种管沟穿过建（构）筑物的基础时，不宜留施工缝；当穿过外墙时，宜一次做到室外的第一个检查井，或距基础 3m 以外；沟底应有向外排水的坡度，施工完毕，应及时清理、验收、加盖和回填。

（2）地下工程施工到设计地坪后，应进行室内和室外回填土施工，回填料应为非盐渍土，压实度应符合现行国家标准《建筑地基基础设计规范》GB 50007 的规定；上部结构施工期间应针对回填土采取防水措施。

（3）应安排基础施工、防水层（隔水层）施工、防腐层施工、回填土施工等施工工序。

（4）当预制桩采用预钻孔方法施工时，钻孔直径应小于桩径，钻孔深度应浅于设计桩尖标高 0.5m～1.0m。

4.7.4　防腐工程施工

1. 建筑材料含盐量控制

（1）成品砖的含盐量应符合表 4.7-1 规定。

成品砖的含盐量　　　　　　　　　　表 4.7-1

盐种类	含盐量控制指标(mg/kg)	备　　注
SO_4^{2-}	<700	超过者用水浸出至合格
Cl^-	<5000	

（2）混凝土、砂浆用砂的含盐量应符合表 4.7-2 的规定。

砂的含盐量　　　　　　　　　　表 4.7-2

盐种类		含盐量(%)	规　　定
NaCl	有钢筋	≤0.04	可直接使用
		>0.04，≤0.10	设计等级为甲级、乙级的建(构)筑物掺钢筋阻锈剂
		>0.10，≤0.30	掺钢筋阻锈剂
		>0.30	不宜采用
	无钢筋	≤0.30	可使用
		>0.30	不宜采用
SO_4^{2-}		≤0.10	可使用
		>0.10，≤0.30	一般工程可用
		>0.30	不宜采用

（3）混凝土搅拌、砂浆搅拌用水的含盐量应符合表 4.7-3 规定。

施工用水中含盐量 表 4.7-3

盐种类	含盐量(mg/L)	规 定
Cl⁻	≤300	可直接使用
	>300，≤600	一般工程可直接使用，设计等级为甲级、乙级的建(构)筑物掺钢筋阻锈剂
	>600，≤3000	掺钢筋阻锈剂
	>3000	不宜采用
SO₄²⁻	≤300	可直接使用
	>300，≤1000	一般工程可用
	>1000	不宜采用

2. 防腐层施工

涂抹防腐层的混凝土结构物的表面，应坚实平整、无裂缝及蜂窝麻面，表面干燥，强度应符合设计要求；涂抹高度应高于接触盐渍土或矿化水的部位 0.5m～1.0m；沥青防腐层宜分两层施工，厚度为 2mm～5mm。

3. 外加剂的选用

因盐渍土本身已具腐蚀性，故要求不再掺入氯盐、硫酸盐作为混凝土外加剂等是十分必要的。否则钢筋混凝土结构将受到内、外盐腐蚀，造成更大危害。所以，

(1) 在中、强腐蚀环境中，应选用非氯盐和非硫酸盐外加剂；

(2) 所用外加剂不得促进盐腐蚀作用，并确保对混凝土的质量及耐久性无危害作用。

4.8 盐渍土地基的质量检验

4.8.1 防水工程的质量检验

防水工程的质量检验应注意下列内容：

(1) 场区防洪工程应检查排洪系统的系统性、连通性、完整性和排洪能力；

(2) 场内排水工程应检查雨水防渗、雨水排放、散水坡坡度等；

(3) 应检查各类排水管、沟、槽的基础稳定性、抗渗防漏性、密闭性与抗水压能力；

(4) 隔水层的施工应检验土工膜的抗拉强度、抗老化性能、防腐蚀性能、搭接宽度、焊接强度、保护层厚度等。

4.8.2 防腐工程的质量检验

防腐工程的质量检验应注意下列内容：

(1) 实测砖、砂、石、水等建筑材料的含盐量；

(2) 现场检测各类防腐涂料的产品质量和防腐涂层的施工质量；

(3) 现场控制各种防腐添加剂的用法和用量。

4.8.3 地基处理工程的质量检验

1. 换土垫层的质量检验

换土垫层质量检验应注重如下内容：

(1) 分层检验填料的含泥量、级配、含盐量等；

(2) 分层检验虚铺厚度；

(3) 分层检验压实系数。

2. 预压法质量检验

预压法质量检验应注重如下内容：

（1）检查水平向排水体的连通性和排水能力；

（2）监测堆载加荷过程中土体的沉降速率和侧向位移；

（3）用静力触探仪、十字板剪切仪、取土试样等方法评价预压法加固效果，检测数量不宜少于6处；

（4）设计等级为甲级、乙级的建（构）筑物应进行静载荷试验，评价加固后的地基承载力，每一个场地不宜少于3处。

3. 强夯法与强夯置换法的质量检验

强夯法与强夯置换法质量检验应注重如下内容：

（1）施工过程中应随时检查夯完后的夯坑位置，发现超过允许偏差或漏夯应及时纠正，施工结束后2周～4周，应对地基的处理效果进行检验；对黏性土和软土地基，宜由孔隙水压力观察结果确定检验时间；

（2）对于强夯法处理的地基，可采用标准贯入试验、静力触探、动力触探、十字板剪切、静载荷试验和室内土工试验等方法检测地基土强度的变化情况，评价强夯的效果；

（3）对于强夯置换法处理的地基，可采用静载试验检验单桩承载力和桩体变形模量，采用超重型或重型动力触探检验桩体的密实度和桩长，采用标准贯入试验、静力触探、十字板剪切、静载试验和室内土工试验等方法检验桩间土强度的变化情况；

（4）确定软黏性土中强夯置换桩地基承载力特征值时，可不计入桩间土的作用，其承载力应通过现场载荷试验确定；

（5）对强夯法处理的地基，静载试验的数量宜为每 3000m² 1 处，且单体建筑不应少于3处；对于强夯置换法处理的地基宜为桩数的 0.5%，且不应少于3处；

（6）对强夯置换桩桩长的检验数量，宜为桩数的 1%～2%，且不应少于3处。

4. 砂石桩的质量检验

砂石桩的质量检验应注重如下内容：

（1）盐渍化软土宜在成桩结束 30d 后，按 1%～2% 的抽查频率，采用重型（N63.5）动力触探检测桩身密实度，采用静力触探、十字板、取土试样等方法检测桩间土的加固效果；

（2）宜在成桩 30d 后进行载荷试验，检验单桩承载力和复合地基承载力是否达到设计要求，抽查频率不宜少于 0.5%，且不应少于3处。

5. 浸水预溶法的质量检验

浸水预溶法的质量检验应注重如下内容：

（1）实测浸水下沉量和有效浸水影响深度；

（2）实测浸水预溶后的地基承载力和各项岩土参数。

6. 隔断层法的质量检验

隔断层法的质量检验应注重如下内容：

（1）应检测隔断层材料的抗拉强度，每一批次的检测数量不应少于3组；

（2）应检测隔断层的施工质量，重点检测接缝处的焊接质量、搭接宽度和铺设的平整度，焊接质量每 50m～100m 抽检一次；

（3）应检查上、下保护层的施工质量，保护层内不得有尖刺状物质，下保护层应平整。

4.9 盐渍土地基与场地的维护

4.9.1 地基与场地维护工作

在盐渍土地区，对各类建筑物存在着地基浸水溶陷、地面隆起以及材料腐蚀的现象和危害。对各类建筑物工程事故的调查分析表明，由于建筑物的维护管理不周，而造成在其使用期间产生的工程事故的占很大比例。因此，提高对建筑物、地基与场地的维护管理重要意义的认识，加强对维护管理的组织，制定相应的具体措施，采取合理对策，保证对建筑物维护管理工作的落实，是有效防治盐渍土地基对建筑物造成危害的一项重要工作。由于各地区盐渍土的地理特性不同，对建筑物的维护管理方法及内容也不尽相同，应该因地制宜，以达到实效。

4.9.2 地基与场地的维护监测

（1）设计等级为甲级、乙级的建（构）筑物应定期监测其周边、基础附近土体含盐量的变化情况，分析其变化趋势，判定其对建（构）筑物可能产生的影响，一般每2年检测一次。

（2）盐胀性盐渍土地区应定期监测地面变形，判定硫酸盐的集盐程度，宜在室内地面和室外道路、广场等重要部位或温差变化大的地点进行监测，监测次数宜为秋季、冬季、春季每月2次。

（3）对于大型和特大型建设项目，宜对下列因素进行长期观察：

1）对地下水水位进行长期观察，判定集盐过程的发展方向；

2）对气候干燥度和年度温差进行长期观察，判定集盐速率。

（4）建（构）筑物使用单位应对防水和防腐措施进行定期检查和记录，确保各种防水措施和防腐措施发挥正常作用。防水工程的检查维护每年不应少于1次，防腐工程检查每三年不应少于1次。

（5）给排水和热力管网系统应定期检查，遇有漏水或故障，应立即排除故障后方可使用。

（6）各种检漏井、检查井及其他池、沟等均应定期检查，不得有积水、堵塞物或裂缝。

（7）各种地面排水、防水设施的检查和维护应符合下列规定：

1）每年雨季或山洪到来前，对山前防洪截水沟、缓洪调节池、排水沟、集水井等均应进行检查，清除淤积物，确保排水畅通；

2）对建（构）筑物防护范围内的防水地面、排水沟、散水坡的伸缩缝和散水与外墙的交接处，室内生产、生活用水多的室内地面及水池、水槽等均应定期检查，不得有缝隙；

3）建（构）筑物的室外地面应保持原设计的排水坡度；

4）建（构）筑物周围6m以内不得堆放阻碍排水的物品，应保持排水畅通；

5）应定期对排水、防水设备进行检查。

（8）管道防冻检查和维护，应符合下列规定：

1）每年冻结期前，均应对有可能冻裂的水管采取保温措施；

2）暖气管道在送汽前，应进行防漏检查；

3）应定期对管道的接口部位进行检查。

本章参考文献

［1］　中华人民共和国住房和城乡建设部. 盐渍土地区建筑技术规范（GB/T 50942—2014）. 北京：中国
　　　计划出版社，2014.

［2］　徐攸在，等. 盐渍土地基. 北京：中国建筑工业出版社，1993.

［3］　新疆公路学会. 盐渍土地区公路设计与施工指南. 北京：人民交通出版社，2006.

第5章 场地土壤与地下水污染修复技术

5.1 土壤与地下水污染背景

目前，我国土壤与地下水污染总体形势严峻，部分地区污染严重，在重污染企业或工业密集区、工矿开采区及周边地区、城市和城郊地区出现了土壤重污染区和高风险区。2014年4月，环境保护部和国土资源部联合发布《全国土壤污染状况调查报告》，报告显示全国土壤环境状况总体不容乐观，部分地区土壤污染严重，耕地土壤环境质量堪忧，工矿业废弃地土壤环境问题突出，全国土壤总的超标率为16.1%，其中轻微、轻度、中度和重度污染点位比例分别为11.2%、2.3%、1.5%和1.1%。污染类型以无机型为主，有机型次之，复合型污染比重较小，无机污染物超标点位数占全部超标点位的82.8%。从污染分布情况看，南方土壤污染重于北方；长江三角洲、珠江三角洲、东北老工业基地等部分区域土壤污染问题较为突出，西南、中南地区土壤重金属超标范围较大。全国地下水污染状况则更为严峻，据《2014年中国环境状况公报》显示，全国4896个地下水监测点中，约六成水质较差和极差。主要超标指标为主要超标指标为总硬度、铁、锰、溶解性总固体、三氮、硫酸盐、氟化物等。

从污染类型来看，可以分为污染场地、污染农田等，污染现状为：

1. 污染场地

污染场地形势最为严峻，主要分布在重污染企业用地、工业废弃地、采矿区、工业园区、污染灌溉区等用地，超标点率介于20.3%～36.3%。污染特点集中表现在污染物浓度高、成分复杂、污染土壤深度大，土壤和地下水往往同时被污染。据估算，我国污染场地数量超过100万块。

城市工业污染场地方面：重污染行业城市污染场地面积估算为498km²，但这仅代表污染场地一部分，不包括搬迁遗留场地、关停污染企业污染场地等。从污染物种类来看，主要污染物为重金属、POPs、石化有机污染物3类。从涉及的行业看，主要为金属冶炼及压延加工企业、采掘以及化工行业、电子行业、石油、化工、焦化等。

矿山污染方面：在调查的70个矿区的1672个土壤点位中，矿山污染超标点位占33.4%，主要污染物为镉、铅、砷和PAHs。有色金属矿区周边土壤镉、砷、铅等污染较为严重。我国尾矿库分布较集中的地区有河北、山西、辽宁、河南、湖南、云南、广西、内蒙古、山东9个省区，约占全国尾矿库总数的77.5%。

油田污染方面：我国油田区土壤污染总面积约有480万hm²，占油田开采区面积的20%～30%。污染特点为油田污染土壤具有普遍性。落地原油是油田开发中产生的最重要土壤污染物、原油对土壤的初步污染多集中于0～50cm的表层。

非正规垃圾填埋场污染方面：我国非正规垃圾填埋场历年堆填量高达40多亿吨，侵占土地 5 亿多 m²，所在场地及周边的地下水已经不可避免地受到了污染，主要污染物为"三氮"（氨氮、硝酸盐、亚硝酸盐）及挥发性有机物和重金属等。

2. 污染农田

我国污染农田总点位超标率为 19.4％，且以轻微污染为主。从污染物来看，农田污染物主要为重金属、化肥及农药等。其中，重金属污染总体不容乐观，局部形势严峻，污染农田面积约 1.7～2.1 亿亩，主要分布在我国南方湘、赣、鄂、川、桂、粤等省区；农药、化肥、农膜、污水灌溉等也对农田造成了污染，同样不容忽视。

5.2   国外土壤与地下水污染修复发展概述

5.2.1   修复产业概况

二次工业革命之后，欧美等发达国家的工业化和城市化进程加快，但其所带来的粗放的环境安全管理模式、无序的工业废水排放或泄露以及矿渣的堆放，曾对土壤和地下水造成了严重的污染，污染事故频发，如美国 love 运河事件、荷兰 Lekkerker 事件、英国 Loscoe 事件、日本东京都铬渣污染事件等。为了应对并解决这一难题，20 世纪 80 年代以来，美国、欧洲等国外发达国家逐步将土壤和地下水污染问题纳入到国家环境管理体系中，并对污染场地的土壤和地下水修复开展了大量的研究与实践工作。在过去的 30 多年间，仅美国超级基金组织统计的土壤和地下水修复案例就有上千例。总体而言，国外发达国家修复产业经过三十余年的发展，无论从产业链条、政策法规还是资金来源等各方面目前都已趋于成熟，主要体现在以下几个方面：

（1）修复产业链条完善，走向精细化。场地调查评估、修复方案设计、修复工程实施、工程检测验收等各重要环节都已比较成熟及规范，基本实现了修复产业链的有序化和细分化。

（2）法律法规健全。国外很多发达国家均制定有专门的法律法规作为土壤与地下水污染防治的法律基础，形成了较为健全的法律法规体系。

（3）标准指南完善。国外发达国家的土壤与地下水修复治理相关标准和指南目前已比较完善，涉及调查评估、修复技术筛选与方案制定、场地修复工程实施、修复效果评估及验收等修复工程中的各个环节，能够科学系统地指导污染土壤和地下水修复工作。

（4）管理机制成熟。欧美等发达国家已广泛采纳了基于健康风险的土壤和地下水污染管理策略，并以场地分类机制为核心建立了各自的污染场地优先名录，实现了土壤和地下水污染管理的信息化和网络。

（5）资金来源与融资机制多样。国外发达国家通常以政府宏观政策为主体，设立了土壤与地下水修复专项资金，并大力完善环境经济政策，鼓励更多私营部门参与投资。

（6）修复技术多元化。土壤与地下水修复技术、原位与异位修复技术协同发展，各类修复技术都已基本实现工程化应用。

（7）市场份额较高。土壤与地下水修复产业是整个环保产业的重要组成部分，其所占环保产业的市场份额高达 30％以上。

5.2.2 修复产业发展支撑条件概况

1. 政策、法规

美国是世界上最早将土壤和地下水污染管理政策作为政府的行政职责和法律义务的国家之一，为了保护环境质量和公众健康，美国政府于 1976 年颁布了《资源保护与回收法》，其中对场地污染预防作了法律规定。1980 年美国国会又通过了《综合环境响应、赔偿与责任法案》（常称为超级基金法案），该法案是美国土壤与地下水污染防治体系的法律基础，其中规定了土壤与地下水污染的"潜在责任方"必须对土壤和地下水的污染负责并有清除污染的义务。此后《超级基金法案》又陆续进行了几次修订，逐渐完善。例如1986 年 10 月 17 日通过的《超级基金修正与重新授权法案》以及 2011 年补充制定的《小规模企业责任减轻与棕地振兴法案》。此外，美国的《固体废物处置法》《清洁水法》《安全饮用水法》《有毒物质控制法》等法律也涉及土壤和地下水的保护。总体来说，美国已形成了较为健全的土壤和地下水保护与污染治理的法律法规体系。

加拿大的土壤与地下水修复政策、法规的基本框架与美国十分相似，相关法律法规也具备如污染者付费原则、污染者责任可追溯力等特点。

英国从 20 世纪 70 年代就开始关注土壤和地下水污染问题，是欧洲最早进行土壤和地下水污染管理的国家之一。目前，英国在污染土壤和地下水修复和管理方面已设置了全面的法律框架，法规鼓励开发者（或投资者、土地转让者）对原有场地进行再开发利用，并且要求对再开发场地的土壤污染状况进行调查，在健康风险评价基础上，确定是否需要进一步的场地修复工作，另外，法规还制定了谁污染谁治理的付费原则。

日本是世界上最早发现土壤污染的国家。日本于 1970 年颁布了《农用地土壤污染防止法律》。此后于 1986 年颁布了《市街地土壤污染暂定对策方针》。2003 年，日本国会颁布了《土壤污染对策法》。与美国相类似，日本采用"谁污染谁治理"的原则，同时建立了修复基金，采用基于风险管理的方法修复污染场地。之后，日本于 2009 年 4 月颁布修订后的《土壤污染对策法》。

2. 标准、指南

国外发达国家在污染土壤和地下水修复相关标准和指南的编制方面已经开展了多年的研究和实践工作，相关标准和指南目前已比较完善，可为我国制定相关标准和指南提供丰富的资料和经验。具体各国在污染场地修复方面的相关标准和指南如表 5.2-1 所示。

各国污染场地修复相关标准和指南

表 5.2-1

国家	颁布部门	标准和指南名称	颁布时间
美国	美国环境保护署（USEPA）	CERCLA 修复调查和可行性研究导则（Guidance for conducting remedial investigations and feasibility studies under CERCLA）	1988 年
	美国环境保护署（USEPA）	CERCLA 可处理性研究导则（Guidance for conducting treatability studies under CERCLA）	1992 年
	美国环境保护署（USEPA）	CERCLA 可处理性研究导则之：生物降解技术修复选择（Guide for conducting treatability studies under CERCLA：biodegradation remedy selection）	1993 年
	美国材料与试验协会（ASTM）	基于风险和非风险情景下所考虑的修复措施选择标准（Standard guide for remedy selection integrating risk-based corrective action and non-risk considerations）	2009 年

续表

国家	颁布部门	标准和指南名称	颁布时间
美国	美国材料与试验协会（ASTM）	不断发展的污染场地概念模型的标准（Standard guide for developing conceptual site models for contaminated sites）	2008 年
	美国国防部环境技术转让委员会（Environmental Technology Transfer Committee of United States Department of Defense）	修复技术筛选矩阵和参考指南（Remediation technologies screening matrix and reference guide）	1994 年（第 2 版）
	新泽西州环境保护局（New Jersey Department of Environmental Protection）	污染土壤修复导则（Guidance document for the remediation of contaminated soils）	1998 年
	华盛顿州生态毒物清洁项目部（Washington State Department of Ecology Toxics Cleanup Program）	石油污染土壤修复技术导则（Guidance for remediation of petroleum contaminated soils）	1995 年
加拿大	加拿大环境部（Canadian Council of Ministers of the Environment, CCME）	加拿大污染场地管理导则（Guidance document on the management of contaminated sites in Canada）	1997 年
	加拿大环境部（Canadian Council of Ministers of the Environment, CCME）	污染场地国家分类体系导则（National classification system for contaminated sites, Guidance document）	2008 年（修订版）
	加拿大环境部全国污染场地修复项目组（The National Contaminated Sites Remediation Program of Canadian Council of Ministers of the Environment）	加拿大特定污染场地的土壤质量修复目标制定导则（Guidance manual for developing site-specific soil quality remediation objectives for contaminated sites in Canada）	1996 年
英国	环保局（the Environment Agency）	固化/稳定化技术处理污染土壤使用导则（Guidance on the use of stabilization/solidification for the treatment of contaminated soil）	2004 年
新西兰	新西兰环境部（New Zealand Ministry for the Environment）	污染土地管理导则（Contaminated land management guidelines）新西兰污染场地报告（Reporting on contaminated sites in New Zealand）	2011 年（修订版）
		污染土地管理导则（Contaminated land management guidelines）新西兰环境指导限值的分类和应（Hierarchy and application in New Zealand of environmental guideline values）	2011 年（修订版）
		污染土地管理导则（Contaminated land management guidelines）风险筛选体系（Risk screening system）	2004 年
		污染土地管理导则（Contaminated land management guidelines）分类和信息管理程序（Classification and information management protocols）	2006 年
	新西兰环境部（New Zealand Ministry for the Environment）	新西兰煤气厂污染场地评估和管理导则（Guidelines for assessing and managing contaminated gasworks sites in New Zealand）	1997 年
	新西兰环境部（New Zealand Ministry for the Environment）	新西兰石油烃类污染场地评估和管理导则（Guidelines for assessing and managing petroleum hydrocarbon contaminated sites in New Zealand）	1999 年

国家	颁布部门	标准和指南名称	颁布时间
澳大利亚	南澳环保署（EPA in South Australian）	环保局原地修复环境管理导则（EPA Guidelines for environmental management of on-site remediation）	2006 年
	南澳环保署（EPA in South Australian）	环保局导则：土壤生物修复技术（异位）（EPA guidelines：soil bioremediation（ex-situ））	2005 年
日本	日本国会	农用地土壤污染防止法律	1970 年
	日本环境省	市街地土壤污染暂定对策方针	1986 年
	日本国会	土壤污染对策法	2003 年

如表 5.2-1 所示，国外污染场地修复相关指南和标准涉及场地评估、修复技术筛选与方案制定、场地修复工程实施、修复效果评估与修复终止、场地关闭等修复工程中的各个环节。

3. 管理机制

美国、加拿大、英国、日本等发达国家对土壤和地下水污染的管理起始于 20 世纪的 70、80 年代。经过几十年的实践和积累，各国都形成了符合本国国情的土壤和地下水污染管理体系。

首先，美国、加拿大、英国、日本等发达国家都立足本国的实际情况，出台了土壤和地下水污染管理的法律法规，明确了土壤和地下水污染的责任主体，实现了"污染者付费"的原则，使责任追偿成为土壤和地下水污染管理中重要的资金来源。

其次，基于健康风险的土壤和地下水污染管理策略已经被美国、加拿大、英国、日本等国广泛采纳。定性和定量风险评估的结果对土壤和地下水污染是否需要修复以及修复的方案提供了指导性建议，并为各种修复方案的成本效益优选及最终修复方案设计提供了参考。基于不同类型风险（人体健康或生态风险）及风险水平（如高、中、低度风险），美国、英国、加拿大和日本都制定了各自相应的土壤指导值或筛选值。

最后，美国、英国、加拿大和日本都以场地分类机制为核心建立了各自的污染场地优先名录，为全国范围内的土壤和地下水污染管理提供了技术保障，实现了土壤和地下水污染管理的信息化和网络化。

4. 资金来源与融资机制

美国的污染土壤与地下水修复治理资金主要由污染的责任方承担，即发生污染的设施或场地的所有者来承担。在无法确定责任人的情况下，修复资金由联邦"超级基金"或州一级政府来承担。超级基金是迄今为止世界范围内最为著名的用于土壤和地下水污染修复的专项基金，该基金由美国国会通过立法建立，主要源自以下几个渠道：政府拨款、针对石油和化学产品征收的专门税、针对一定规模的企业征收的环境税、向《超级基金法》违规者征收的罚款和惩罚性赔偿款、从污染责任方收回的场地修复成本，以及基金的利息收益。此外，针对没有资金支持的棕地的修复，美国提供了政府赠款和贷款、税收优惠以及环境保险等其他资金来源途径。

在加拿大，由于污染场地拥有很高的市场价值，私营部门成为场地再开发的主要驱动力，因此，很多资金支持都是由私营机构提供。与此同时，政府也给予了一定的财政资金支持，例如联邦政府和加拿大城市联合会于 2000 年成立的绿色城市基金，该基金其中一个重要的资助范围就是污染场地的再开发利用。

在英国，很少有政府会参与具体的污染场地项目中来，私人开发商启动的污染场地再开发项目占所有重建项目的 75%。为了鼓励更多的私营部门参与投资，开发商可以利用税收来抵免修复的费用。在有限的政府资金中，英国设立了污染土地资本赠款，赠款主要帮助英国地方当局来支付 1990 年实施的《环境保护法》第 2A 部分规定的关于受污染土地制度下的修复项目需要支付的资本成本。此外，对于那些私人机构没有完成的再开发项目，英国政府将尽力促成由准民间组织和独立的公共机构来完成。

日本与美国相类似，以污染者负担原则为指导。规定土地的所有者以及污染者有义务采取必要措施。如果污染是由土地所有者之外的其他人造成的，土地所有者在实施污染去除等措施后，有权要求污染者承担费用。

5.2.3　修复技术现状与发展趋势

欧美等发达国家对土壤和地下水修复技术的研究起步于 20 世纪 80 年代，经过 30 多年巨额研发资金的投入以及大量工程项目经验的积累，土壤和地下水修复技术已得到长足的发展，各类修复技术都已比较成熟。

1. 修复技术应用现状

在美国，1995 年以前土壤修复技术主要采用异位方式，这一时期，土壤异位修复技术约占 60%；而在 1995 年以后，土壤原位修复技术应用比例明显增加，1995～2011 年期间，土壤原位修复技术应用比例约占 55%，已经超过土壤异位修复技术的使用次数（图 5.2-1）。英国土壤和地下水污染修复初期，异位修复技术曾经被视为是英国的主流，但在过去 10 年间，原位修复技术得到了巨大的创新和发展。根据 2005—2009 年的行业调查显示，原位化学技术的应用从 7.5% 上升至 17%；空气分离/排气技术的使用从 15% 上升至 30%。在英国，原位修复技术在未来应用当中的比重还将持续增加。

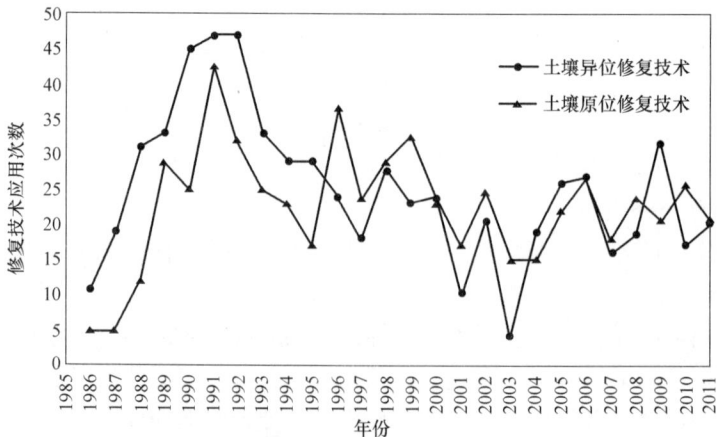

图 5.2-1　原位和异位土壤修复技术在美国超级基金场地中应用的变化趋势

20 世纪 90 年代后期，以美国为主的国外发达国家在修复实践的过程中逐渐认识到土壤修复技术的选择仍需考虑更多的现实因素，如场地修复经费的来源、未来的土地利用方式等，这使得土壤修复技术的筛选愈发合理。如为了节省经费，区别对待不同的土地利用途径对土地质量的要求，使修复目标科学合理，避免花费巨资对污染土壤进行过度修复。因此，在 90 年代后期，工程控制和制度控制在土壤修复中的应用比例逐步提高，把它和土壤处理技术结合起来作为整个修复计划的一部分，成为一种有效而低廉的修复手段。如表 5.2-2 所示，在最新的美国超级基金场地土壤修复决策记录中，制度控制和阻隔填埋在土壤修复技术中的使用比例分别高达 75％和 61％。

美国土壤修复技术应用现状 表 5.2-2

修复技术	选用次数（2009～2011 年）	所占比例（2009～2011 年）
制度控制	217	75％
阻隔填埋	176	61％
处理技术	119	41％

注：美国超级基金场地土壤修复决策记录数量：288（2009～2011 年）。

以美国为例，在 20 世纪 90 年代中期以前，地下水抽出处理是应用最为广泛的地下水修复技术（图 5.2-2），之后该技术的应用比例明显下降，从 70％下降至 20％左右（2009～2011 年），原因应归结为昂贵的开挖处理工程费用，而且该技术涉及地下水的抽提或回灌，对修复干扰也比较大。与此同时，随着对各类地下水修复技术研发工作的不断深入以及人们对地下水修复认识的提高，地下水原位处理技术、监控自然衰减技术以及制度控制日益受到人们青睐，图 5.2-2 清晰地显示地下水原位处理技术和监控自然衰减技术的应用比例从 1986 年以来一直稳中有升，而制度控制的使用从 90 年代中期以后也明显增加，特别是近年来几乎所有的美国超级基金场地的地下水修复行动都伴随着制度控制的使用。总体而言，从美国地下水修复技术的应用现状来看，传统的抽出处理技术所占比例仍在不断下降，原位处理技术、监控自然衰减技术和制度控制的应用比例则不断增加。

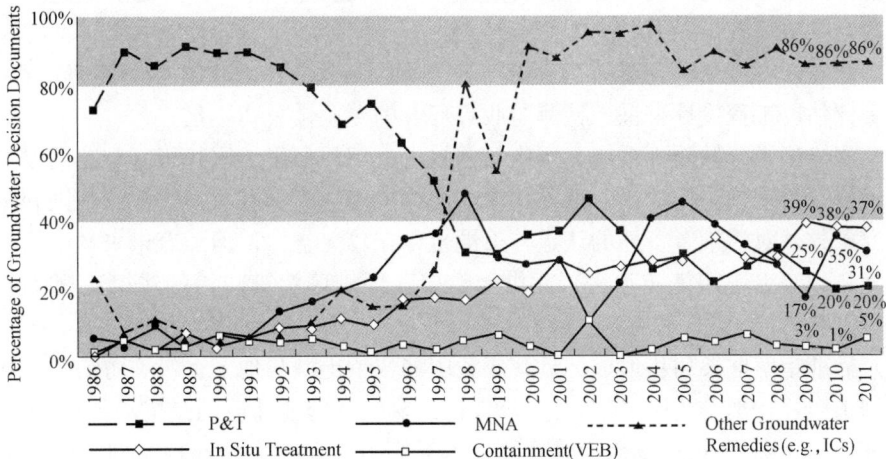

注：美国超级基金场地地下水修复决策记录数量：1919 条。

P&T—抽出处理技术；In Situ Treatment—原位处理技术；MNA—监控自然衰减技术；

Containment—封存阻隔技术；Other Groundwater Remedies（e.g.，ICs）—制度控制。

图 5.2-2　地下水修复技术在美国超级基金场地中应用的变化趋势

2. 修复技术发展趋势

原位修复、联合修复、绿色可持续修复代表了国外发达国家土壤和地下水污染修复技术的未来发展趋势，而其中绿色可持续修复技术已成为欧美各发达国家在污染场地修复中的核心理念，即在进行污染场地修复行动中，要尽可能地降低修复行动本身对环境造成的影响，把可持续发展的理念引入到污染场地修复中。例如美国环境保护署一直积极倡导"绿色场地"的修复理念，将污染场地修复过程对环境的影响分为能源消耗、水资源消耗、空气污染、固废产生、场地生态功能破坏和其他资源消耗六个部分，并制定了绿色修复战略目标和主要任务，包括制定研发技术导则和相关政策法规，制定污染场地风险管理全过程绿色化转变策略，开展绿色修复技术示范过程和评估技术研究等具体措施；美国伊利诺伊州环境保护署设计了嵌入环境影响指标的场地修复技术筛选矩阵；加利福尼亚州有毒物质控制局提出了促进绿色修复技术实施的行动计划。此外，欧盟也设立了推进绿色修复技术的相关组织和研究机构，例如欧洲土壤和地下水修复高效行动计划（EURODEMO）、欧洲工业场地修复网络（NICOLE）、土壤和地下水技术联盟（SAGTA）等，通过学术研究、举办论坛、公开宣传等方式积极推动绿色修复技术的推广使用。

5.3　国内土壤与地下水污染修复发展概述

5.3.1　修复产业概况

我国对土壤与地下水污染问题的处理起步较晚，2004年北京市迎接奥运会的地铁五号线施工导致的"宋家庄事件"，是开起我国修复产业的钥匙。"宋家庄事件"发生后，原国家环保总局于2004年发出通知，要求各地环保部门切实做好企业搬迁过程中的环境污染防治工作，特别是近年来，北京、上海、重庆、江苏、浙江、湖南等地纷纷开展了化工、农药、焦化等场地的调查评估和修复工作，并已成功完成了多个场地的土壤修复工作。但总体上看，国内修复产业发展历史仅10年，整个修复产业尚处于从起步向发展的过渡阶段，主要呈现出以下几个方面的特点：

（1）修复产业链尚不完善。行业内知名企业大多数为产业链终端的修复工程类公司，涉及调查评估、工程设计咨询、检测验收等环节的专业性公司不足。

（2）法律法规分散而不系统。国内目前缺少一部类似于美国超级基金法用以专门针对污染场地修复治理的法律法规，目前相关的法律法规缺乏具有可操作性的细则和威慑力的责任追究条款，对污染者责任的认定与追溯也存在较大空白，但随着未来《土壤污染防治行动计划》和《土壤污染防治法》相继出台，我国土壤污染防治的法律法规体系有望在"十三五"期间得到基本完善。

（3）标准指南框架初步形成。近几年我国加快了土壤与地下水污染防治相关标准与指南的编制工作，特别是2014年2月，环保部出台的《场地环境调查技术导则》《污染场地风险评估技术导则》《污染场地土壤修复技术导则》等5项污染场地系列的标准指南，为我国各地开展场地环境调查、风险评估、修复治理提供了重要的技术指导和支持。

（4）管理机制有待健全。国内对于污染场地管理机制的研究还处于起步阶段，相比于欧美等发达国家，中国尚未建立完善的污染土壤与地下水健康风险管理的技术支撑体系。

（5）资金来源与融资机制较为单一。"污染者付费"的治理模式在国内推广难度较大，修复资金目前仍主要依赖于政府的财政支持。

（6）修复技术相对简单粗放。以快速异位的土壤修复技术为主，自主研发的土壤原位修复技术和地下水修复技术严重不足，且相关的修复设备及药剂国产化程度不高。

（7）产业规模不大。我国土壤与地下水修复产业的产值尚不到环保产业总产值的1％，而这一指标在国外发达国家已达到30％以上。

5.3.2　修复产业发展支撑条件概况

1. 政策、法规

总结我国土壤与地下水污染防治相关的政策法规的发布历程主要经历了三个阶段。第一阶段为2002～2007年，我国开始涉及土壤环境保护，包括发布《关于切实做好企业搬迁过程中环境污染防治工作的通知》，修订《中华人民共和国土地管理法》等。第二阶段为2008～2012年，这段时期我国逐步重视土壤与地下水污染问题，相继发布了《国家环境保护"十一五"规划》《污染场地土壤环境管理暂行办法（征求意见稿）》《关于加强土壤污染防治工作的意见》《关于加强重金属污染防治工作的意见》《重金属污染综合防治"十二五"规划》《国家环境保护"十二五"规划》《全国地下水污染防治规划（2011～2020年）》《湘江流域重金属污染治理实施办法》《关于保障工业企业场地再开发利用环境安全的通知》等政策法规。第三阶段为2013年以来，我国开始加快土壤与地下水修复立法步伐，2013年1月国务院办公厅发布《关于印发近期土壤环境保护和综合治理工作安排的通知》，6月环保部发布《中国土壤环境保护政策》；2014年4月通过的《环境保护法》修订案增加了土壤修复的内容，5月环保部发布《关于加强工业企业关停、搬迁及原址场地再开发利用过程中污染防治工作的通知》，11月环保部发布《工业企业场地环境调查评估及修复工作指南（试行）》；2015年4月，国务院发布《水污染防治行动计划》，计划提出到2020年，地下水污染加剧趋势得到初步遏制，京津冀、长三角、珠三角等区域水生态环境状况有所好转。上述政策法规，为我国土壤与地下水污染防治法律法规体系提供了过渡期依据，也在一定程度上为防治工作提供了制度保障。

另外，2016年5月，国务院发布《土壤污染防治行动计划》（国发〔2016〕31号），明确了土壤污染防治的主要思路和重点任务，以及2030年的长期目标和2020年的短期目标。《土壤污染防治法》也已被列为全国人大第一类立法计划项目，预计将在2017年出台。总体来说，我国土壤污染防治的法规体系有望在"十三五"期间得到基本完善。

2. 标准、指南

近几年我国加快了土壤与地下水污染防治相关导则与指南的编制工作。2014年2月，环保部发布了《场地环境调查技术导则》《场地环境监测技术导则》《污染场地风险评估技术导则》《污染场地土壤修复技术导则》和《污染场地术语》5项污染场地系列环保标准，旨在为各地开展场地环境状况调查、风险评估、修复治理提供技术指导和支持，为推进土壤和地下水污染防治法律法规体系建设提供基础支撑。2015年初，环保部又发布了《农用地土壤环境质量标准》和《建设用地土壤污染风险筛选指导值》征求意见稿，向社会公开征求意见，此次两项标准作为《土壤环境质量标准》的修订稿，反映了当前对土壤环境变化规律以及土壤污染风险的认识程度，为将要出台的《土壤污染防治行动计划》提供了技术支撑，也预示着我国对土壤环境的污染防治将进入兼顾保证土壤质量和控制环境风险的新阶段。2015年6月为落实水污染防治行动规划，推进地下水污染防治工作，环保部又发布并试行实施《地下水环境状况调查评价工作指南》《地下水污染模拟预测评估工作指南》《地下水污染健康风险评估工作指南》《地下水污染防治区划分工作指南》《地下水污染修复（防控）工作指南》等五个文件。中国环保产业协会 2016 年 2 月启动了《污染场地勘探技术指南》《污染场地采样技术指南（含底泥）》《污染场地阻隔技术指南》《污染场地建（构）筑物拆解技术指南》《铬污染土壤异位治理技术指南》《污染场地绿色可持续通则》等 7 项标准制定工作。

在国家的带动下，加快了相关省份如北京、重庆、浙江、江苏等省污染场地地方环境制度建设和技术规范标准的制定。

北京市环保局早在 2007 年就开始关注企业搬迁场地的环境影响问题，发布了《北京市环境保护局关于开展工业企业搬迁后原址土壤环境评价有关问题的通知》。2009～2015 年，北京市又颁布并实施了一系列污染场地相关导则和规范包括《场地环境评价导则》（DB11 T656—2009）、《污染场地修复验收技术规范》（DB11/T783—2011）、《场地土壤环境风险评价筛选值》DB11—811—2001、《重金属污染土壤填埋场建设与运行技术规范》（DB11/T 810—2011）、《污染场地挥发性有机物调查与风险评估技术导则》（DB11/T1278—2015）、《北京市污染场地修复技术方案编制导则》（DB11/T 1280—2015）和《污染场地修复工程环境监理技术导则》（DB11/T 1279—2015）和《污染场地土壤再利用评估导则》（DB11/T 1281—2015），北京市在标准体系建设方面走在全国前列。

总体而言，目前我国的土壤与地下水污染防治标准框架已初步成形，主要包括：《地下水环境质量标准》（1993 年）、《土壤环境质量标准》（1995 年）、《工业企业土壤环境质量基准》（1999 年）、《土壤环境监测技术规范》（2004 年）、《地下水环境监测技术规范》（2004 年）、《展览会用地土壤环境质量评价标准（暂行）》（2007 年）、《场地环境调查技术导则》（2014 年）、《场地环境监测技术导则》（2014 年）、《污染场地风险评估技术导则》（2014 年）、《污染场地土壤修复技术导则》（2014 年）、《污染场地术语》（2014 年）、《地下水环境状况调查评价工作指南（试行）》（2015 年）、《地下水污染模拟预测评估工作指南（试行）》（2015 年）、《地下水污染健康风险评估工作指南（试行）》（2015 年）、《地下水污染防治区划分工作指南（试行）》（2015 年）、《地下水污染修复（防控）工作指南（试行）》（2015 年）等。

我国需进一步系统完善土壤与地下水修复领域相关标准与指南，例如尽早完成土壤和地下水环境质量标准的修订工作；根据污染土壤的类型和未来特定用途，制定可以真正反映土壤修复要求的修复目标值，并对修复效果进行评价的标准方法；确立环境监理和修复验收等环节的规范化流程。

3. 管理机制

国内对于污染场地管理机制的研究还属于起步阶段，相比于欧美等发达国家，我国尚未建立完善的土壤与地下水污染风险管理技术支撑体系。此外，我国土壤和地下水污染情况与环境质量状况的信息收集与公开程度同发达国家相比也相差甚远，信息量的严重不足与信息的不公开均十分不利于我国土壤与地下水环境的污染防治。

4. 资金来源与融资机制

目前，我国污染土壤与地下水修复资金来源单一，主要依靠政府相关部门的财政拨款，仅少数比较成熟的商业化项目依托于房地产，由房地产开发商买单。公开资料显示，2013 年各地启动土壤修复试点项目总计 42 个，其中业主为政府的项目数量 19 个，业主为企业的项目数量为 23 个，但资金来源也多为国家专项资金。因此，我国修复资金有限且没有保障，修复治理工作难以开展，资金问题成为很多污染场地再开发的主要障碍。今后面对大量的土壤与地下水修复项目，完全依靠政府支付显然不现实，因此需建立多渠道的融资平台和多元化的资金筹集机制。从企业获得修复项目的角度看，企业可以选择两种商业模式——BOT模式和EPC模式。其中我国修复产业目前比较多见的是EPC模式。从我国修复行业的发展前景来看，BOT模式显然具有更加灵活的资金融通方法，同时对修复企业的激励作用更为明显，是未来我国需积极探索的盈利模式。另外，在公私合营的融资机制方面，近期财政部力推的公私合营（PPP）融资政策也已将污染场地修复项目纳入其中。

5.3.3　修复技术应用现状与发展趋势

目前我国在修复技术、设备、药剂及其规模化应用上与欧美等发达国家相比还存在较大差距，自主研发的土壤原位修复技术与地下水修复技术严重不足，高效的修复设备与药剂主要仍依赖于国外引进，缺少适合我国国情的实用修复技术与工程项目经验，缺乏规模化应用及产业化运作的技术支撑体系，这些都在一定程度上制约着我国土壤与地下水修复产业化发展。北京市因修复市场相对成熟，大型修复企业与科研院所较多，政府相关部门对土壤与地下水修复技术的研发工作支持投入较大，因此修复技术的整体研发与应用现状就全国范围来看处于领先水平。

1. 修复技术研发与应用现状

我国对修复技术的研究起始于20世纪90年代，涉足时间还相对较短。虽然技术研发进步明显，部分修复技术已投入到工程应用，但因国内已完成的修复项目多为房地产开发催生需求，对于修复时间要求较高，因此以快速异位的土壤修复技术为主，包括挖掘—填埋处理和水泥窑协同处置等。其他很多类型的土壤修复技术还在研究与进一步完善中，特别是大部分土壤原位修复技术，例如原位土壤气相抽提、原位微生物修复、原位固化稳定化都还未实现大规模的工程化应用。而对于地下水修复技术，因我国目前还未全面开展地下水的修复治理工作，因此除抽出处理技术有少量工程应用之外，其他各类地下水修复技术都还处于小试或中试阶段。2014年10月，环保部参考国外工业场地污染修复的相关经验，结合国内现有土壤与地下水修复的成功案例，制订了《2014年污染场地修复技术目录（第一批）》，阐述了原位/异位固化稳定化、原位/异位化学氧化还原技术、异位热脱附技术等15种土壤与地下水修复技术的原理、适用性、修复周期、成本以及国内外应用情况等。目前国内许多土壤原位修复技术与地下水修复技术目前还处于从研发向工程化应用的过渡阶段，例如原位固化/稳定化技术、原位化学氧化/还原技术、地下水可渗透反应墙技术、监控自然衰减技术等，尤其各类地下水修复技术，多数还处于研究示范阶段，缺乏实际的工程化应用经验。

从北京市已完成或正在进行的土壤与地下水修复项目来看，目前在北京市所采用的修复技术仍较为单一，以水泥窑协同处置和填埋为主，仅在北京焦化厂、北京化工二厂和地铁七号线采用了其他的一些修复技术，例如热解吸、常温解析等。

2. 修复技术发展趋势

目前，我国土壤与地下水修复技术大约落后发达国家15年左右，预测未来5～10年，我国土壤与地下水修复技术的发展趋势主要为：

（1）在决策上，从污染物总量控制的修复目标发展到污染风险评估的修复导向。

（2）在技术上，从物理修复、化学修复和物理化学修复发展到生物修复、植物修复和基于监测的自然修复；从单一的修复技术发展到多技术联合的修复技术、综合集成的工程修复技术。

（3）在设备上，从固定式设备的离场修复发展到移动式设备的现场修复。

（4）在应用上，从单一污染的修复技术发展到多种污染物复合和混合土壤的组合式修复技术；已从单一厂址场地走向特大城市复合场地、从单项修复技术发展到融大气、水体监测的多设备协同的土壤—地下水综合集成修复。

（5）根据污染特征，结合城市土地利用规划，以资源可利用为出发点，综合考虑社会效益、生态和环境效益，开展污染场地土壤绿色、可持续修复，维护土地可持续利用将是土壤修复未来发展方向。

（6）结合"土十条"发布，风险消除下，阻隔污染扩散或暴露途径的安全组控技术、工程控制措施和制度措施会得到广泛应用；原位修复技术将替代异位修复技术，成为土壤修复的主力军。

5.4 场地土壤与地下水污染修复程序及主要修复技术

5.4.1 相关术语和定义

场地：某一地块范围内的土壤、地下水、地表水以及地块内所有构筑物、设施和生物的总和。

潜在污染场地：因从事生产、经营、处理、贮存有毒有害物质，堆放或处理潜在危险废物，以及从事矿山开采等活动造成污染，且对人体健康或生态环境构成潜在风险的场地。

污染场地：对潜在污染场地进行调查和风险评估后，确认污染危害超过人体健康或生态环境可接受风险水平的场地，又称污染地块。包括土壤和地下水。

场地环境调查：采用系统的调查方法，确定场地是否被污染及污染程度和范围的过程。

污染场地健康风险评估：在场地环境调查的基础上，分析污染场地土壤和地下水中污染物对人群的主要暴露途径，评估污染物对人体健康的致癌风险或危害水平。

修复技术：可改变待处理污染物的结构，或减轻污染物毒性、迁移性或数量的单一或系列的化学、物理或生物治理措施。

5.4.2 场地修复工作程序

场地修复全过程管理是在场地环境调查评估的基础上，分析场地内污染物对未来受体的潜在风险，并采取一定的管理或工程措施避免、降低、缓和潜在风险的过程，因此整个过程也可称为场地风险管理。污染场地修复管理全过程可划分为两个部分：一是场地环境调查评估，二是污染场地修复管理。工业企业场地环境调查评估与修复管理技术框架见图5.4-1。

场地责任主体承担场地修复治理工作。按照以下情形确认场地责任主体：

（1）按照"谁污染、谁治理"的原则，造成场地污染的单位和个人承担场地治理修复的责任。

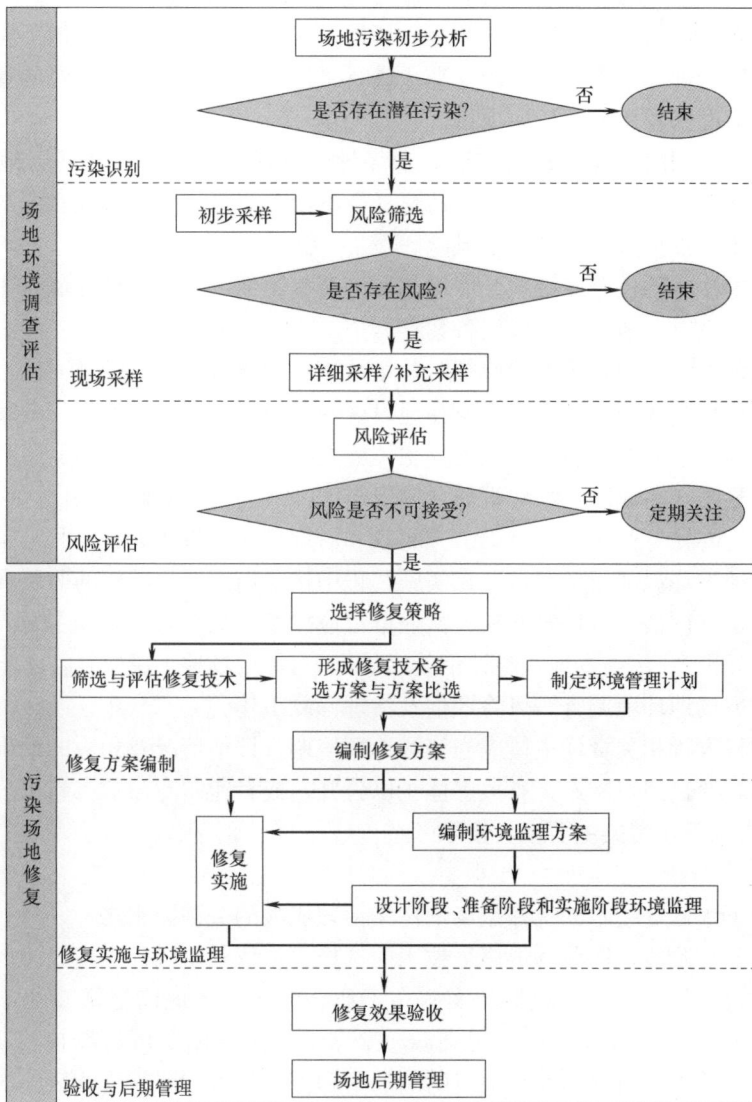

图 5.4-1　场地修复工作流程

（2）造成场地污染的单位因改制或者合并、分立等原因发生变更的，依法由继承其债权、债务的单位承担场地治理修复责任。

（3）若造成场地污染的单位已将土地使用权依法转让的，由土地使用权受让人承担场地环境调查评估和治理修复责任。

（4）造成场地污染的单位因破产、解散等原因已经终止，或者无法确定权利义务承受人的，由所在地县级以上地方人民政府依法承担场地治理修复责任。

对于拟关停搬迁和正在关停搬迁的工业企业场地，关停搬迁的工业企业应组织开展原址场地的环境调查评估工作，并及时公布场地的土壤和地下水环境质量状况。经场地环境调查评估认定为污染场地的，场地责任主体应落实治理修复责任并编制治理修复方案，将场地环境调查、风险评估和治理修复等所需费用列入搬迁成本。

对于拟开发利用的关停搬迁的工业企业场地，未按有关规定开展场地环境调查及风险评估的、未明确治理修复责任主体的，禁止进行土地流转；污染场地未经治理修复的，禁止开工建设与治理修复无关的任何项目。

对暂不开发利用的关停搬迁的工业企业场地，责任主体应组织开展场地环境调查评估，基于场地环境调查评估情况及现实情况，暂不治理修复的，应采取必要的隔离等风险防控措施，防止污染扩散，控制环境风险。

场地责任主体应委托专业机构开展场地环境调查评估，并将场地环境调查评估报告报所在地设区的市级以上地方环保部门备案。

场地环境调查评估确定场地需修复时，场地责任主体应委托专业机构实施治理修复，并委托专业机构编制场地修复方案报所在地设区的市级以上地方环保部门备案。

对于开展治理修复的场地，场地责任主体应委托专业机构对治理修复工程实施环境监理。在治理修复工作完成后，场地责任主体应组织开展场地修复验收工作，必要时应开展后期管理工作，委托专业机构进行第三方验收和后期管理，将相关材料和结果报所在地设区的市级以上地方环保部门备案，并在实施过程中接受当地环保部门的监督和检查。

场地环境调查评估、治理修复相关从业单位应按照《场地环境调查技术导则》《场地环境监测技术导则》《污染场地风险评估技术导则》《污染场地土壤修复技术导则》等环保标准、规范开展场地环境调查、风险评估及治理修复工作。

场地使用权人等相关责任主体应当将场地环境调查评估情况及相应的治理修复工作进展情况等信息，通过门户网站、有关媒体予以公开，或者印制专门的资料供公众查阅。

5.4.3　土壤与地下水污染主要修复技术

1. 修复技术分析

土壤和地下水修复技术的选择是场地污染治理成败的关键因素之一，目前我国场地污染治理尚处于起步阶段，因此场地修复技术的选择更多依赖于国外先进经验。就世界范围而言，美国通过"超级基金"项目的实施在工业企业污染场地修复领域处于世界领先水平。场地修复技术种类多样，按"污染源—暴露途径—受体"可将场地修复分为 3 种，即：污染源处理技术、对暴露途径进行阻断的工程控制技术和降低受体风险的制度控制技术。按处理地点是否需要土壤挖掘或地下水抽出可将场地修复技术分为 2 类，即：原位修复技术和异位修复技术。采用污染源处理技术时，可进一步划分为具体的处理技术类型（原位生物、原位物理、原位化学、异位生物、异位物理、异位化学），各技术类型下又可细分为具体的技术种类，如原位生物通风、原位土壤气相抽提、原位空气注射技术、原位化学氧化、异位生物堆、异位热脱附、异位固化/稳定化等；对暴露途径进行阻断的工程控制技术包括固化/稳定化、帽封、垂直/水平阻控系统等；降低受体风险的制度控制技术包括增加室内通风强度、引入清洁空气、减少室内外扬尘、减少人体与粉尘的接触、对裸土进行覆盖、减少人体与土壤/地下水的接触、改变土地或建筑物的使用类型、设立物障、减少污染土壤的摄入等。

1982～2011 年，美国进入"国家优先清单（NPL）"的 1468 个场地中，有 1077 个场地采用了源处理技术，占 73%；其他包括工程控制技术等占 27%。对于污染土壤修复而言，污染源处理技术也是污染土壤修复的重要技术。1982～2005 年，美国 1994 个"超级基金"场地中有 1104 个场地采用了污染源处理技术，占 55.4%。污染源处理技术的选择需要充分考虑污染物性质、介质环境特征、技术发展水平等众多因素。其中，1982～2005年"超级基金"项目中针对土壤中不同种类污染物污染源处理技术的应用数量如表 5.4-1 所示。

土壤中不同种类污染物污染源处理技术应用数量（1982～2005 年）　　　表 5.4-1

| 技术 | 所有项目 | 非卤化 SVOC | | 非卤化 VOC | | 卤化 SVOC | | 卤化 VOC | PCB | 无机物 |
		多环芳烃	其他	苯系物	其他	杀虫剂/除草剂	其他			
生物修复	113	37	51	33	33	24	17	22	2	5
化学处理	29	1	2	3	4	1	4	12	4	13
多相抽提	46	9	3	11	6	4	8	18	1	1
电分离	1	0	0	0	0	0	0	1	0	0
冲洗	17	3	5	5	5	1	3	11	0	5
焚烧	147	27	41	33	23	36	34	52	36	6
土壤通风	7	0	0	3	1	0	1	7	0	0
中和	15	2	0	0	0	0	0	0	0	6
露天燃烧/爆炸	4	0	1	0	0	0	0	0	0	0
机械分离	21	4	2	1	0	3	0	0	4	5
植物修复	7	1	2	2	1	0	0	4	0	4
土壤气相抽提	255	15	31	107	51	3	33	217	1	0
土壤洗涤	6	1	1	0	0	2	0	0	1	2
固化/稳定化	217	17	18	13	13	16	7	20	35	180
溶剂提取	4	2	1	0	1	1	0	0	2	1
热脱附	71	21	17	24	15	8	12	33	16	0
原位热处理	14	5	0	2	0	3	3	8	0	0
玻璃化	3	0	0	1	1	0	1	3	2	1
合计	977	145	175	238	155	103	124	410	104	229

注：每个项目可能涉及 1 个以上目标污染物。

进一步对表 5.4-1 修复技术的应用现状数据进行分析（图 5.4-2）可知，主要采用土壤气相抽提、生物修复、焚烧、固化/稳定化和热脱附技术进行修复。

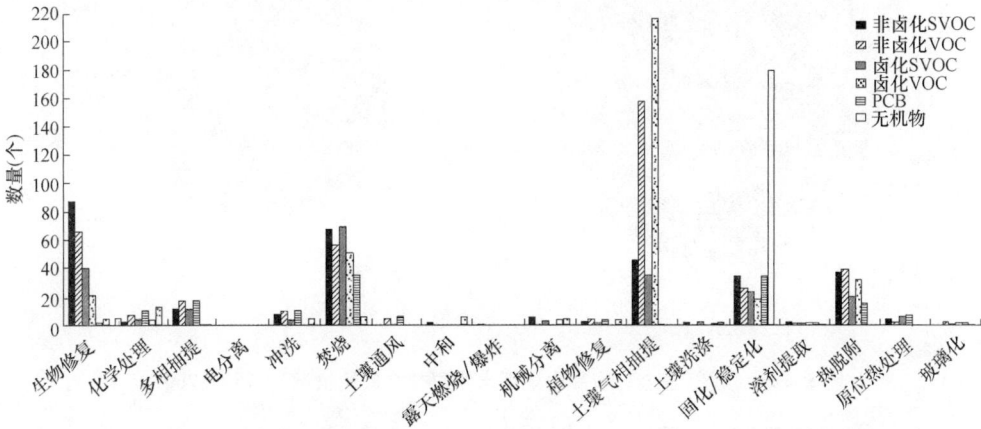

图 5.4-2　"超级基金"项目中土壤修复中污染源处理技术应用情况

一般情况下，地下水污染修复难度明显超过土壤修复。"超级基金"的地下水污染源处理技术一般分为如下类型：地下水原位修复技术、地下水抽提-处理技术、地下水隔离技术、其他地下水修复技术、地下水自然衰减技术。5 类地下水污染修复技术在 1982~2005 年"超级基金"项目中的应用情况如表 5.4-2 所示。

地下水污染源处理技术应用情况（1982~2005 年） 表 5.4-2

技术类型	项目数量	技术种类	比例
地下水原位修复技术	195	空气注射	29%
		生物修复	28%
		化学处理	15%
		多相提取	10%
		渗透反应墙	9%
		冲洗	<1%
		原位吹脱	3%
		植物修复	6%
地下水抽提-处理技术	958		
地下水隔离技术	60		
其他地下水修复技术	579		
地下水自然衰减技术	303		
合计	2095		

抽提—处理技术（P&T）是地下水污染修复最为常见的异位处理技术；而在原位修复技术中空气注射应用最为普遍，该技术主要针对地下水中的挥发性有机污染物，尤其是苯系物（图 5.4-3）。

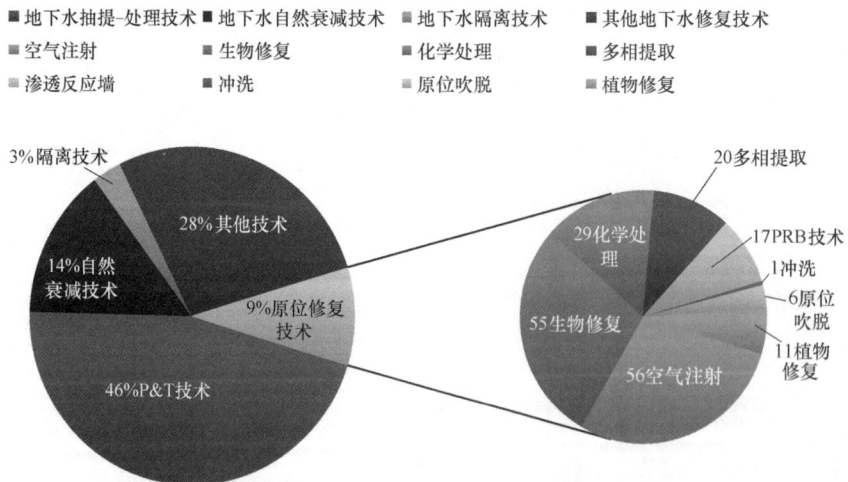

图 5.4-3 "超级基金"项目中地下水修复技术应用情况（1982~2005 年）

因此，本书参考美国"超级基金"项目污染场地修复约 30 年的工程案例并结合国内实际工程经验，选择应用数量较多的修复技术分别加以介绍。

2. 土壤主要修复技术

（1）异位固化/稳定化（Ex situ Solidification/Stabilization）

1）技术适用性

适用于污染土壤。可处理金属类、石棉、放射性物质、腐蚀性无机物、氰化物以及砷化合物等无机物；农药/除草剂、石油或多环芳烃类、多氯联苯类以及二噁英等有机化合物。不适用于挥发性有机化合物和以污染物总量为验收目标的项目。当需要添加较多的固化/稳定剂时，对土壤的增容效应较大，会显著增加后续土壤处置费用。

2）技术原理

向污染土壤中添加固化剂/稳定化剂，经充分混合，使其与污染介质、污染物发生物理、化学作用，将污染土壤固封为结构完整的具有低渗透性的固化体，或将污染物转化成化学性质不活泼形态，降低污染物在环境中的迁移和扩散。

3）系统构成和主要设备

主要由土壤预处理系统、固化/稳定剂添加系统、土壤与固化/稳定剂混合搅拌系统组成。其中，土壤预处理系统具体包括土壤水分调节系统、土壤杂质筛分系统、土壤破碎系统；主要设备包括土壤挖掘系统（如挖掘机等）、土壤水分调节系统（如输送泵、喷雾器、脱水机等）、土壤筛分破碎设备（如振动筛、筛分破碎斗、破碎机、土壤破碎斗、旋耕机等）、土壤与固化/稳定剂混合搅拌设备（双轴搅拌机、单轴螺旋搅拌机、链锤式搅拌机、切割锤击混合式搅拌机等）。

4）关键技术参数或指标

固化/稳定剂的种类及添加量、土壤破碎程度、土壤与固化/稳定剂的混匀程度、土壤固化/稳定化处理效果评价。

5）技术应用基础和前期准备

土壤物理性质（机械组成、含水率等）、化学特性（有机质含量、pH 值等）、污染特性（污染物种类、污染程度等）均会影响到异位固化/稳定修复技术的适用性及其修复效果。应针对不同类型的污染物，特别是砷、铬等毒性和活性较大的污染物，选择不同的固化/稳定剂；应基于土壤类型研究固化/稳定剂的添加量与污染物浸出毒性的相互关系，确定不同污染物浓度时的最佳固化/稳定剂添加量。

（2）异位化学氧化/还原技术（Ex-Situ Chemical Oxidization/Reduction）

1）技术适用性

适用于污染土壤。其中，化学氧化可处理石油烃、BTEX（苯、甲苯、乙苯、二甲苯）、酚类、MTBE（甲基叔丁基醚）、含氯有机溶剂、多环芳烃、农药等大部分有机物；化学还原可处理重金属类（如六价铬）和氯代有机物等。

异位化学氧化不适用于重金属污染土壤的修复，对于吸附性强、水溶性差的有机污染物应考虑必要的增溶、脱附方式；异位化学还原不适用于石油烃污染物的处理。

2）技术原理

向污染土壤添加氧化剂或还原剂，通过氧化或还原作用，使土壤中的污染物转化为无毒或相对毒性较小的物质。常见的氧化剂包括高锰酸盐、过氧化氢、芬顿试剂、过硫酸盐和臭氧。常见的还原剂包括连二亚硫酸钠、亚硫酸氢钠、硫酸亚铁、多硫化钙、二价铁、零价铁等。

3）系统构成和主要设备

修复系统包括土壤预处理系统、药剂混合系统和防渗系统等。其中：①预处理系统。对开挖出的污染土壤进行破碎、筛分或添加土壤改良剂等。该系统设备包括破碎筛分铲斗、挖掘机、推土机等。②药剂混合系统。将污染土壤与药剂进行允分混合搅拌，按照设备的搅拌混合方式，可分为两种类型：采用内搅拌设备，即设备带有搅拌混合腔体，污染土壤和药剂在设备内部混合均匀；采用外搅拌设备，即设备搅拌头外置，需要设置反应池或反应场，污染土壤和药剂在反应池或反应场内通过搅拌设备混合均匀。该系统设备包括行走式土壤改良机、浅层土壤搅拌机等。③防渗系统为反应池或是具有抗渗能力的反应场，能够防止外渗，并且能够防止搅拌设备对其损坏，通常做法有两种，一种采用抗渗混凝土结构，一种是采用防渗膜结构加保护层。

4）关键技术参数

影响异位化学氧化/还原技术修复效果的关键技术参数包括：污染物的性质、浓度、药剂投加比、土壤渗透性、土壤活性还原性物质总量或土壤氧化剂耗量（Soil Oxidant Demand，SOD）、氧化还原电位、pH 值、含水率和其他土壤地质化学条件。

5）技术基础及前期准备

对选择的修复技术进行小试实验测试，判断修复效果是否能达到修复目标要求，并探索药剂投加比、反应时间、氧化还原电位变化、pH 值变化、含水率控制等，作为技术应用可行性判断的依据。小试实验参数指导中试扩大化试验，根据试验现象确定大规模实施的可行性，并记录工程参数，指导工程实施。

（3）异位热脱附（Ex situ Thermal Desorption）

1）技术适用性

适用于污染土壤。可处理挥发及半挥发性有机污染物（如石油烃、农药、多氯联苯）和汞。不适用于无机物污染土壤（汞除外），也不适用于腐蚀性有机物、活性氧化剂和还原剂含量较高的土壤。

2）技术原理

通过直接或间接加热，将污染土壤加热至目标污染物的沸点以上，通过控制系统温度和物料停留时间有选择地促使污染物气化挥发，使目标污染物与土壤颗粒分离、去除。

3）系统构成和主要设备

异位热脱附系统可分为直接热脱附和间接热脱附，也可分为高温热脱附和低温热脱附。

① 直接热脱附由进料系统、脱附系统和尾气处理系统组成。进料系统：通过筛分、脱水、破碎、磁选等预处理，将污染土壤从车间运送到脱附系统中。脱附系统：污染土壤进入热转窑后，与热转窑燃烧器产生的火焰直接接触，被均匀加热至目标污染物气化的温度以上，达到污染物与土壤分离的目的。尾气处理系统：富集气化污染物的尾气通过旋风除尘、焚烧、冷却降温、布袋除尘、碱液淋洗等环节去除尾气中的污染物。

② 间接热脱附由进料系统、脱附系统和尾气处理系统组成。与直接热脱附的区别在于脱附系统和尾气处理系统。脱附系统：燃烧器产生的火焰均匀加热转窑外部，污染土壤被间接加热至污染物的沸点后，污染物与土壤分离，废气经燃烧直排。尾气处理系统：富集气化污染物的尾气通过过滤器、冷凝器、超滤设备等环节去除尾气中的污染物。气体通

过冷凝器后可进行油水分离，浓缩、回收有机污染物。

主要设备包括进料系统：如筛分机、破碎机、振动筛、链板输送机、传送带、除铁器等；脱附系统：回转干燥设备或是热螺旋推进设备；尾气处理系统：旋风除尘器、二燃室、冷却塔、冷凝器、布袋除尘器、淋洗塔、超滤设备等。

4）关键技术参数或指标

热脱附技术关键参数或指标主要包括土壤特性和污染物特性两类。其中土壤特性包括土壤质地、水分含量、土壤粒径分布等参数；污染物特性包括污染物浓度、沸点范围、二噁英的形成等参数。

5）技术基础及前期准备

异位热脱附技术应用前，需要识别土壤污染物的类型及其浓度，了解土壤质地、粒径分布和湿度等参数，同时还需要确定场地信息、处理土壤体积、项目周期和处理目标等。此外，还需要考虑是否有足够的空间进行土壤预处理，公用设施（燃料、水、电）是否满足要求，以及管理部门和当地群众对热脱附技术的接受程度等。

（4）异位土壤洗脱（Ex-Situ Soil Washing）

1）技术适用性

适用于污染土壤。可处理重金属及半挥发性有机污染物、难挥发性有机污染物。不宜用于土壤细粒（黏/粉粒）含量高于 25% 的土壤。

2）技术原理

采用物理分离或增效洗脱等手段，通过添加水或合适的增效剂，分离重污染土壤组分或使污染物从土壤相转移到液相，并有效地减少污染土壤的处理量，实现减量化。洗脱系统废水应处理去除污染物后回用或达标排放。

3）系统构成和主要设备

异位土壤洗脱处理系统一般包括土壤预处理单元、物理分离单元、洗脱单元、废水处理及回用单元及挥发气体控制单元等。具体场地修复中可选择单独使用物理分离单元或联合使用物理分离单元和增效洗脱单元。

主要设备包括土壤预处理设备（如破碎机、筛分机等）、输送设备（皮带机或螺旋输送机）、物理筛分设备（湿法振动筛、滚筒筛、水力旋流器等）、增效洗脱设备（洗脱搅拌罐、滚筒清洗机、水平振荡器、加药配药设备等）、泥水分离及脱水设备（沉淀池、浓缩池、脱水筛、压滤机、离心分离机等）、废水处理系统（废水收集箱、沉淀池、物化处理系统等）、泥浆输送系统（泥浆泵、管道等）、自动控制系统。

4）关键技术参数或指标

影响土壤洗脱修复效果的关键技术参数包括：土壤细粒含量、污染物的性质和浓度、水土比、洗脱时间、洗脱次数、增效剂的选择、增效洗脱废水的处理及药剂回用等。

5）技术基础及前期准备

技术应用前期需要了解：土壤粒径组成，土壤类型、物理状态和湿度，污染物类型和浓度，土壤有机质含量，土壤阳离子交换量，土壤 pH 值及缓冲容量，场地修复目标。

前期应开展技术可行性实验，评估异位土壤洗脱技术是否适合于特定场地的修复；初步证实技术可行后，可根据需要进行中试试验，为修复工程设计提供基础参数。

（5）水泥窑协同处置技术（Co-processing in Cement Kiln）

1）技术适用性

适用于污染土壤，可处理有机污染物及重金属。不宜用于汞、砷、铅等重金属污染较重的土壤，由于水泥生产对进料中氯、硫等元素的含量有限值要求，在使用该技术时需慎重确定污染土壤的添加量。

2）技术原理

利用水泥回转窑内的高温、气体长时间停留、热容量大、热稳定性好、碱性环境、无废渣排放等特点，在生产水泥熟料的同时，焚烧固化处理污染土壤。有机物污染土壤从窑尾烟气室进入水泥回转窑，窑内气相温度最高可达 1800℃，物料温度约为 1450℃，在水泥窑的高温条件下，污染土壤中的有机污染物转化为无机化合物，高温气流与高细度、高浓度、高吸附性、高均匀性分布的碱性物料（CaO、$CaCO_3$ 等）充分接触，有效地抑制酸性物质的排放，使得硫和氯等转化成无机盐类固定下来；重金属污染土壤从生料配料系统进入水泥窑，使重金属固定在水泥熟料中。

3）系统构成和主要设备

水泥窑协同处置包括污染土壤贮存、预处理、投加、焚烧和尾气处理等过程。在原有的水泥生产线基础上，需要对投料口进行改造，还需要必要的投料装置、预处理设施、符合要求的贮存设施和实验室分析能力。

水泥窑协同处置主要由土壤预处理系统、上料系统、水泥回转窑及配套系统、监测系统组成。

土壤预处理系统在密闭环境内进行，主要包括密闭贮存设施（如充气大棚），筛分设施（筛分机），尾气处理系统（如活性炭吸附系统等），预处理系统产生的尾气经过尾气处理系统后达标排放。上料系统主要包括存料斗、板式喂料机、皮带计量秤、提升机，整个上料过程处于密闭环境中，避免上料过程中污染物和粉尘散发到空气中，造成二次污染。水泥回转窑及配套系统主要包括预热器、回转式水泥窑、窑尾高温风机、三次风管、回转窑燃烧器、篦式冷却机、窑头袋收尘器、螺旋输送机、槽式输送机。监测系统主要包括氧气、粉尘、氮氧化物、二氧化碳、水分、温度在线监测以及水泥窑尾气和水泥熟料的定期监测，保证污染土壤处理的效果和生产安全。

4）关键技术参数或指标

影响水泥窑协同处置效果的关键技术参数包括：水泥回转窑系统配置、污染土壤中碱性物质含量、重金属污染物的初始浓度、氯元素和氟元素含量、硫元素含量、污染土壤添加量。

5）技术基础及前期准备

在利用水泥窑协同处置污染土壤前，应对污染土壤及土壤中污染物质进行分析，以确定污染土壤的投加点及投加量。污染土壤分析指标包括污染土壤的含水率、烧失量、成分等，污染物质分析指标包括：污染物质成分、氯、氟、硫浓度，重金属、氯、氟、硫元素含量等。

（6）原位固化/稳定化技术（In-situ Solidification/Stabilization）

1）技术适应性

适用于污染土壤，可处理金属类、石棉、放射性物质、腐蚀性无机物、氰化物以及砷化合物等无机物；农药/除草剂、石油或多环芳烃类、多氯联苯类以及二噁英等有机化合物。不宜用于挥发性有机化合物，不适用于以污染物总量为验收目标的项目。

2) 技术原理

通过一定的机械力在原位向污染介质中添加固化剂/稳定化剂，在充分混合的基础上，使其与污染介质、污染物发生物理、化学作用，将污染土壤固封为结构完整的具有低渗透系数的固化体，或将污染物转化成化学性质不活泼形态，降低污染物在环境中的迁移和扩散。

3) 系统构成和主要设备

主要由挖掘、翻耕或螺旋钻等机械深翻松动装置系统、试剂调配及输料系统、气体收集系统、工程现场取样监测系统以及长期稳定性监测系统组成。主要设备包括机械深翻搅动装置系统（如挖掘机、翻耕机、螺旋中空钻等）、试剂调配及输料系统（输料管路、试剂储存罐、流量计、混配装置、水泵、压力表等）、气体收集系统（气体收集罩、气体回收处理装置）、工程现场取样监测系统（驱动器、取样钻头、固定装置）、长期稳定性监测系统（气体监测探头、水分、温度、地下水在线监测系统等）。

4) 关键技术参数或指标

主要包括：污染介质组成及其浓度特征、污染物组成、污染物位置分布、固化剂/稳定化剂组成与用量、场地地质特征、无侧限抗压强度、渗透系数以及污染物浸出特性。

5) 技术基础及前期准备

在利用该技术进行修复前，应进行相关测试评估污染场地应用原位固化/稳定化技术的可行性，并为下一步工程设计提供基础参数。具体测试参数包括：① 固化/稳定化药剂选择，需考虑药剂间的干扰以及化学不兼容性、金属化学因素、处理和再利用的兼容性、成本等因素；② 分析所选药剂对其他污染物的影响；③ 优化药剂添加量；④ 污染物浸出特征测试；⑤ 评估污染介质的物理化学均一性；⑥ 确定药剂添加导致的体积增加量；⑦ 确定性能评价指标；⑧ 确定施工参数。

(7) 原位化学氧化/还原技术（In situ landfill Cap）

1) 技术适应性

适用于污染土壤和地下水。其中，化学氧化可处理石油烃、BTEX（苯、甲苯、乙苯、二甲苯）、酚类、MTBE（甲基叔丁基醚）、含氯有机溶剂、多环芳烃、农药等大部分有机物；化学还原可处理重金属类（如六价铬）和氯代有机物等。受腐殖酸含量、还原性金属含量、土壤渗透性、pH 值变化影响较大。

2) 技术原理

通过向土壤或地下水的污染区域注入氧化剂或还原剂，通过氧化或还原作用，使土壤或地下水中的污染物转化为无毒或相对毒性较小的物质。常见的氧化剂包括高锰酸盐、过氧化氢、芬顿试剂、过硫酸盐和臭氧。常见的还原剂包括硫化氢、连二亚硫酸钠、亚硫酸氢钠、硫酸亚铁、多硫化钙、二价铁、零价铁等。

3) 系统构成和主要设备

由药剂制备/储存系统、药剂注入井（孔）、药剂注入系统（注入和搅拌）、监测系统等组成。其中，药剂注入系统包括药剂储存罐、药剂注入泵、药剂混合设备、药剂流量计、压力表等组成；药剂通过注入井注入到污染区，注入井的数量和深度根据污染区的大小和污染程度进行设计；在注入井的周边及污染区的外围还应设计监测井，对污染区的污染物及药剂的分布和运移进行修复过程中及修复后的效果监测。可以通过设置抽水井，促进地下水循环以增强混合，有助于快速处理污染范围较大的区域。

4）关键技术参数或指标

影响原位化学氧化/还原技术修复效果的关键技术参数包括：药剂投加量、污染物类型和质量、土壤均一性、土壤渗透性、地下水位、pH 值和缓冲容量、地下基础设施等。

5）技术基础及前期准备

原位化学氧化/还原技术的应用需要充分了解原位化学氧化/还原反应和传质过程。应用该技术之前，需通过实验室研究确定药剂处理效果和投加量，并进行中试试验进一步确定和优化设计参数，确定注入点的水平和垂向有效影响半径、土壤结构分布、污染去除率、反应产物等。还可以通过建立场地概念模型、反应传质模型等方式指导系统设计和运行。进行原位化学氧化/还原修复系统设计时，需重点考虑注入井布设的间距和深度、药剂注入量、监测井布设的间距和深度等。还要注意工人的培训、化学药剂的安全操作以及修复产生废物的管理。

（8）土壤植物修复技术（Soil Phytoremediation）

1）技术适应性

适用于污染土壤，可处理重金属（如砷、镉、铅、镍、铜、锌、钴、锰、铬、汞等）以及特定的有机污染物（如石油烃、五氯酚、多环芳烃等）。利用植物进行提取、根际滤除、挥发和固定等方式移除、转变和破坏土壤中的污染物质，使污染土壤恢复其正常功能。

2）技术原理

利用植物进行提取、根际滤除、挥发和固定等方式移除、转变和破坏土壤中的污染物质，使污染土壤恢复其正常功能。目前国内外对植物修复技术的研究和推广应用多数侧重于重金属元素，因此狭义的植物修复技术主要指利用植物清除污染土壤中的重金属。

3）系统构成和主要设备

主要由植物育苗、植物种植、管理与刈割系统、处理处置系统与再利用系统组成。富集植物育苗设施、种植所需的农业机具（翻耕设备、灌溉设备、施肥器械）、焚烧并回收重金属所需的焚烧炉、尾气处理设备、重金属回收设备等。

4）关键技术参数或指标

关键技术参数包括：污染物类型，污染物初始浓度，修复植物选择，土壤 pH 值，土壤通气性，土壤养分含量，土壤含水率，气温条件，植物对重金属的年富集率及生物量，尾气处理系统污染物排放浓度，重金属提取效率等。

5）技术基础及前期准备

修复前应进行相应的可行性试验，目的在于评估该技术是否适合于特定场地的修复以及为修复工程设计提供基础参数。试验参数包括：土壤中污染物初始浓度、气候条件、土壤肥力等，并根据已有的研究成果确定修复植物生长情况、植物对重金属的年富集率及生物量等。

（9）土壤阻隔填埋技术（Soil Barrier and Landfill）

1）技术适应性

适用于重金属、有机物及重金属有机物复合污染土壤的阻隔填埋。不宜用于污染物水溶性强或渗透率高的污染土壤,不适用于地质活动频繁和地下水水位较高的地区。

2)技术原理

将污染土壤或经过治理后的土壤置于防渗阻隔填埋场内,或通过敷设阻隔层阻断土壤中污染物迁移扩散的途径,使污染土壤与四周环境隔离,避免污染物与人体接触和随土壤水迁移进而对人体和周围环境造成危害。

3)系统构成和主要设备

原位土壤阻隔覆盖系统主要由土壤阻隔系统、土壤覆盖系统、监测系统组成。土壤阻隔系统主要由 HDPE 膜、泥浆墙等防渗阻隔材料组成,通过在污染区域四周建设阻隔层,将污染区域限制在某一特定区域;土壤覆盖系统通常由黏土层、人工合成材料衬层、砂层、覆盖层等一层或多层组合而成;监测系统主要是由阻隔区域上下游的监测井构成。异位土壤阻隔填埋系统主要由土壤预处理系统、填埋场防渗阻隔系统、渗滤液收集系统、封场系统、排水系统、监测系统组成。其中:该填埋场防渗系统通常由 HDPE 膜、土工布、钠基膨润土、土工排水网、天然黏土等防渗阻隔材料构筑而成。根据项目所在地地质及污染土壤情况需要,通常还可以设置地下水导排系统与气体抽排系统或者地面生态覆盖系统。

主要设备包括:阻隔填埋技术施工阶段涉及大量的施工工程设备,土壤阻隔系统施工需冲击钻、液压式抓斗、液压双轮铣槽机等设备,土壤覆盖系统施工需要挖掘机、推土机等设备,填埋场防渗阻隔系统施工需要吊装设备、挖掘机、焊膜机等设备,异位土壤填埋施工需要装载机、压实机、推土机等设备,填埋封场系统施工需要吊装设备、焊膜机、挖掘机等设备。阻隔填埋技术在运行维护阶段需要的设备相对较少,仅异位阻隔填埋土壤预处理系统需要破碎、筛分设备、土壤改良机等设备。

4)关键技术参数或指标

影响原位土壤阻隔覆盖技术修复效果的关键技术参数包括:阻隔材料的性能、阻隔系统深度、土壤覆盖层厚度等。

5)技术应用基础和前期准备

在利用土壤阻隔技术前,应进行相应的可行性测试,目的在于评估污染土壤是否适用该技术。原位土壤阻隔覆盖技术测试参数包括:土壤污染类型及程度、场地水文地质、土壤污染深度、土壤渗透系数等,可根据需要在现场进行工程中试。异位土壤阻隔填埋技术测试参数包括:土壤含水率、土壤重金属含量、土壤有机物含量、土壤重金属浸出浓度、土壤渗透系数、场地水文地质等,可以在实验室开展相应的小试或中试实验。

(10)生物堆技术(Biopile)

1)技术适应性

适用于污染土壤,可处理石油烃等易生物降解的有机物。不适用于重金属、难降解有机污染物污染土壤的修复,黏土类污染土壤修复效果较差。

2)技术原理

对污染土壤堆体采取人工强化措施,促进土壤中具备降解特定污染物能力的土著微生物或外源微生物的生长,降解土壤中的污染物。

3)系统构成和主要设备

生物堆主要由土壤堆体、抽气系统、营养水分调配系统、渗滤液收集处理系统以及在线监测系统组成。其中，土壤堆体系统具体包括污染土壤堆、堆体基础防渗系统、渗滤液收集系统、堆体底部抽气管网系统、堆内土壤气监测系统、营养水分添加管网、顶部进气系统、防雨覆盖系统。抽气系统包括抽气风机及其进气口管路上游的气水分离和过滤系统、风机变频调节系统、尾气处理系统、电控系统、故障报警系统。营养水分调配系统主要包括固体营养盐溶解搅拌系统、流量控制系统、营养水分投加泵及设置在堆体顶部的营养水分添加管网。渗滤液收集系统包括收集管网及处理装置。在线监测系统主要包括土壤含水率、温度、二氧化碳和氧气在线监测系统。

主要设备包括抽气风机、控制系统、活性炭吸附罐、营养水分添加泵、土壤气监测探头、氧气、二氧化碳、水分、温度在线监测仪器等。

4）关键技术参数或指标

影响生物堆技术修复效果的关键技术参数包括：污染物的生物可降解性、污染物的初始浓度、土壤通气性、土壤营养物质含量、土著微生物数量、土壤含水率、土壤温度和 pH、运行过程中堆体内氧气含量以及土壤中重金属含量。

5）技术应用基础和前期准备

在利用生物堆技术进行修复前，应进行可行性测试，对其适用性和效果进行评估并获取相关修复工程设计参数，测试参数包括：土壤中污染物初始浓度、污染物生物降解系数（或呼吸速率）、土著微生物数量、土壤含水率、营养物质含量、渗透系数、重金属含量等。

（11）原位生物通风技术（In Situ Bioventing）

1）技术适应性

适用于非饱和带污染土壤，可处理挥发性、半挥发性有机物。不适合于重金属、难降解有机物污染土壤的修复，不宜用于黏土等渗透系数较小的污染土壤修复。

2）技术原理

生物通风法由土壤气相抽提法（SVE）发展而来，通过向土壤中供给空气或氧气，依靠微生物的好氧活动，促进污染物降解；同时利用土壤中的压力梯度促使挥发性有机物及降解产物流向抽气井，被抽提去除。可通过注入热空气、营养液、外源高效降解菌剂的方法对污染物去除效果进行强化。

3）系统构成和主要设备

生物通风系统主要由抽气系统、抽提井、输气系统、营养水分调配系统、注射井、尾气处理系统、在线监测系统及配套控制系统等组成。

主要设备包括输气系统（鼓风机、输气管网等）、抽气系统（真空泵、抽气管网、气水分离罐、压力表、流量计、抽气风机）、营养水分调配系统（包括营养水分添加管网、添加泵、营养水分存储罐等）、在线监测系统及配套控制系统、尾气处理系统（除尘器、活性炭吸附塔）等。

4）关键技术参数或指标

影响生物通风技术修复效果的因素包括：土壤理化性质、污染物特性和土壤微生物三大类。其中土壤理化性质因素包括土壤的气体渗透率、土壤含水率、土壤温度、土壤的 pH、营养物的含量、土壤氧气/电子受体等；污染物特性因素包括污染物的可生物降解性、污染物的浓度和污染物的挥发性；土壤微生物因素包括土著微生物的数量。

5）技术应用基础和前期准备

在利用生物通风技术进行修复前，应进行相应的可行性测试，目的在于评估生物通风技术是否适合于场地的修复并为修复工程设计提供基础参数，测试参数包括：土壤温度、土壤湿度、土壤 pH 值、营养物质含量、土壤氧含量、渗透系数、污染物浓度、污染物理化性质、污染物生物降解系数（或呼吸速率）、土著微生物数量等，可在实验室开展相应的小试或中试实验。

3. 地下水主要修复技术

（1）地下水抽出处理技术（Groundwater Pump and Treat）

1）技术适应性

适用于污染地下水，可处理多种污染物。不宜用于吸附能力较强的污染物，以及渗透性较差或存在 NAPL（非水相液体）的含水层。

2）技术原理

根据地下水污染范围，在污染场地布设一定数量的抽水井，通过水泵和水井将污染地下水抽取至地面进行处理。

3）系统构成和主要设备

系统构成包括地下水控制系统、污染物处理系统和地下水监测系统。主要设备包括钻井设备、建井材料、抽水泵、压力表、流量计、地下水水位仪、地下水水质在线监测设备、污水处理设施等。

4）关键技术参数或指标

关键技术参数包括：渗透系数、含水层厚度、抽水井间距、抽水井数量、井群布局和抽提速率。

5）技术应用基础和前期准备

在利用抽提出理技术进行修复前，应进行相应的可行性测试，目的在于评估抽提出理技术是否适合于特定场地的修复并为修复工程设计提供基础参数，测试参数包括：

① 污染源情况：污染源的位置、污染物性质及其持续释放特性；土壤中污染物类型、浓度及分布特征。

② 水文地质条件：含水层地层情况、地下水深度、水力坡度、渗透系数、储水系数、水位变化、地下水的补给与径流；地下水和地表水相互作用。

③ 自净潜力：污染物总量、污染物浓度变化趋势、土壤吸附能力、污染物转化过程和速率、污染物迁移速率、非水相液体成分、影响污染物迁移的其他参数。

（2）地下水修复可渗透反应墙技术（Permeable Reactive Barrier（PRB））

1）技术适应性

适用于污染地下水，可处理 BTEX（苯、甲苯、乙苯、二甲苯）、石油烃、氯代烃、金属、非金属和放射性物质等。不适用于承压含水层，不宜用于含水层深度超过 10m 的非承压含水层，对反应墙中沉淀和反应介质的更换、维护、监测要求较高。

2）技术原理

在地下安装透水的活性材料墙体拦截污染物羽状体，当污染羽状体通过反应墙时，污染物在可渗透反应墙内发生沉淀、吸附、氧化还原、生物降解等作用得以去除或转化，从而实现地下水净化的目的。

3）系统构成和主要设备

目前投入应用的 PRB 可分为单处理系统 PRB 和多单元处理系统 PRB。单处理系统 PRB 的基本结构类型包括连续墙式 PRB 和漏斗—导门式 PRB，还有一些改进构型，如墙帘式 PRB、注入式 PRB、虹吸式 PRB 以及隔水墙—原位反应器等，适用于污染物比较单一、污染浓度较低、羽状体规模较小的场地；多单元处理系统则适用于污染物种类较多、情况复杂的场地。

多单元处理系统又可分为串联和并联两种结构。串联处理系统多用于污染组分比较复杂的场地，对于不同的污染组分，串联系统中的每个处理单元可以装填不同的活性填料，以实现将多种污染物同时去除的目的。实际场地中应用的串联结构有沟箱式 PRB、多个连续沟壕平行式 PRB 等。并联多用于系统污染羽较宽、污染组分相对单一的情况。常用的并联结构有漏斗—多通道构型、多漏斗—多导门型或多漏斗—通道构型。

PRB 的结构是地下水污染去处效果优劣的影响因素之一，其结构设计需要考虑两个关键问题：一是 PRB 能嵌进隔水层或弱透水层中，以防止地下水通过工程墙底部运移，确保能完全捕获地下水的污染带；二是能确保地下水在反应材料中有足够的水力停留时间。不同结构的 PRB 适用情况不同，实际应用中应结合具体的地下水水文及污染状况进行合理设计。

4）关键技术参数或指标

主要包括 PRB 安装位置的选择、结构的选择、埋深、规模、水力停留时间、方位、反应墙的渗透系数、活性材料的选择及其配比。

5）技术应用基础和前期准备

PRB 系统的设计施工比较复杂，加上 PRB 修复污染物的过程涉及物理、化学、生物等多学科领域，在设计 PRB 时需要综合考虑很多因素。只有经过前期可行性调研、水文地质勘察，获得一些参数后才能进行设计。需调研的参数主要包括：污染物特征，如非饱和土壤和含水层污染物的种类、浓度、三维空间分布、迁移方式及转化条件；当地的地理地质概况和水文气象、地下水的埋深、运移参数、季节性变化；含水层的厚度及其渗透系数、孔隙度、颗粒粒径和级配、地下水的地球化学特性（如 pH、Eh、DO、温度、电导率、Ca^{2+}、Mg^{2+}、NO_3^-、SO_4^{2-} 等离子含量等）；现场微生物活性和群落；现场施工环境条件、对周围环境的影响；治理周期、效益、成本、监测；工程项目经费。然后在试验室进行批量试验和柱式试验，确定活性反应介质并测试其修复效果和反应动力学参数，建立水动力学模型。根据这些参数计算确定 PRB 的结构、安装位置、方位及尺寸、使用期限、监测方案，并估算总投资费用。

（3）地下水监控自然衰减技术（Groundwater Monitored Natural Attenuation（MNA））

1）技术适应性

适用于污染地下水，可处理 BTEX（苯、甲苯、乙苯、二甲苯）、石油烃、多环芳烃、MTBE（甲基叔丁基醚）、氯代烃、硝基芳香烃、重金属类、非金属类（砷、硒）、含氧阴离子（如硝酸盐、过氯酸）等。在证明具备适当环境条件时才能使用，不适用于对修复时间要求较短的情况，对自然衰减过程中的长期监测、管理要求高。

2）技术原理

通过实施有计划的监控策略，依据场地自然发生的物理、化学及生物作用，包含生物降解、扩散、吸附、稀释、挥发、放射性衰减以及化学性或生物性稳定等，使得地下水和土壤中污染物的数量、毒性、移动性降低到风险可接受水平。

3）系统构成和主要设备

由监测井网系统、监测计划、自然衰减性能评估系统和紧急备用方案四部分组成。

监测计划：主要监测分析项目需集中在污染物及其降解产物上。在监测初期，所有监测区域均需要分析污染物、污染物的降解产物及完整的地球化学参数，以充分了解整个场地的水文地质特性与污染分布。后续监测过程中，则可以依据不同的监测区域与目的，做适当的调整。地下水监测频率在开始的前两年至少每季度监测一次，以确认污染物随着季节性变化的情形，但有些场地可能监测时间需要更长（大于 2 年）以建立起长期性的变化趋势；对于地下水文条件变化差异性大，或易随着季节有明显变化的地区，则需要更密集的监测频率，以掌握长期性变化趋势；而在监测 2 年之后，监测的频率可以依据污染物移动时间以及场地其他特性做适当的调整。主要包括取样设备和监测设备等。

监控自然衰减性能评估：评估监测分析数据结果，判定 MNA 程序是否如预期方向进行，并评估 MNA 对污染改善的成效。MNA 性能评估依据主要来源于监测过程中所得到的检测分析结果，主要根据监测数据与前一次（或历史资料）的分析结果做比对。

紧急备用方案：紧急备用方案是在 MNA 修复法无法达到预期目标，或当场地内污染有恶化情形，污染羽有持续扩散的趋势时，采用其他土壤或地下水污染修复工程，而不是仅以原有的自然衰减机制来进行场地的修复工作。当地下水中出现下列情况时，需启动紧急备案。

4）关键技术参数或指标

主要包括：场地特征污染物、污染源及受体的暴露位置、地下水水流及溶质运移参数和污染物衰减速率。

5）技术应用基础和前期准备

在利用 MNA 进行场地修复前，应进行相应的场地特征详细调查，以评估该技术是否适用，并为监测井网设计提供基础参数。场地特征详细调查主要确认信息包括污染物特性、水文地质条件及暴露途径和潜在受体。调查结果必须能够提供完整的场地特征描述，包括污染物分布情况与场地的水文地质条件，以及其他进 MNA 可行性评估所需要的信息。取得相关的地质、生物、地球化学、水文学、气候学与污染分析数据后，可以利用二维或三维可视化模型展示场地内污染物分布情形、高污染源区附近地下环境、下游未受污染地区的状态、地下水流场以及污染传输系统等，即建立场地特征概念模型。

取得场地数据后，利用污染传输模式或是自然衰减模式进行模拟，并与实际场地特征调查结果进行验证，修正先前所建立的场地概念模型；如果场地差异性较大时，可以适当修正模型所有的相关参数，并重新进行模拟。在后续执行 MNA 过程中，如取得最新的监测数据资料，也应随时修正场地概念模型，以便精确评估及预测 MNA 修复效果。

在完成初步评估、污染迁移与归趋模拟之后，需要进行可能受体暴露途径分析，界定出可能潜在的人体与生物受体或是其他自然资源，结合现有与未来的土地和地下水使用功能，分析其可能产生的危害风险。通过对场地的风险评估，明确健康风险。如果暴露途径的分析结果表明，对于人体健康及自然环境并不会有危害的风险，且能够在合理的时间内达到修复目的，则开始设计长期性的监测方案，完成 MNA 可行性评估，开展监控自然衰减修复技术的具体实施。

（4）多相抽提技术（Multi-Phase Extraction（MPE））

1）技术适应性

适用于污染土壤和地下水，可处理易挥发、易流动的 NAPL（非水相液体）（如汽油、柴油、有机溶剂等）。不宜用于渗透性差或者地下水水位变动较大的场地。

2）技术原理

通过真空提取手段，抽取地下污染区域的土壤气体、地下水和浮油等到地面进行相分离及处理。

3）系统构成和主要设备

MPE 系统通常由多相抽提、多相分离、污染物处理三个主要部分构成。系统主要设备包括真空泵（水泵）、输送管道、气液分离器、NAPL/水分离器、传动泵、控制设备、气/水处理设备等。

多相抽提设备是 MPE 系统的核心部分，其作用是同时抽取污染区域的气体和液体（包括土壤气体、地下水和 NAPL），把气态、水溶态以及非水溶性液态污染物从地下抽吸到地面上的处理系统中。多相抽提设备可以分为单泵系统和双泵系统。其中单泵系统仅由真空设备提供抽提动力，双泵系统则由真空设备和水泵共同提供抽提动力。

多相分离指对抽出物进行的气—液及液—液分离过程。分离后的气体进入气体处理单元，液体通过其他方法进行处理。油水分离可利用重力沉降原理除去浮油层，分离出含油量低的水。

污染物处理是指经过多相分离后，含有污染物的流体被分为气相、液相和有机相等形态，结合常规的环境工程处理方法进行相应的处理处置。气相中污染物的处理方法目前主要有热氧化法、催化氧化法、吸附法、浓缩法、生物过滤及膜法过滤等。污水中的污染物处理目前主要采用膜法（反渗透和超滤）、生化法（活性污泥）和物化法等技术，并根据相应的排放标准选择配套的水处理设备。

4）关键技术参数或指标

评估 MPE 技术适用性的关键技术参数主要分为水文地质条件和污染物条件两个方面，关键参数适宜范围如表 5.4-3 所示。

MPE 技术关键参数　　　　　　　　　　　　　　　　表 5.4-3

	关键参数	单位	适宜范围
场地参数	渗透系数(K)	cm/s	$10^{-3} \sim 10^{-5}$
	渗透率	cm^2	$10^{-8} \sim 10^{-10}$
	导水系数	cm^2/s	0.72
	空气渗透性	cm^2	$<10^{-8}$
	地质岩性	/	砂土～黏土
	土壤异质性	/	均质
	污染区域	/	包气带、饱和带、毛细管带
	包气带含水率	/	较低
	地下水埋深	英寸	>3 英寸
	土壤含水率(生物通风)	饱和持水量	40%～60%
	氧气含量(好氧降解)		>2%

续表

	关键参数	单位	适宜范围
污染物性质	饱和蒸气压	mmHg	$>0.5\sim1$
	沸点	℃	$<250\sim300$
	亨利常数	无量纲	$>0.01(20℃)$
	土-水分配系数	mg/kg	适中
	LNAPL 厚度	cm	>15
	NAPL 粘度	cp	<10

5）技术应用基础和前期准备

在技术应用前，需开展可行性测试，以对其适用性和效果进行评价和提供设计参数。参数包括：土壤性质（渗透性、孔隙率、有机质等）、土壤气压、地下水水位、污染物在土、水、气相中的浓度、生物降解参数（微生物种类、氮磷浓度、O_2、CO_2、CH_4 等）、地下水水文地球化学参数（氧化还原电位、pH 值、电导率、溶解氧、无机离子浓度等）、NAPL 厚度和污染面积、汽/液抽提流量、井头真空度、NAPL 回收量、污染物回收量、真空影响半径等。

（5）空气注入修复技术（Air/Bio Sparging）

1）技术适应性

该技术可用来处理地下水中大量的挥发性和半挥发性有机污染物，如汽油、苯系物成分有关的其他燃料，石油碳氢化合物等。受地质条件限制，不适合在低渗透率或高黏土含量的地区使用，不能应用于承压含水层及土壤分层情况下的污染物治理，适用于具有较大饱和厚度和埋深的含水层。如果饱和厚度和地下水埋深较小，那么治理时需要很多扰动井才能达到目的。

2）技术原理

空气注入技术是在气相抽提（SVE）的基础上发展而来的，通过在含水层注入空气使地下水中的污染物汽化，同时增加地下氧气浓度，加速饱和带、非饱和带中的微生物降解作用。汽化后的污染物进入包气带，可利用抽气装置抽取后处理，因此也称生物曝气技术（Bio Sparging）。

3）系统构成和主要设备

空气注入技术主要由抽气系统、抽提井、输气系统、注射井、尾气处理系统、在线监测系统及配套控制系统等组成。

主要设备包括输气系统（鼓风机、输气管网等）、抽气系统（真空泵、抽气管网、气水分离罐、压力表、流量计、抽气风机）、在线监测系统及配套控制系统、尾气处理系统（除尘器、活性炭吸附塔）等。

4）关键技术参数或指标

主要包括：土壤理化性质、污染物特性和土壤微生物三大类。

5）技术应用基础和前期准备

在技术应用前，需开展可行性测试，以对其适用性和效果进行评价和提供设计参数。参数包括：土壤性质（渗透性、孔隙率、有机质等）、地下水水位、地下水流向、污染物在土、水、气相中的浓度、生物降解参数（微生物种类、氮磷浓度、O_2、CO_2、CH_4 等）、地下水水文地球化学参数（氧化还原电位、pH 值、电导率、溶解氧、无机离子浓度等）、地下水污染物的分布情况、注射井空气注入流量、抽提井井头真空度、污染物回收量、曝气影响半径、曝气井间距等。

5.5　场地环境调查与风险评估

5.5.1　场地环境调查

1. 工作程序

场地环境调查可分为三个阶段，调查的工作程序见图 5.5-1。

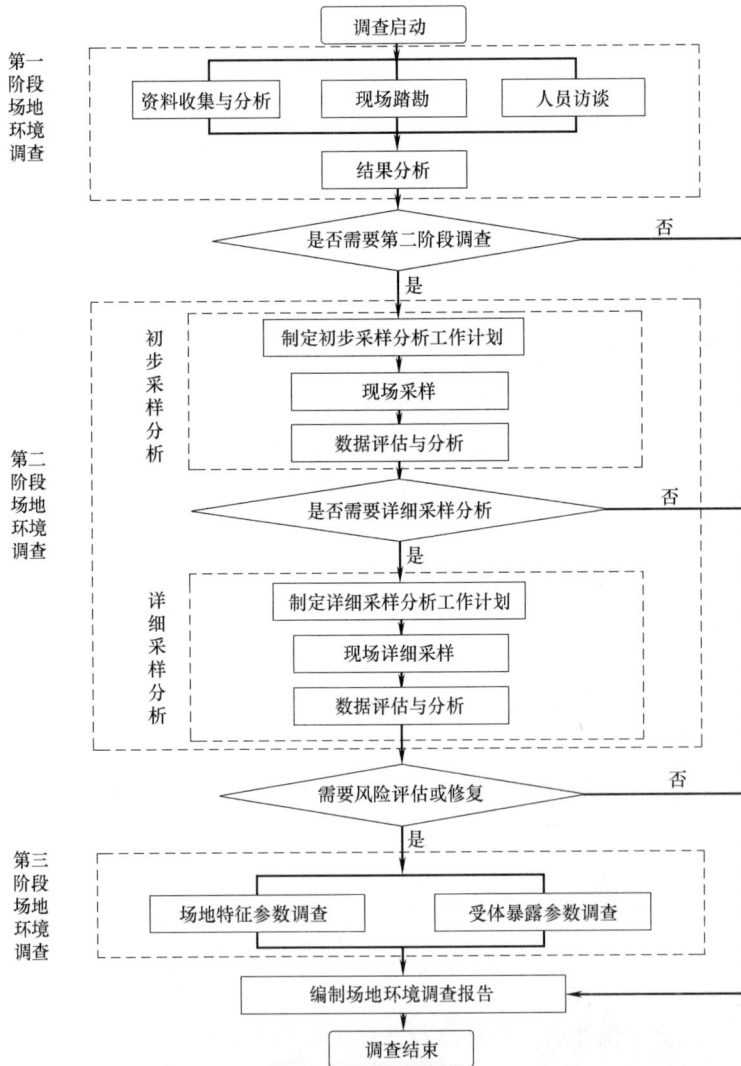

图 5.5-1　场地环境调查的工作内容与程序

2. 第一阶段场地环境调查

第一阶段场地环境调查是以资料收集、现场踏勘和人员访谈为主的污染识别阶段，原则上不进行现场采样分析。若第一阶段调查确认场地内及周围区域当前和历史上均无可能的污染源，则认为场地的环境状况可以接受，调查活动可以结束。常见场地类型及污染物特征见表 5-5.1。

<table>
<tr><td colspan="3" align="center">**常见场地类型及污染物特征**</td><td align="right">**表 5.5-1**</td></tr>
<tr><td>行业分类</td><td colspan="2">场地分类</td><td>潜在特征污染物类型</td></tr>
<tr><td rowspan="12">制造业</td><td colspan="2">化学原料及化学品制造</td><td>挥发性有机物、半挥发性有机物、重金属、持久性有机污染物、农药</td></tr>
<tr><td colspan="2">电器机械及器材制造</td><td>重金属、有机氯溶剂、持久性有机污染物</td></tr>
<tr><td colspan="2">纺织业</td><td>重金属、氯代有机物</td></tr>
<tr><td colspan="2">造纸及纸制品</td><td>重金属、氯代有机物</td></tr>
<tr><td colspan="2">金属制品业</td><td>重金属、氯代有机物</td></tr>
<tr><td colspan="2">机械制造</td><td>重金属、石油烃</td></tr>
<tr><td colspan="2">塑料和橡胶制品</td><td>半挥发性有机物、挥发性有机物、重金属</td></tr>
<tr><td colspan="2">石油加工</td><td>挥发性有机物、半挥发性有机物、重金属、石油烃</td></tr>
<tr><td colspan="2">炼焦厂</td><td>挥发性有机物、半挥发性有机物、重金属、氢化物</td></tr>
<tr><td colspan="2">交通运输设备制造</td><td>持久性有机污染物、半挥发性有机物、重金属、农药</td></tr>
<tr><td colspan="2">皮革、皮毛制造</td><td>重金属、挥发性有机物</td></tr>
<tr><td colspan="2">废弃资源和废旧材料回收加工</td><td>持久性有机污染物、半挥发性有机物、重金属、农药</td></tr>
<tr><td rowspan="4">采矿业</td><td colspan="2">煤炭开采和洗选业</td><td>重金属</td></tr>
<tr><td colspan="2">黑色金属和有色金属矿采选业</td><td>重金属、氰化物</td></tr>
<tr><td colspan="2">非金属矿物采选业</td><td>重金属、氰化物、石棉</td></tr>
<tr><td colspan="2">石油和天然气开采业</td><td>石油烃、挥发性有机物、半挥发性有机物</td></tr>
<tr><td rowspan="3">电力燃气及水的生产及供应</td><td colspan="2">火力发电</td><td>重金属、持久性有机污染物</td></tr>
<tr><td colspan="2">电力供应</td><td>持久性有机污染物</td></tr>
<tr><td colspan="2">燃气生产和供应</td><td>挥发性有机物、半挥发性有机物、重金属</td></tr>
<tr><td rowspan="3">水利、环境和公共设施管理业</td><td colspan="2">水污染治理</td><td>持久性有机污染物、半挥发性有机物、重金属、农药</td></tr>
<tr><td colspan="2">危险废物的治理</td><td>持久性有机污染物、半挥发性有机物、重金属、挥发性有机物</td></tr>
<tr><td colspan="2">其他环境治理(工业固废、生活垃圾处理)</td><td>持久性有机污染物、半挥发性有机物、重金属、挥发性有机物</td></tr>
<tr><td rowspan="4">其他</td><td colspan="2">军事工业</td><td>半挥发性有机物、重金属、挥发性有机物</td></tr>
<tr><td colspan="2">研究、开发和测试设施</td><td>半挥发性有机物、重金属、挥发性有机物</td></tr>
<tr><td colspan="2">干洗店</td><td>挥发性有机物、有机氯溶剂</td></tr>
<tr><td colspan="2">交通运输工具维修</td><td>重金属、石油烃</td></tr>
</table>

（1）资料搜集与分析

收集资料主要包括：场地利用变迁资料、场地环境资料、场地相关记录、有关政府文件、以及场地所在区域的自然和社会信息。当调查场地与相邻场地存在污染的可能时，须调查相邻场地的相关记录和资料。调查人员应根据专业知识和经验识别资料中的错误和不合理的信息，如资料缺失影响判断场地污染状况时，应在报告中说明。

（2）现场踏勘

在现场踏勘前，根据场地的具体情况掌握相应的安全卫生防护知识，并装备必要的防护用品。现场踏勘的范围以场地内为主，并应包括场地的周围区域，周围区域的范围应由现场调查人员根据污染物可能迁移的距离来判断。

现场踏勘的主要内容包括：场地的现状与历史情况，相邻场地的现状与历史情况，周围区域的现状与历史情况，区域的地质、水文地质和地形的描述等。重点踏勘对象一般应包括：有毒有害物质的使用、处理、储存、处置；生产过程和设备，储槽与管线；恶臭、化学品味道和刺激性气味，污染和腐蚀的痕迹；排水管或渠、污水池或其他地表水体、废物堆放地、井等。同时应该观察和记录场地及周围是否有可能受污染物影响的居民区、学校、医院、饮用水源保护区以及其他公共场所等，并在报告中明确其与场地的位置关系。

现场踏勘的方法包括：可通过对异常气味的辨识、摄影和照相、现场笔记等方式初步判断场地污染的状况。踏勘期间，可以使用现场快速测定仪器。

（3）人员访谈

访谈内容应包括资料收集和现场踏勘所涉及的疑问，以及信息补充和已有资料的考证。访谈对象为场地现状或历史的知情人，应包括：场地管理机构和地方政府的官员，环境保护行政主管部门的官员，场地过去和现在各阶段的使用者，以及场地所在地或熟悉场地的第三方，如相邻场地的工作人员和附近的居民。访谈方法可采取当面交流、电话交流、电子或书面调查表等方式进行。

3. 第二阶段场地环境调查

第二阶段场地环境调查是以采样与分析为主的污染证实阶段，若第一阶段场地环境调查表明场地内或周围区域存在可能的污染源，如化工厂、农药厂、冶炼厂、加油站、化学品储罐、固体废物处理等可能阐述有毒有害物质的设施或活动；以及由于资料缺失等原因造成无法排除场地内外存在污染源时，作为潜在污染场地进行第二阶段场地环境调查，确定污染物种类、浓度（程度）和空间分布。

第二阶段场地环境调查通常可以分为初步采样分析和详细采样分析两步进行，每步均包括制定工作计划、现场采样、数据评估和结果分析等步骤。初步采样分析和详细采样分析均可根据实际情况分批次实施，逐步减少调查的不确定性。根据初步采样分析结果，如果污染物浓度均未超过国家和地方等相关标准以及清洁对照点浓度（有土壤环境背景的无机物），并且经过不确定性分析确认不需要进一步调查后，第二阶段场地环境调查工作可以介绍，否则认为可能存在环境方向，须进行详细调查。标准中没有涉及的污染物，可根据专业知识和经验综合判断。详细采样分析是在初步采样分析的基础上，进一步采样和分析，确定场地污染程度和范围。

（1）初步采样分析工作计划

根据第一阶段场地环境调查的情况制定初步采样分析工作计划，内容包括核查已有信息、判断污染物的可能分布、制定采样方案、制定健康和安全防护计划、制定样品分析方案和确定质量保证及质量控制程序等任务。

1）核查已有信息

对已有信息进行核查，包括第一阶段场地环境调查中重要的环境信息，如土壤类型和地下水埋深；查阅污染物在土壤、地下水、地表水或场地环境的可能分布和迁移信息；查阅污染物排放和泄露的信息。应核查上述信息的来源，以确保其真实性和适用性。

2）判断污染物的可能分布

根据场地的具体情况、场地内外的污染源分布、水文地质条件以及污染物的迁移和转化等因素，判断场地污染物在土壤和地下水中的可能分布，为制定采样方案提供依据。

3）制定采样方案

采样方案一般包括：采样点的布设、样品数量、样品的采集方法、现场快速检测方法、样品收集、保存、运输和储存等要求。

土壤采样点水平方向的布设参照表 5.5-2、图 5.5-2 进行，并说明采样点布设的理由，常用的布设方法包括系统随机布点法、专业判断布点法、分区布点法和系统布点法。具体参见《场地环境监测技术导则》HJ 25.2—2014。

几种常见的布点方法及适用条件	表 5.5-2
布 点 方 法	适 用 条 件
系统随机布点法	适用于污染分布均匀的场地
专业判断布点法	适用于潜在污染明确的场地
分区布点法	适用于污染分布不均匀，并获得污染分布情况的场地
系统布点法	适用于各类场地情况，特别是污染分布不明确或污染分布范围大的情况

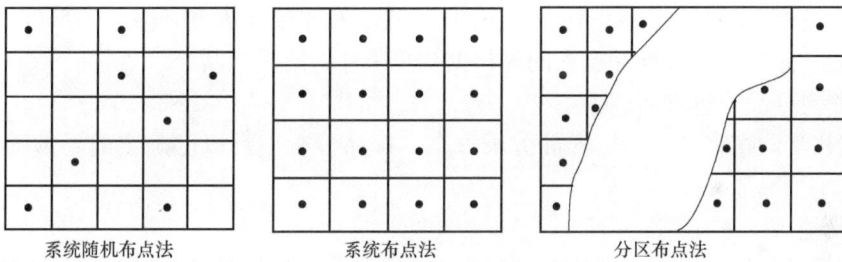

图 5.5-2 土壤采样点布设方法示意图

土壤采样点垂直方向的采样深度可根据污染源的位置、迁移和地层结构以及水文地质等进行判断设置。如对场地信息了解不足，难以合理判断采样深度，可按 0.5～2.0m 等间距设置采样位置。

对于地下水，一般情况下应在调查场地附近选择清洁对照点。地下水采样点的布设应考虑地下水的流向、水力坡降、含水层渗透性、埋深和厚度等水文地质条件及污染源和污染物迁移转化等因素；对于场地内或临近区域内的现有地下水监测井，如果符合地下水环境监测技术规范，则可以作为地下水的取样点或对照点。

4）制定健康和安全防护计划

根据有关法律法规和工作现场的实际情况，制定场地调查人员的健康和安全防护计划。

5）制定样品分析方案

检测项目应根据保守性原则，按照第一阶段调查确定的场地内外潜在污染源和污染物，同时考虑污染物的迁移转化，判断样品的检测分析项目；对于不能确定的项目，可选取潜在典型污染样品进行筛选分析。一般工业场地可选择的检测项目包括：重金属、挥发性有机物、半挥发性有机物、氰化物和石棉等。如土壤和地下水明显异常而常规检测项目无法识别时，可采用生物毒性测试方法进行筛选判断。

6）质量保证和质量控制

现场质量保证和质量控制措施应包括：防止样品污染的工作程序，运输空白样分析，现场重复样分析。采样设备清洗空白样分析，具体参见《场地环境监测技术导则》HJ 25.2－2014。

（2）详细采样分析工作计划

在初步采样分析的基础上制定详细采样分析工作计划。详细采样分析工作计划主要包括：评估初步采样分析工作计划和结果，制定采样方案，以及制定样品分析方案等。详细调查过程中的监测的技术要求按照《场地环境监测技术导则》HJ 25.2—2014 的规定执行。

1）评估初步采样分析的结果

分析初步采样获取的场地信息，主要包括土壤类型、水文地质条件、现场和实验室检测数据等；初步确定污染物种类、程度和空间分布；评估初步采样分析的质量保证和质量控制。

2）制定采样方案

根据初步采样分析的结果，结合场地分区，制定采样方案。应采用系统布点法加密布设采样点。对于需要划定污染边界范围的区域，采样单元面积不大于 1600m² （40m× 40m 网格）。垂直方向采样深度和间隔根据初步采样的结果判断。

3）制定样品分析方案

根据初步调查结果，制定样品分析方案。样品分析项目以已确定的场地关注污染物为主。

4）其他

详细采样工作计划中的其他内容可在初步采样分析计划基础上制定，并针对初步采样分析过程中发现的问题，对采样方案和工作程序等进行相应调整。

（3）现场采样

1）采样前的准备

现场采样应准备的材料和设备包括：定位仪器、现场探测设备、调查信息记录装备、监测井的建井材料、土壤和地下水取样设备、样品的保存装置和安全防护装备等。

2）定位和探测

采样前，可采用卷尺、GPS 卫星定位仪、经纬仪和水准仪等工具在现场确定采样点的具体位置和地面标高，并在采样布点图中标出。可采用金属探测器或探地雷达等设备探测地下障碍物，确保采样位置避开地下电缆、管线、沟、槽等地下障碍物。采用水位仪测量地下水水位，采用油水界面仪探测地下水非水相液体。

3）现场检测

可采用便携式有机物快速测定仪、重金属快速测定仪、生物毒性测试等现场快速筛选技术手段进行定性或定量分析，可采用直接贯入设备现场连续测试地层和污染物垂向分布情况，也可采用土壤气体现场检测手段和地球物理手段初步判断场地污染物及其分布，指导采样点采集及监测点位布设。采用便携式设备现场测定地下水水温、pH 值、电导率、浊度和氧化还原电位等。

4）土壤样品采集

土壤样品分表层土和深层土。深层土的采样深度应考虑污染物可能释放和迁移的深度（如地下管线和储槽埋深）、污染物性质、土壤的质地和孔隙度、地下水水位和回填土等因素。可利用现场探测设备辅助判断采样深度。

采集含挥发性污染物的样品时，应尽量减少对样品的扰动，严禁对样品进行均质化处理。

土壤样品采集后，应根据污染物理化性质等，选用合适的容器保存。含汞或有机污染物的土壤样品应在4℃以下的温度条件下保存和运输，具体参照《场地环境监测技术导则》HJ 25.2—2014。

土壤采样时应进行现场记录，主要内容包括：样品名称和编号、气象条件、采样时间、采样位置、采样深度、样品质地、样品的颜色和气味、现场检测结果以及采样人员等。

5）地下水采集

地下水采样一般应建地下水监测井。监测井的建设过程分为设计、钻孔、过滤管和井管的选择和安装、滤料的选择和装填，以及封闭和固定等。监测井的建设可参照《地下水环境监测技术规范》HJ/T 164中的有关要求。所用设备和材料应清洗除污，建设结束后需及时进行洗井。

监测井建设记录和地下水采样记录的要求参见《地下水环境监测技术规范》HJ/T 164。样品保存、容器和采样体积的要求参照《地下水环境监测技术规范》HJ/T 164附录A。

（4）数据评估和结果分析

1）实验室检测分析

委托有资质的实验室进行样品检测分析。

2）数据评估

整理调查信息和检测结果，评估检测数据的质量，分析数据的有效性和充分性，确定是否需要补充采样分析等。

3）结果分析

根据土壤和地下水检测结果进行统计分析，确定场地关注污染物种类、浓度水平和空间分布。

4. 第三阶段场地环境调查

若需要进行风险评估或污染修复时，则要进行第三阶段场地环境调查。第三阶段场地环境调查以补充采样和测试为主，获得满足风险评估及土壤和地下水修复所需的参数。本阶段的调查工程可单独进行，也可在第二阶段调查过程中同时开展。

（1）调查主要内容

第三阶段场地环境调查主要工作内容包括场地特征参数和受体暴露参数的调查。场地特征参数包括：不同代表位置和土层或选定土层的土壤样品的理化性质分析数据，如土壤pH值、容重、有机碳含量、含水率和质地等；场地（所在地）气候、水文、地质特征信息和数据，如地表年平均风速和水力传导系数等。根据风险评估和场地修复实际需要，选取适当的参数进行调查。

受体暴露参数包括：场地及周边地区土地利用方式、人群及建筑物等相关信息。

（2）调查方法与调查结果

场地特征参数和受体暴露参数的调查可采用资料查询、现场实测和实验室分析测试等方法。该阶段的调查结果供场地风险评估和污染修复使用。

5. 污染场地勘察

污染场地已成为我国的重要环境问题之一，明确场地污染的程度和范围、查明场地的地质与水文地质条件，是进行场地环境管理、场地利用规划与开发建设的基础，也是勘察工作要解决的问题，勘察工作贯穿场地环境评价、污染修复、场地再利用规划，以及开发建设的全过程。而现行工程建设领域及环保领域相关勘察或调查标准中，工程勘察规范侧重于土的物理力学性质分析、污染土和水对建筑材料的腐蚀性评价，上述环境调查评价导则主要从健康风险角度出发，侧重于查明污染的分布特征，没有明确对于查明水文地质条件的要求，缺乏对于相应的技术和操作要求。需要有综合考虑环境与岩土特点、可操作性强的勘察方法技术标准。

为了进一步规范北京市污染场地勘察工作的流程、方法和技术要求，促进污染场地规划、建设工作的标准化，推进技术进步，2014 年启动了《污染场地勘察规范》的编制工作，并于 2015 年 6 月正式发布。《污染场地勘察规范》DB11/T 1311—2015 针对北京的实际情况，包括北京地区地质和水文地质特征、场地污染特征，总结国内（包括北京地区）的污染场地勘察（或调查）经验，借鉴国外有关研究成果，考虑技术方法的发展趋势及可操作性，经过分析、综合后，统一北京市工业污染场地和垃圾简易堆填污染场地勘察工作的技术要求。作为国内第一本场地环境勘察专项规范，其可操作性强，是现有场地环境调查、评价标准有益补充。

5.5.2 场地风险评估

1. 工作程序和内容

场地风险评估工作包括危害识别、暴露评估、毒性评估、风险表征，以及土壤和地下水风险控制值的计算。污染场地风险评估程序见图 5.5-3。

2. 危害识别

场地危害识别的主要任务是根据第一阶段和第二阶段的调查、采样和分析获取的资料，结合场地的规划用地性质，确定关注污染物及其空间分布，识别敏感受体类型，进一步完善场地概念模型，指导场地风险评价。场地危害识别的工作内容包括：

（1）确定场地主要污染源、污染物浓度及其向环境释放的方式。

（2）根据污染场地未来用地规划，分析和确定未来受污染场地影响的人群。

（3）根据污染物及环境介质的特性，分析污染物在环境介质中的迁移和转化。

（4）根据未来人群的活动规律和污染在环境介质中的迁移规律，分析和确定未来人群接触或摄入污染物的方式，确定暴露方式。

（5）在污染源、污染物在环境中的迁移转化、暴露方式和受体分析的基础上，分析和建立暴露途径。

（6）综合各种暴露途径，建立场地污染概念模型。场地概念模型需在随后的暴露评估和风险评估中进一步完善和修订。在场地风险评估中，如果污染源和受体之间未形成完整的"源—迁移途径—受体"暴露风险链条，则认为不存在风险，风险评估将停止进行。

启动风险评估

危害识别
- 土地利用方式
- 场地环境调查资料
- 污染物相关资料
- 关注污染物
- 污染空间分布
- 暴露人群

暴露评估
- 确定暴露情景
  - 暴露途径
  - 暴露模型
  - 模型参数
- 计算暴露量

毒性评估
- 分析健康效应
  - 致癌效应
  - 非致癌效应
- 确定污染物参数

风险表征
- 计算土壤中单一污染物经单一途径的致癌风险和危害商
- 计算地下水中单一污染物经单一途径的致癌风险和危害商
- 计算土壤和地下水中单一污染物的总致癌风险和危害指数
- 不确定性分析

风险是否可接受
- 否
- 是

控制值计算
- 计算场地土壤风险控制值
- 计算保护地下水的土壤风险控制值
- 计算场地地下水风险控制值
- 提出土壤和地下水风险控制值

结束

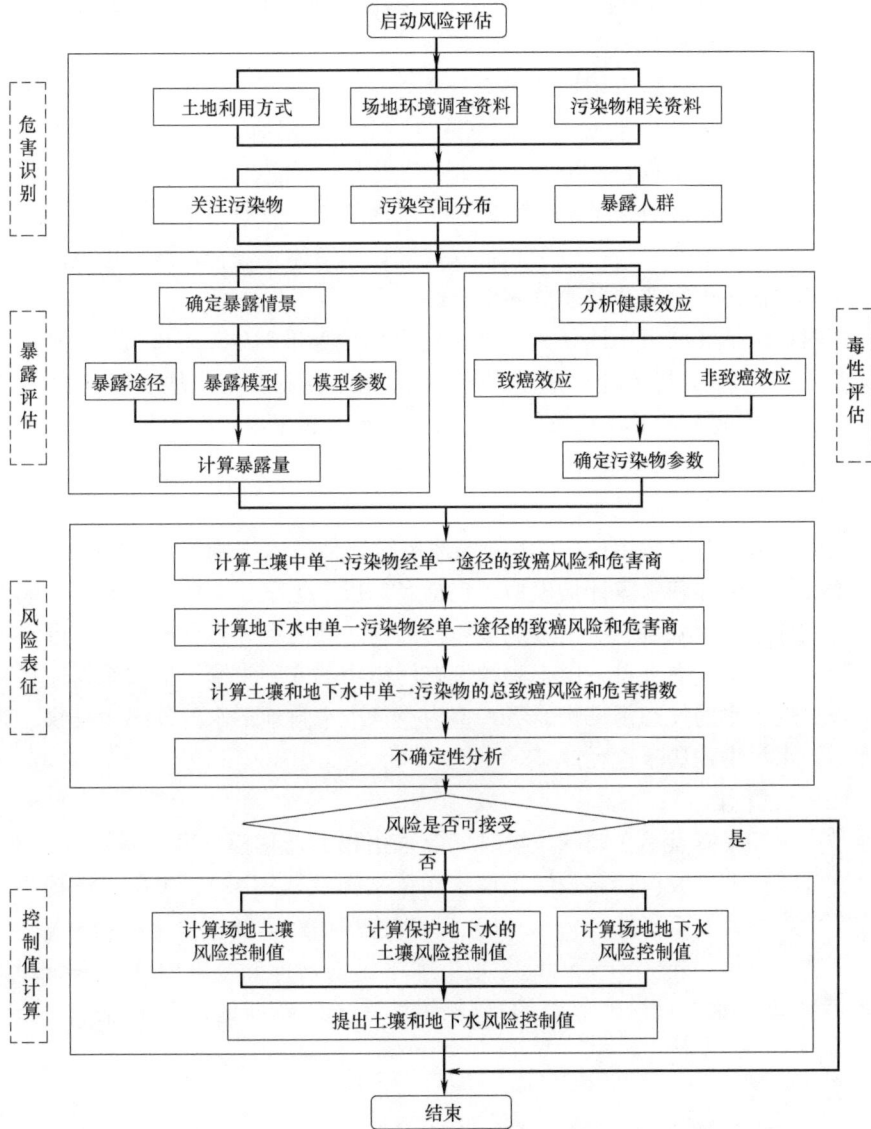

图 5.5-3　污染场地风险评估程序与内容

3. 暴露评估

暴露评估是在危害识别的基础上，分析场地土壤和地下水中关注污染物进入并危害敏感受体的情景，确定场地土壤和地下水中的污染物对敏感人群的暴露途径，确定污染物在环境介质中的迁移模型和敏感人群的暴露模型，确定与场地污染状况、土壤性质、地下水特征、敏感人群和关注污染物性质等相关的模型参数值，计算敏感人群摄入来自土壤和地下水的污染物所对应的暴露量。暴露评估的主要工作内容包括分析暴露情景、识别暴露途径、选择迁移模型和确定暴露参数。

（1）分析暴露情景

暴露情景是指特定土地利用方式下，场地污染物经由不同暴露路径迁移和到达受体人群的情况。根据不同土地利用方式下人群的活动模式，《污染场地风险评估技术导则》HJ

25.3—2014 标准规定了 2 类典型用地方式下的暴露情景，即以住宅用地为代表的敏感用地和以工业用地为代表的非敏感用地的暴露情景。

敏感用地方式包括《城市用地分类与规划建设用地标准》GB 50137 规定的城市建设用地中的居住用地（R）、文化设施用地（A2）、中小学用地（A33）、社会福利设施用地（A6）中的孤儿院等。敏感用地方式下，儿童和成人均可能会长时间暴露于场地污染而产生健康危害。对于致癌效应，考虑人群的终生暴露危害，一般根据儿童期和成人期的暴露来评估污染物的终生致癌风险；对于非致癌效应，儿童体重较轻，暴露量较高，一般根据儿童期暴露来评估污染物的非致癌危害效应。

非敏感用地包括《城市用地分类与规划建设用地标准》GB 50137 规定的城市建设用地中的工业用地（M）、物流仓储用地（W）、商业服务业设施用地（B）、公用设施用地（U）等。非敏感用地方式下，成人的暴露期长、暴露频率高，一般根据成人期的暴露来评估污染物的致癌风险和非致癌风险。

（2）确定暴露途径

对于敏感用地和非敏感用地，《污染场地风险评估技术导则》HJ 25.3—2014 标准规定了 9 种主要暴露途径和暴露评估模型，包括经口摄入土壤、皮肤接触土壤、吸入土壤颗粒物、吸入室外空气中来自表层土壤的气态污染物、吸入室外空气中来自下层土壤的气态污染物、吸入室内空气中来自下层土壤的气态污染物共 6 种土壤污染物暴露途径和吸入室外空气中来自地下水的气态污染物、吸入室内空气中来自地下水的气态污染物、饮用地下水共 3 种地下水污染物暴露途径。

（3）迁移模型

场地污染源和暴露点不在同一位置时，应采用相关迁移模型确定暴露点污染物浓度。场地污染物迁移模型一般包括：表层土壤中污染物挥发（VFss）、表层土壤扬尘（PEF）、深层土壤中污染物挥发至室外（VFsamb）、深层土壤中污染物挥发至室内（VFsesp）、地下水中污染物挥发至室外（VFwamb）、地下水中污染物挥发至室内（VFwesp）、土壤中污染物淋溶到地下水（LF）。常用的迁移模型见《污染场地风险评估技术导则》HJ 25.3—2014。

（4）暴露参数

暴露参数包括暴露频率、暴露时间、土壤摄入量、人体相关参数等，推荐的暴露参数默认值见《污染场地风险评估技术导则》HJ 25.3—2014、《场地环境评价导则》DB11/T 656。各种暴露途径涉及的土壤和水文地质参数可根据现场调查获得。作为计算场地风险筛选值时，也可采用一定区域范围内的土壤和地质水文参数。

4. 毒性评估

污染物毒性常用污染物质对人体产生的不良效应以剂量—反应关系表示。对于非致癌物质如具有神经毒性、免疫毒性和发育毒性等物质，通常认为存在阈值现象，即低于该值就不会产生可观察到的不良效应。对于致癌和致突变物质，一般认为无阈值现象，即任意剂量的暴露均可能产生负面健康效应。

污染物毒性参数包括计算非致癌危害熵的慢性参考剂量（非挥发性有机物）和参考浓度（挥发性有机物）；计算致癌风险的致癌斜率（非挥发性有机物）和单位致癌系数（挥发性有机物）。常见的污染物毒性参数见《污染场地风险评估技术导则》HJ 25.3—2014。

污染物毒性参数也可根据国际上认可的毒性数据库适时进行更新。

5. 风险表征

（1）致癌/非致癌风险计算

风险表征是以场地危害识别、暴露评估和毒性评估的结果为依据，把风险发生概率和/或危害程度以一定的量化指标表示出来，从而确定人群暴露的危害度。主要工作内容包括：计算单一污染物某种暴露途径的致癌和非致癌危害熵、单一污染物所有暴露途径的致癌和非致癌危害熵、所有关注污染物的累积致癌和非致癌危害熵计算。风险表征计算公式见《污染场地风险评估技术导则》HJ 25.3—2014。

（2）不确定性分析

对风险评估过程的不确定性因素进行综合分析评价，称为不确定性分析。场地风险评估结果的不确定性分析，主要是对场地风险评估过程中由输入参数误差和模型本身不确定性所引起的模型模拟结果的不确定性进行定性或定量分析，包括风险贡献率分析和参数敏感性分析等。具体不确定性分析方法见《污染场地风险评估技术导则》HJ 25.3—2014。

6. 确定场地风险控制值

（1）确定风险可接受水平

风险可接受水平是指一定条件下人们可以接受的健康风险水平。致癌风险水平以场地土壤、地下水中污染物可能引起的癌症发生概率来衡量，非致癌危害熵以场地土壤和地下水中污染物浓度超过污染容许接受浓度的倍数来衡量。通常情况下，将单一污染物的致癌风险可接受水平设定为 10^{-6}、非致癌危害熵可接受水平设定为1。风险可接受水平直接影响到污染场地的修复成本，在具体风险评估时，可以根据各地区社会与经济发展水平选择合适的风险水平。

（2）计算场地风险控制值

场地风险控制值也常称作初步修复目标值，是根据场地可接受污染水平、场地背景值或本底值、经济技术条件和修复方式（修复和工程控制）、当地社会经济发展水平等因素综合确定的、场地土壤和地下水中的污染物修复后需要达到的限值。

计算修复目标值分为计算单个暴露途径土壤和地下水中污染物致癌风险和非致癌危害熵的修复目标值，以及计算所有暴露途径土壤和地下水中污染物致癌风险和非致癌危害熵的修复目标值两种情况。当场地污染物存在多种暴露途径时，一般采取第二种方法，即先计算所有暴露途径的累积风险，再计算修复目标值。

计算单个暴露途径以及综合暴露途径风险控制值的方法可参考《污染场地风险评估技术导则》HJ 25.3—2014，也可采用如下方法推导。

1) 污染物单个暴露途径风险控制值

分别根据每个污染物单个暴露途径的致癌风险和非致癌危害熵计算修复目标值。例如：计算经口摄入途径土壤中污染物致癌风险的修复目标值采用下式计算：

$$RBSL_{\text{ingest}} = \frac{CS \times TR}{R_{\text{ingest}}} \tag{5.5-1}$$

计算经口摄入途径土壤中污染物非致癌危害熵的修复目标值采用下式计算：

$$HBSL_{\text{ingest}} = \frac{CS \times THQ}{HQ_{\text{ingest}}} \tag{5.5-2}$$

式中 $RBSL_{ingest}$——基于经口摄入途径致癌风险的土壤中污染物修复目标值（mg/kg）；

$HBSL_{ingest}$——基于经口摄入途径非致癌危害熵的土壤中污染物修复目标值（mg/kg）；

CS——污染物浓度（mg/kg）；

TR——致癌风险可接受水平；

THQ——非致癌危害熵可接受水平；

R_{ingest}——经口摄入途径污染物致癌风险；

HQ_{ingest}——经口摄入途径污染物非致癌危害熵。

其他途径的污染物修复目标值同上。

比较基于致癌风险和非致癌危害熵计算得出的修复目标值，选择较小值作为场地污染物修复目标值。

2）污染物所有暴露途径风险控制值

计算单一污染物所有途径致癌风险的污染物修复目标值，采用下式计算：

$$RBSL_n = \frac{CS \times TR}{R_i} \tag{5.5-3}$$

计算单一污染物所有途径非致癌危害熵的污染物修复目标值，采用下式计算：

$$HBSL_n = \frac{CS \times THQ}{HQ_i} \tag{5.5-4}$$

式中 $RBSL_n$——所有途径致癌风险的污染物修复目标值（mg/kg）；

$HBSL_n$——所有途径非致癌危害熵的污染物修复目标值（mg/kg）；

R_i——所有途径污染物致癌风险；

HQ_i——所有途径污染物非致癌危害熵。

比较基于致癌风险和非致癌危害熵计算得到的修复目标值，选择较小值作为场地污染物修复目标值。

场地初步污染物修复目标值是基于风险评估模型的计算值，是确定污染场地修复目标的重要参考值。污染场地最终修复目标的确定，还应综合考虑修复后土壤的最终去向和使用方式、修复技术的选择、修复时间、修复成本以及法律法规、社会经济等因素。

5.6 场地土壤和地下水污染修复

5.6.1 修复技术方案编制

1. 工作程序和内容

污染场地修复技术方案编制工作分修复策略选择、修复技术筛选与评估、修复技术方案确定、修复技术方案报告编制 4 个阶段，工作程序见图 5.6-1。

2. 修复策略选择

（1）工作内容

选择修复策略的主要工作内容包括：确认场地条件、更新场地概念模型、确认场地修复总体目标和确定修复策略。

（2）确认场地条件

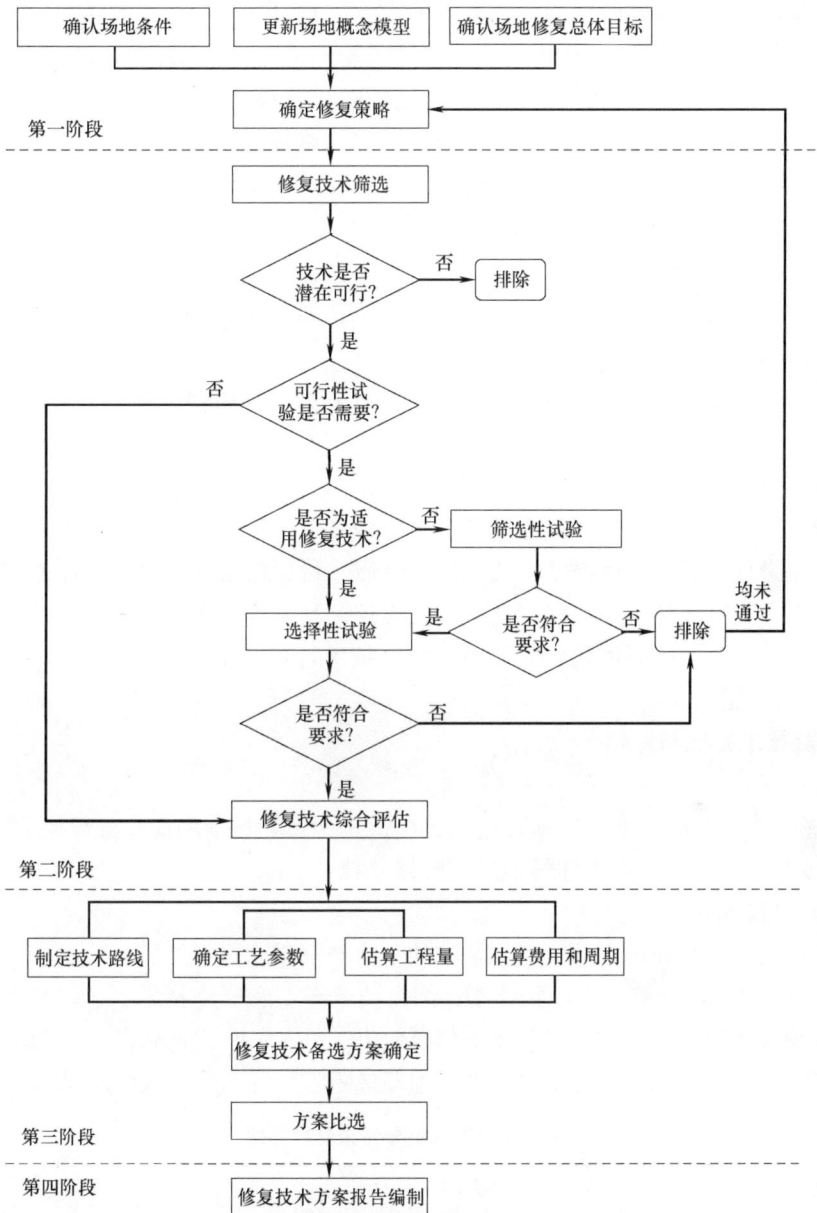

图 5.6-1 污染场地修复技术方案编制的工作程序

1）核实前期场地环境调查与风险评估中有关目标污染物、场地水文地质条件、用地规划等相关资料的有效性，如发现已有资料不能满足修复技术方案编制基础信息要求，应适当补充相关资料，必要时还应开展补充性场地环境调查、风险评估与模拟预测。

2）现场踏勘场地与周边环境和敏感点现状，关注修复工程的用电、用水、道路等条件，为修复技术方案的工程施工提供基础信息。

（3）更新场地概念模型

1）应进一步结合场地水文地质条件、污染物的理化参数、空间分布及其潜在迁移途径等因素，对场地调查和风险评估阶段的场地概念模型进行更新。

2）修复技术方案编制阶段的场地概念模型，应以文字、图、表等方式，概化场地地层分布、地下水埋深、流向，描述污染物的空间分布特征、迁移过程、迁移途径、污染介质与受体的相对位置关系、受体的关键暴露途径以及未来建筑物结构特征等。

3）修复技术方案编制过程中，应根据所制订的修复技术方案，分析修复过程对场地水文地质条件改变，污染物的转化与迁移过程以及污染物的空间分布特征的影响，并不断更新场地概念模型，以评估修复技术方案的实施效果。

（4）确认场地修复总体目标

1）应根据场地用地规划、修复技术可达性等，明确场地的环境功能或使用功能，进而确认场地修复总体目标。

2）对于修复周期较长的场地，总体目标也可分为不同阶段的目标，并明确达到各个阶段目标的时间要求。

（5）确定修复策略

1）应根据场地条件、场地概念模型、场地修复总体目标，确定场地修复策略。

2）场地修复策略应明确修复方式、修复介质、目标污染物、修复目标值与范围。

3）修复方式可包括污染源处理技术、工程控制和制度控制的任意一种及其组合。

4）修复目标值应根据风险评估结果、修复技术特点、土壤和地下水的最终去向或利用方式等综合确定。

3. 修复技术筛选与评估

（1）目标

根据场地修复策略，通过技术筛选，选出适用于目标场地的潜在可行技术；通过相应的可行性试验与评估，确定目标场地可行的修复技术。

（2）修复技术筛选

1）根据受污染的介质不同，对土壤和地下水修复技术进行筛选。

2）根据场地修复策略、污染物类型、修复技术类型和具体技术工艺，利用文献调研、应用案例分析或相关筛选工具，从技术的修复效果、可实施性、成本等方面考虑，筛选出潜在可行的修复技术。相关筛选工具"修复技术筛选矩阵"可参见表 5.6-1、表 5.6-2。

土壤和地下水修复技术筛选矩阵　　　　　　　　　　表 5.6-1

技术名称	技术成熟度	运行维护投入	资金投入	系统的可靠性和维护需求	其他相关成本	修复时间	目标污染物				
							非卤代 VOCs	卤代 VOCs	非卤代 SVOCs	卤代 SVOCs	重金属
土壤											
原位生物处理											
1　生物通风	●	●	●	●	●	◎	●	◇	●	○	○
2　强化生物修复	●	○	◎	◎	●	◎	●	●	●	◇	◇
3　植物修复	●	●	●	○	●	○	◎	◎	◎	◎	◎
原位物理/化学处理											
4　化学氧化/还原	●	○	◎	◎	●	●	◎	◎	○	◎	◇
5　土壤冲洗	●	○	◎	◎	◎	●	●	●	◎	◎	●

续表

技术名称	技术成熟度	运行维护投入	资金投入	系统的可靠性和维护需求	其他相关成本	修复时间	目标污染物				
							非卤代VOCs	卤代VOCs	非卤代SVOCs	卤代SVOCs	重金属
土壤											
原位物理/化学处理											
6 土壤气相抽提	●	○	◎	●	●	◎	●	●	○	○	○
7 固化/稳定化	●	◎	●	●	●	●	○	○	◎	◎	●
8 热处理(热蒸汽或热脱附)	●	○	○	●	◎	●	●	●	●	●	○
异位生物处理(假设基坑开挖)											
9 生物堆	●	●	●	●	●	◎	●	●	◎	◇	◇
10 堆肥法	●	●	●	●	●	◎	◎	◎	◎	◇	○
11 泥浆态生物处理	●	○	○	◎	●	◎	●	●	●	◇	○
异位物理/化学处理(假设基坑开挖)											
12 土壤淋洗	●	●	○	●	●	●	◎	◎	◎	◎	●
13 化学氧化/还原	●	◎	○	●	◎	●	◎	◎	◎	◎	●
14 固化/稳定化	●	◎	○	●	●	●	○	○	◎	◎	●
异位热处理法(假设基坑开挖)											
15 水泥窑协同处置	●	○	○	◎	●	●	●	●	●	●	○
16 焚烧	●	○	○	●	●	○	●	●	●	●	○
17 热脱附	●	○	○	◎	◎	●	●	●	●	●	○
其他技术											
18 阻隔填埋	●	◎	○	●	●	○	◎	◎	◎	◎	◎
19 开挖、运出、安全填埋	●	●	●	●	◇	●	◎	◎	◎	◎	◎
地下水											
原位生物处理											
20 强化生物修复	●	○	◎	◎	●	◇	●	◇	●	◇	◇
21 监测型自然衰减	●	○	◎	◎	●	◇	●	◎	◎	◎	◎
22 植物修复	●	●	●	○	●	○	◎	◎	◎	◎	◇
原位物理/化学处理											
23 空气注射	●	●	●	●	●	●	●	●	◎	◎	○
24 生物通风＋自由相抽提	●	●	●	◎	●	◎	◎	◎	●	●	◎
25 化学氧化/还原	●	○	◎	◎	●	●	◎	◎	○	◎	◇
26 多相抽提	●	○	○	◎	◎	●	●	●	◎	◎	○
27 热处理	●	○	○	◎	◎	●	◎	◎	●	●	○
28 井内曝气吹脱	●	◎	○	●	●	○	●	◎	○	○	○
29 主动/被动反应墙(例如PRB)	●	◎	○	●	◎	○	●	●	●	●	◇

续表

技术名称	技术成熟度	运行维护投入	资金投入	系统的可靠性和维护需求	其他相关成本	修复时间	目标污染物				
							非卤代VOCs	卤代VOCs	非卤代SVOCs	卤代SVOCs	重金属
其他技术											
30　阻隔(例如止水帷幕、水力控制法等)	●	◎	○	●	●	○	●	●	●	●	●
异位处理(抽出处理)抽出后处理技术同工业废水处理											

修复技术筛选矩阵的分级原则和方法　　　　表 5.6-2

考虑因素		●优于平均值	◎平均值	○劣于平均值	其他
技术成熟度:所选取的技术的应用规模和成熟程度		该技术已被多个污染场地所采用,并作为最终修复技术的一部分;有详实的文献记录、已被技术人员理解	已满足投入工程应用或中试的需求,但仍需要改进和更多试验	没有实际应用过,但已经做了小试和中试等试验,有应用前景	◇技术的有效性取决于场地特征、污染物种类和技术的应用/设计
运行维护投入:全套技术运行维护期间的投入		运行维护投入较低	运行维护投入一般	运行维护投入较高	
资金投入:全套技术的设备、人力等投入		资金投入较低	资金投入一般	资金投入较高	
系统可靠性和维护需求:相对其他有效技术而言,该技术的可靠性和维护需求		可靠性高、维护需求少	可靠性一般、维修需求一般	可靠性低、维修需求多	
其他相关成本:处置前、处置后、处置过程中核心过程的设计、建造、操作和维护成本		相对于其他选择总体费用较低	相对于其他选择总体费用一般	相对于其他选择总体费用较高	N/A 表示不适用
修复时间:采用该技术处理单位面积场地所花费的时间	原位土壤	少于1年	1~3年	多于3年	I/D 表示无法收集到足够的数据
	异位土壤	少于0.5年	0.5~1年	多于1年	
	原位地下水	少于3年	3~10年	多于10年	

（3）修复技术可行性试验

1）可行性试验开展的判定原则

① 原则上应通过可行性试验判定潜在可行技术是否适用于目标场地。

② 目标场地与国内已有案例的场地特征条件、水文地质条件、目标污染物相符且能够证明技术可行时,可省略可行性试验过程直接进入技术综合评估阶段。

③ 修复技术可行性试验根据目的和手段的不同分为筛选性试验和选择性试验。

2) 筛选性试验

① 筛选性试验的目的是定性判断技术是否适用于目标场地，即评估技术是否有效，能否达到修复目标值。

② 当目标场地的污染物、污染介质与表 5.6-3 所列的某项技术相符时，该技术可省略筛选性试验。

常用修复技术列表　　　　　　　　　　　　　　　表 5.6-3

目标污染物	污染介质	适用修复技术
VOCs(包括石油烃)	土壤	土壤气相抽提(土壤特性需符合质地松散、水分含量低于 50%)
		热脱附(土壤特性需符合水分含量低于 30%)
		焚烧
		生物修复(仅针对石油烃)
	地下水	抽出-处理
		曝气吹脱
		空气注射(针对地下水位以下 15m 以内的地下水)
		生物修复(仅针对石油烃)
SVOCs	土壤	焚烧
		热脱附
	地下水	抽出-处理
PCBs 和农药	土壤	焚烧(浓度大于 500mg/kg)
		热脱附(浓度小于 500mg/kg)
		安全填埋(浓度在 50~100mg/kg 之间可直接进入安全填埋场)
	地下水	抽出-处理
重金属	土壤	固化/稳定化
		安全填埋
	地下水	抽出-处理

③ 筛选性试验一般为实验室规模的批次小试，至少重复 1 次，试验结果应具有一致性。

④ 若所有潜在可行技术均未通过筛选性试验，应重新制定场地修复策略。

3) 选择性试验

① 选择性试验的目的是验证修复技术的实际效果，确定关键工艺参数，估算成本、周期等。

② 选择性试验一般为小试、中试；小试应采集实际场地的污染介质，中试应根据修复技术类型的特点，选择场地不同深度、不同浓度的污染介质开展异位或在具有代表性的区域开展原位试验；至少重复 2 次，试验结果应具有一致性。

③ 若所有潜在可行技术均未通过选择性试验，应重新制定场地修复策略。

4) 修复技术综合评估

可采用列举法对各技术的原理、适用性、成本等进行定性评估，或利用修复技术评估工具表对可接受性、可操作性、修复效率、修复时间、修复成本等进行定量评估，确定目标场地实际工程可行的修复技术。

4. 修复技术方案确定

（1）修复技术备选方案确定

1）制定场地修复技术路线

应根据场地修复策略、修复技术筛选与评估结果，结合场地环境管理要求等因素对各种可行技术进行合理组合集成。

2）确定场地修复技术的工艺参数

应通过选择性试验获得。修复技术的工艺参数包括但不局限于修复材料投加量或比例、设备处理能力、处理所需时间、处理条件、能耗、设备占地面积或作业区面积等。

3）估算污染场地修复工程量

应根据技术路线，结合工艺流程和参数，估算每个修复技术备选方案的工程量。修复工程量包括但不限于不同区域污染土壤和地下水需要修复的面积、深度等工程量，同时应考虑修复过程中开挖、围堵等工程辅助措施的工程量。

4）估算费用和周期

应根据污染场地修复工程量进行费用估算，费用估算包括所选择的各种修复技术的基本建设费用、运行费用、后期费用；应根据污染场地修复工程量、可行技术的修复工期，以及场地平整、设备安装调试、残余风险消除时间等进行周期估算。

5）修复技术备选方案确定过程，还应明确环境管理计划的基本要求，主要包括修复过程污染识别、污染防控措施、环境监测计划、环境应急预案等内容。

（2）方案比选

方案比选应建立涵盖技术、经济、环境、社会的比选指标体系，采用对比分析、综合判断或专家评分等方式，确定场地修复技术方案。

1）技术指标

① 可操作性：修复技术的可靠性；修复人员经验的丰富程度；设备和资源的可获得性；异位修复过程中污染介质的贮存、运输、安全处置等支撑条件；以及与场地再利用方式或后续建设工程的匹配性、土方平衡等。

② 污染物去除效率：目标污染物的有效去除数量与总数量的比值。

③ 修复周期：达到修复目标所需的时间、设备安装调试、所有残余风险消除时间等。

2）经济指标

基本建设费用：包括直接费用和间接费用。其中直接费用包括原材料、主体设备、场地准备费用等，间接费用包括工程设计、许可、启动、意外事故费用等。

运行费用：人员工资、培训、防护等费用，水电费，采样、监测费用，残余物处理费用，维修和应急等费用，以及保险、税务、执照等费用。

后期费用：日常管理、周期性监测等费用。

3）环境指标

① 残余风险：剩余污染物或二次产物的类型、数量、特征、风险，以及风险处理处置的难度和不确定性。

② 长期效果：修复工程达到修复目标后的污染物毒性、迁移性或数量的减少程度，是否存在潜在的其他污染问题，需要修复后长期风险管理的类型和程度等。

③ 健康影响：修复期间需要应对的健康风险（例如异位修复期间的清挖工程中污染物可能对工作人员的健康造成危害）以及减少健康风险的措施。

4）社会指标

① 政府可接受程度：区域适宜性，与现行法律法规、相关标准和规范的符合性等。

② 公众可接受程度：施工期对周围居民可能造成的气味、噪声等影响，长期的健康风险影响等。

5. 修复技术方案报告编制

修复技术方案报告应至少包括以下内容：场地污染现状与风险评估概述、修复策略选择、场地修复技术筛选与评估、修复技术方案确定、成本效益分析、施工进度安排、结论与建议。

5.6.2　修复实施与环境监理

1. 修复实施

修复实施包括编制修复施工方案、施工现场准备和现场施工三个环节。

（1）修复施工方案

修复施工方案包括：工程管理目标，项目组织机构，污染土壤分布范围、主要工程量及施工分区，总体施工顺序，施工机械和试验检测仪器配置，劳动力需求计划，施工准备等。此外还需明确施工质量的控制要点、施工工序与步骤，各修复技术方案中所需的设备型号、设备安装和调试过程等。

修复施工方案应根据施工现场条件和具体施工工艺，更新和细化场地环境管理计划，包括二次污染防治措施及环境事故应急预案、环境监测计划、安全文明施工及个人健康与安全保护等内容。

施工方案应明确施工进度、施工管理保障体系等内容。

（2）施工现场准备

为保证整个工程的顺利进行，治理施工开始前需要进行一系列准备工作，包括：

1）成立施工管理组织机构；

2）清理施工场地内杂物，并进行施工场地平整；

3）根据施工现场平面布置图进行测量放线；

4）材料机械准备，包括大型器械、修复设备、工程防护用具、个人安全防护用具和应急用具等；

5）处理场地防渗，应根据施工方案和环境管理要求，对处理场地等易受二次污染区域进行防渗和导排的设置；

6）水电准备，施工用电用水的接入，水管路及用水设施、用电线路及设置应符合国家的相关规定；

7）防火准备，应健全消防组织机构，配备足够消防器材，并派专人值班检查，加强消防知识的宣传和对现场易燃易爆物品的管理，消除一切可能造成火灾、爆炸事故的根源，严格控制火源、易燃、易爆和助燃物，生活区及工地重要电器设施周围，设置接地或避雷装置，防止雷击起火造成安全事故；

8）入场前，应对相关施工人员开展施工安全和环境保护培训。

（3）现场施工

施工方在污染土壤与地下水修复过程中，需严格按照业主和当地环保部门对该项目的管理要求，建立健全修复工程质量监控体系，明确各级质量管理职责，通过增加技术保障措施、加强设备的运行管理、人员配置和污染土壤与地下水进出场管理等措施，确保该工程的污染土壤与地下水修复质量达到标准。施工过程如发现修复效果不能达到修复要求，应及时分析原因，并采取相应补救措施。如需进行修复技术路线和工艺调整，应报环保主管部门重新论证和审核。

在确保污染防治措施实施的基础上，施工过程中应加强与当地环保部门和周边居民的沟通，做好宣传解释，确保周边居民的利益不受影响。修复过程中产生严重环境污染问题时，施工单位应根据环保部门、业主和监理单位的要求进行纠正和整改，保证修复过程不对周边居民和环境产生影响。

2. 环境监理和工程监理

（1）工作目的

工程监理是受项目法人的委托，依据国家批准的工程项目建设文件、有关工程建设的法律、法规和工程建设监理合同及其他工程建设合同，对工程建设实施监督管理，控制工程建设的投资、建设工期和工程质量，以实现项目的经济和社会效益。

环境监理是受污染场地责任主体委托，依据有关环境保护法律法规、场地环境调查评估备案文件、场地修复方案备案文件、环境监理合同等，对场地修复过程实施专业化的环境保护咨询和技术服务，协助和指导建设单位全面落实场地修复过程中的各项环保措施，以实现修复过程中对环境最低程度的破坏、最大限度的保护。

（2）工作对象

工程监理的对象主要是修复工程本身及与工程质量、进度、投资等相关的事项。环境监理的对象主要是工程中的环境保护措施、风险防范措施以及受工程影响的外部环境保护等相关的事项。

（3）工作内容

工程监理工作内容包括"三控制、二管理、一协调"，即质量、进度、投资控制；合同管理和信息收集、分类、处理、反馈的管理；对业主、修复施工单位等各方之间的协调组织。环境监理工作内容是监督修复工程是否满足环境保护的要求等，协调好工程与环境保护以及业主与各方的关系。

（4）工作模式

工程监理和环境监理一般包括三种工作模式：

模式 1：包容式监理模式。工程监理完全负责环境监理，其优点是充分利用工程监理体制，环保工作与质量进度费用直接挂钩，执行力强；缺点是业务人员环保知识不足、针对性不强。

模式 2：独立式监理模式。环境监理与工程监理相互独立，呈并列关系。其优点是环保知识专业化、与环保主管部门协调能力强、环保要求把握准确；缺点是环境监理人员对工程实施相关知识情况了解不足、对施工单位的约束和指导、执行力不足。

模式 3：组合式环境监理。监理单位内设置环保监理部门，由环保人员担任监理工作。其优点是利于资源共享，实时跟进、较好发挥专业性；缺点是受制于工程监理，独立性难以得到保证。

　　由于修复工程属于环保工程，对实施监理工作人员的环境保护知识要求较高，所以无论采取哪种工作模式，都应以实现环境监理的内容为主导，以保证修复工程按实施方案展开。

3. 环境监理工作程序

　　污染场地修复环境监理工作主要分为三个阶段：修复工程设计阶段、修复工程施工准备阶段和修复工程施工阶段。具体工作程序见图5.6-2。

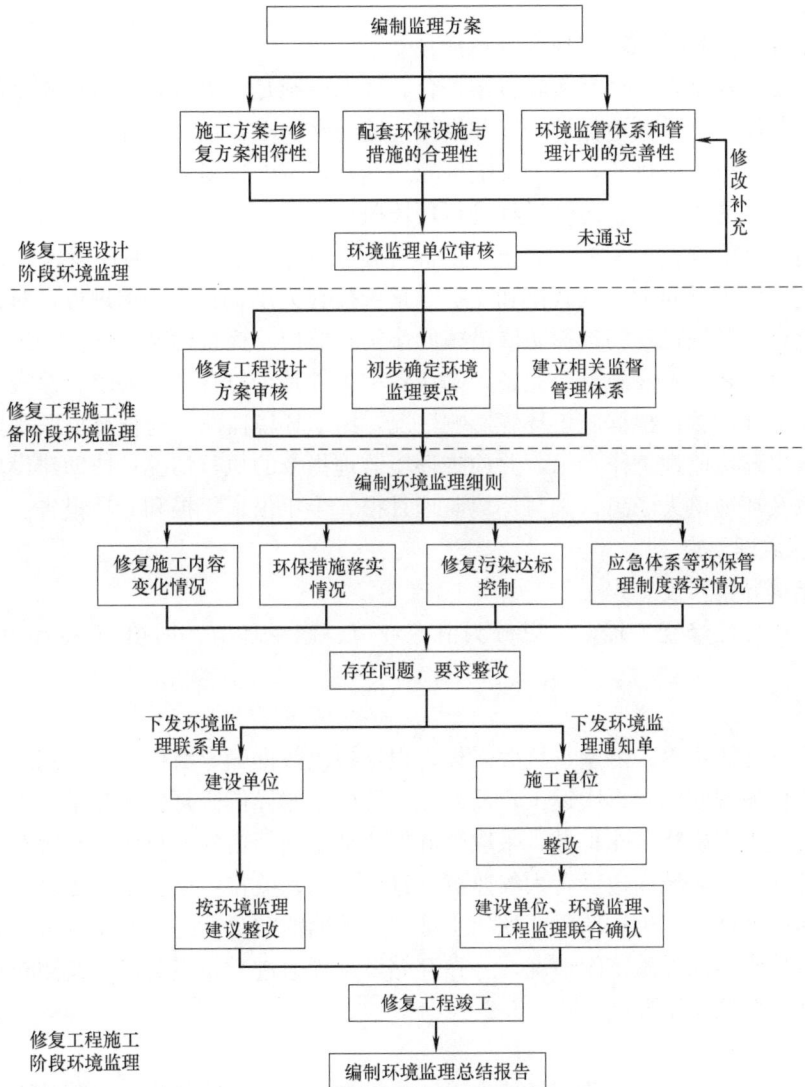

图 5.6-2　污染场地修复环境监理工作程序

4. 环境监理工作内容

（1）修复工程设计阶段

　　设计阶段环境监理内容包括：收集场地调查评估、场地污染修复方案、修复工程施工设计、施工组织方案等基础资料，对修复工程中的环保措施和环保设施设计文件进行审核，关注修复工程的施工位置和异位修复外运土壤去向，审核修复过程中水、大气、噪声、固体废物等二次污染处理措施的全面性和处理设施的合理性，必要的后期管理措施的考虑。

（2）修复工程施工准备阶段

施工准备阶段环境监理内容包括：了解具体施工程序及各阶段的环境保护目标，参与修复工程设计方案的技术审核，确定环境监理工作重点，协助业主监理完善的环保责任体系，建立有效的沟通方式等，并编制场地修复环境监理细则。

（3）修复工程施工阶段

修复工程施工阶段环境监理内容包括：

核实修复工程是否与修复实施方案符合，环保设施是否落实，是否建立事故应急体系和环境管理制度；监督环境保护工程和措施，监督环保工程进度；检查和监测施工过程中产生的水、气、声、渣排放，施工影响区域应达到规定的环境质量标准；对场内运输污染土壤、污水车辆的密闭性、运输过程进行环境监理；

对场内修复工程相关措施（如止水帷幕与施工降水措施等）、抽提装置和废水处理进行监督管理；施工过程中基坑开挖和支护等是否按有关建筑施工要求进行；对异位处置过程，包括储存库及处理现场地面防渗措施的落实和监控；检查污染土储存场地、处置设施的尾气排放设施和监测设施是否完备，确认各项条件是否符合环境要求；检查必要的后期管理长期监测井设置；根据施工环境影响情况，组织环境监测，行使环境监理监督权；向施工单位发出环境监理工作指示，并检查环境监理指令的执行情况；协助建设单位处理环境突发事故及环境重大隐患；编写环境监理月报、半年报、年报和专项报告。

5. 环境监理要点

（1）土壤异位修复工程

对于土壤异位修复工程，可以分为清挖环节、修复环节、回填/外运环节环境监理，具体如下：

1）清挖环节

可在污染区域边界、侧壁、坑底采样，根据检测数据确定清挖是否达到边界，以避免修复验收阶段发现问题后再次返工，监测点布置可参照异位修复验收技术要求布点；严格控制开挖过程中有机物气味扩散，采取喷洒气味抑制剂等措施避免污染土壤对周边环境产生影响，并在清挖区域周边设置大气监测点进行监测；监督污染土壤外运过程中的封闭措施，避免遗撒等情况产生；监督清挖后土壤堆放地面的防渗情况，对于具有异味的有机物污染物，应检查存储设施密闭情况，并在存储设施周边进行布点监测，监测布点方式具体见《场地环境监测技术导则》HJ 25.2—2014。

2）修复环节

重金属污染土壤修复：监督场地地面防渗设施和措施；监督修复工程是否按照实施方案技术参数实施；对修复后土壤进行采样，初步确定修复效果，监督修复后土壤的堆存以备验收，可根据修复工程批次处理量进行采样检测；修复过程中对添加的药剂等可能的二次污染进行监督和管理。

有机污染与复合污染土壤修复：包括上述重金属土壤修复监理要点，并需要对处理设施密闭情况、尾气收集处理情况等进行监理，在修复工程周边及场界设置大气环境监测点，周边环境影响监测布点方式具体见《场地环境监测技术导则》HJ 25.2—2014。

3）回填/外运环节

对修复后土壤的回填过程进行监督管理，监督回填土壤是否根据土地利用规划合理回填；监督固化稳定化技术处理土壤的基坑防渗和地表阻隔措施是否完善。

（2）土壤原位修复工程

须对修复区域边界进行严格监督管理，并在周边区域设置采样点，避免修复工程对周边土壤和地下水产生影响。

（3）地下水修复工程

对于地下水修复工程或在长期风险控制过程中，应对污染源修复效果或地下水中污染物衰减效果进行定期监测，并且针对不同的修复措施应采取不同的监督措施。例如若进行地下水抽出处理，需要在外排之前进行采样检测，以确保符合相关排放标准要求；若进行空气注射等原位修复措施，需要对空气注射周边及下游地下水监测井、土壤气监测设施等进行采样监测，避免修复工程对周边土壤和地下水造成二次污染。

（4）修复工程环境影响监测

1）大气环境监测

大气环境监测内容一般包括污染土壤清挖、修复区修复施工过程中污染物无组织排放空气样品的采集、分析及质量评价，污染土壤修复设施（车间）污染物排放尾气样品的采集、分析及污染物排放评价。一般根据场区污染土壤修复作业功能区域规划及修复作业进度，依照《大气污染物无组织排放监测技术导则》HJ/T 55—2000 中相关规定，分别在场地边界及环境敏感点设置大气监测点。

无组织排放大气污染物的采集根据《大气污染物综合排放标准》GB 16297—1996 执行，采用连续监测 1 小时采集 1 个样品的方法。尾气排放大气污染物的采集参照《固定污染源排气中颗粒物测定与气态污染物采样方法》GB/T 16157—1996 执行。

采样频次参照《环境监理工作制度（试行）》（环监〔1996〕888 号）中第 3 条款现场环境监理规定"对重点污染源及其污染防治设施的现场监理每月不少于 1 次；对建设项目、限期治理项目现场监理每月不少于 1 次"，污染场地修复现场监测频次按每月 1 次执行。

2）水污染排放监测

对修复工程施工和运行期产生的工业废水和生活污水的来源、排放量、水质指标及处理设施的建设过程、沉淀池的定期清理和处理效果等进行检查、监督，并根据水质监测结果，检查工业废水和生活污水是否达到了排放标准要求。具体监测方法和标准参考《地表水和污水监测技术规范》HJ/T 91—2002，排放标准参考《污水综合排放标准》GB 8978—1996。

3）噪声污染源监测

噪声污染源环境监理主要监督检查工程施工和修复过程中的主要噪声源的名称、数量、运行状况；检查修复工程影响区域内声环境敏感目标的功能、规模、与工程的相对位置关系及受影响的人数；检查项目采取的降噪措施和实际降噪效果，并附图表或照片加以说明。噪声监测方法与评价标准参考《建筑施工场界噪声测量方法》GB 12524—90 和《建筑施工场界环境噪声排放标准》GB 12523—2011。

4）固体废物污染源监测

固体废物污染源环境监理应调查固体废物利用或处置相关政策、规定和要求；核查工程产生的固体废物的种类、属性、主要来源及产生量；调查固体废物的处置方式。对固体废物的利用或处置是否符合实施方案的要求进行核查，对不符合环保要求的行为进行现场处理并要求限期整改，使施工区达到环境安全和现场清洁整齐的要求。施工阶段垃圾应由各施工单位负责处理，不得随意抛弃或填埋，保证工程所在现场清洁整齐，对环境无污染。固体废物排放参考《一般工业固体废物贮存、处置场污染控制标准》GB 18599—2001 和《危险废物贮存污染控制标准》GB 18597—2001。

5.6.3　修复验收与后期管理

1. 目的和工作内容

污染场地修复验收是在污染场地修复完成后，对场地内土壤和地下水进行调查和评价的过程，主要是通过文件审核、现场勘察、现场采样和检测分析等，进行场地修复效果评价，主要判断是否达到验收标准，若需开展后期管理，还应评估后期管理计划合理性及落实程度。在场地修复验收合格后，场地方可进入再利用开发程序，必要时需按后期管理计划进行长期监测和后期风险管理。

修复验收工作内容包括场地土壤和地下水清理情况验收、场地土壤和地下水修复情况验收，必要时还包括后期管理计划合理性及落实程度评估。后期管理是按照后期管理计划开展包括设备及工程的长期运行与维护、长期监测、长期存档与报告等制度、定期和不定期的回顾性检查等活动的过程。

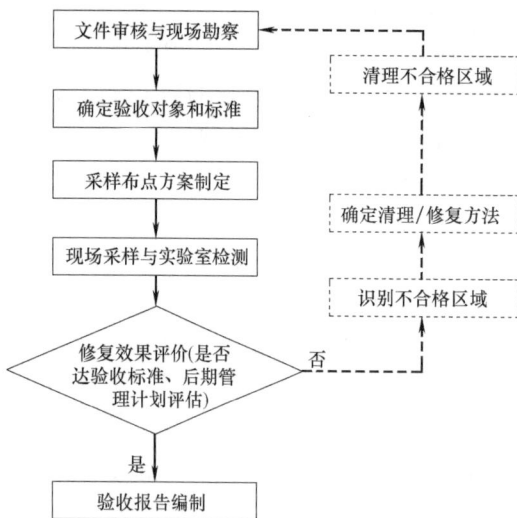

图 5.6-3　污染场地修复验收工作程序

2. 场地修复验收工作程序

污染场地修复验收工作程序包括文件审核与现场勘察、确定验收对象和标准、采样布点方案制定、现场采样与实验室检测、修复效果评价、验收报告编制六步，工作程序流程见图 5.6-3。

3. 场地后期管理

（1）后期管理对象

为确保场地采取修复活动的长期有效性、确保场地不再对周边环境和人体健康产生危害，一般来讲，如果选择的修复技术方案没有彻底消除污染，依赖于对土壤、地下水等的使用限制，或使用了物理和工程控制措施的场地，需要进行后期管理，主要包括以下三种类型：

1）场地污染没有完全清除，或者场地修复行动可能在场地遗留危害物质，导致场地的用途受到限制；

2）修复工程时间较长如原位监测型自然衰减，或采取工程控制措施的场地；

3）采取限制用地方式等制度控制措施的场地。

（2）后期管理内容

后期管理是按照科学合理的后期管理计划，根据场地的实际情况采取包括设备及工程的长期运行与维护、进行长期监测、长期存档、报告等制度、定期和不定期的回顾性检查等工作内容的过程，目标是评估场地修复活动的长期有效性、确保场地不再对周边环境和人体健康产生危害。后期管理必须与制度建设相结合才能发挥实效，即需要建立一套长期监测、跟踪、回顾性检查与评估及后期风险管理制度，做好制度的设计、构建，明确技术要求及各相关方责任。

回顾性检查与评估是场地后期管理中非常核心的一个内容，包括场地资料回顾与现场踏勘、场地潜在风险识别与诊断、后期管理优化措施及建议、回顾性报告编制四个步骤。对于一些较为复杂的场地，由于回顾性检查时间跨度较大使得场地监管较为困难时，可同时采取制度控制等方式进行后期管理。

场地回顾性检查与评估由场地修复责任方依据场地情况委托具有相应能力的机构组织开展。场地回顾性报告应报当地环保部门备案并在回顾性检查与评估实施过程中接受环保部门的监督指导。

（3）后期管理时间

后期管理一般在修复完成后场地开发建设阶段介入，采取多种修复技术长期修复的场地也可在修复启动时介入，具体可根据政策要求、场地修复方案等因素确定。

场地回顾性检查与评估在场地修复验收后五年开展第一次，贯穿于场地全过程，直至场地不再对周边环境和人体健康产生影响，后续的场地回顾性检查与评估时间根据前一次回顾检查的结论确定，根据实际情况可提前回顾或增加回顾的频率。

5.7　场地土壤和地下水污染修复工程案例

5.7.1　异位固化稳定化技术（Ex-Situ Solidification/Stabilization）

固化/稳定化是比较成熟的固体废物处置技术，20 世纪 80、90 年代，美国环境保护署率先将固化/稳定化技术用于污染土壤的修复研究。据美国超级基金项目统计，1982～2008 年污染源处理项目中，有 203 项应用该技术，占污染源异位修复项目的 21.4%，是使用最多的污染源修复技术。2004 年，英国环保署组织编写了《污染土壤稳定/固化处理技术导则》，国外异位固化/稳定化处理典型案例见表 5.7-1。

污染土壤异位固化/稳定化处理典型案例   表 5.7-1

序号	场地名称	目标污染物	固化/稳定药剂	规模
1	Massachusetts Military Reservation,USA	Pb	某 M 药剂	13601m³
2	Sulfur Bank Mercury Mine Superfund Site,USA	Hg	硫化物	—
3	Pepper Steel&Alloy,Miami	Pb,As,PCBs	水泥等	47400m³
4	Douglasvile,PAHAZCON	Zn、Pb、PCBs、苯酚、石油烃	水泥等	191100m³
5	Former Industrialsite,Chineham,Basingstoke,UK	重金属、石油烃	水泥、改性活性蒙脱石	1200m³

我国的污染土壤固化/稳定化研究起步于 21 世纪初。2010 年以来，该技术在工程上的应用快速增长，已成为重金属污染土壤修复的主要技术方法之一。据不完全统计，目前国内实施土壤固化/稳定化修复的工程案例已超过 50 项。国内案例介绍如下：

1. 工程背景

某地块原为某发电厂，将开发为文化创意街区。对场地进行网格化划分后进行土壤质量监测，确定污染单元后进行加密监测。由于该地块要求尽量削减修复时间，以缓解地块再开发面临的施工进度压力，同时该地块对现场遗留土壤质量的要求较高，综合考虑以上因素，确定采用污染土壤清挖、现场处理、异地处置的方式对地块进行修复，以《展览会用地土壤环境质量评价标准（暂行）》HJ 350—2007 的 A 级标准作场地清理的判断标准。

2. 工程规模

场地面积为 5400m²，土壤污染深度约为 1~4m，需修复的总土方量约为 1.24 万 m³。

3. 主要污染物及污染程度

场地大部分地块土壤污染物为重金属铜、铅、锌，其中一个地块为多环芳烃。污染物的最大监测浓度为：铜 7220mg/kg、铅 4150mg/kg、锌 3340mg/kg、苯并（a）蒽 4.6mg/kg、苯并（b）荧蒽 5.78mg/kg、苯并（a）芘 4.07mg/kg。

4. 土壤理化特征

土壤为黏性土，呈微碱性。铜、铅、锌在土壤中主要以二价阳离子形式存在，较易转化为氢氧化物或被吸附。

5. 技术选择

该修复项目要求时间短、修复费用低，同时污染物以重金属和低浓度的多环芳烃为主，基于现场土壤开展了异位固化/稳定修复技术可行性评价研究，该技术能满足制定的修复目标；从场地特征、资源需求、成本、环境、安全、健康、时间等方面进行详细评估，最终选定处理时间短、技术成熟操作灵活、且对场地水文地质特性要求较为宽松的固化/稳定化技术进行处理。

6. 工艺流程和关键设备

修复工程技术路线和施工流程主要过程包括污染土壤挖掘、土壤含水量控制、粉状稳定剂布料添加、混匀搅拌处理、养护反应、外运资源化利用、现场验收监测等环节。采用挖掘机进行土壤挖掘，挖掘深度深于 1m 时，土壤含水量较高，采用晾晒风干方式降低土壤含水量；使用筛分破碎铲斗进行土壤与粉状稳定剂的混匀搅拌，同时实现土壤的破碎。验收监测包括挖掘后基坑采样及污染物全量分析、稳定化处理后土壤采样及浸出毒性测试。关键设备主要有土壤挖掘设备、土壤短驳运输设备、土壤/稳定剂混合搅拌设备等组成。

7. 主要工艺及设备参数

基于现场污染土壤进行了大量实验室研究，确定了最佳稳定剂类型和添加量。稳定剂主要由粉煤灰、铁铝酸钙、高炉渣、硫酸钙以及碱性激活剂组成，另外，为了增强对重金属污染物的吸附作用添加了约 30% 的黏土矿物。稳定剂的质量添加比例为 16.5%。土壤/稳定剂混合搅拌设备为筛分破碎铲斗，该设备能实现土壤与稳定剂的混匀，由于土壤水分含量较低，在混匀搅拌过程中可实现土壤的破碎。

8. 成本分析

该项目包含建设施工投资、稳定剂费用、设备投资、运行管理费用，处理成本约 480 万元，其运行过程中的主要能耗为挖掘机及筛分破碎铲斗的油耗、普通照明、生活用水用电，约为 60 万元。

9. 修复效果

经过挖掘后所采集土壤样品中污染物含量均低于制定的修复目标值。稳定处理后的土壤，参照《固体废物浸出毒性浸出方法硫酸硝酸法》HJ/T 299—2007 提取浸出液，浸出液中污染物的浓度均低于制定的土壤浸出液污染物浓度目标值，满足修复要求并通过业主独立委托的某地环境监测中心验收监测。

（案例提供单位：上海市环境科学研究院）

5.7.2 异位热脱附技术（Ex situ Thermal Desorption）

热脱附技术在国外始于 20 世纪 70 年代，广泛应用于工程实践，技术较为成熟。在 1982～2004 年期间，约有 70 个美国超级基金项目采用异位热脱附作为主要的修复技术。部分国外应用案例信息见表 5.7-2。

异位热脱附技术应用案例　　　　　　　　　　　　　　　　表 5.7-2

序号	场地名称	目标污染物	规模
1	工业乳胶超级基金场地美国新泽西州	有机氯农药、PCBs、PAHs	41045m³
2	FCX 华盛顿超级基金场地	农药、氯丹、DDT、DDE	10391m³
3	海军航空站塞西基地美国福罗里达州	石油烃和氯代溶剂	11768t
4	美国某杂酚油生产厂	多环芳烃类污染物	129000m³
5	美国西部某农药厂	汞	26000t

我国对异位热脱附技术的应用处于起步阶段，已有少量应用案例。国内案例介绍如下：

【案例 1】

1. 工程背景

某两个退役化工厂曾大规模生产农药、氯碱、精细化工、高分子材料等近百个品种。经场地调查与风险评估发现，两个厂区内土壤及厂区毗邻河道底泥均受到以 VOCs 和 SVOCs 为主的复合有机污染，开发前需要进行修复。

2. 工程规模

工程规模为 12 万 m³。

3. 主要污染物及污染程度

主要污染物为卤代 VOCs、BTEX、有机磷农药、多环芳烃等。其中二甲苯最高浓度为 2344mg/kg，修复目标值为 6.99mg/kg；毒死蜱最高浓度 29600mg/kg，修复目标值为 46mg/kg。

4. 土壤理化特征

现场调查结果显示，污染土壤主要为粉土、淤泥质粉质黏土和粉砂，含水率 25%～35%。

5. 技术选择

综合以上污染物特性、污染物浓度、土壤特征以及项目开发建设需求，异位热脱附技术对污染物的去除效率可达 99.99%，适合处理本项目中 VOCs、SVOCs 的复合污染土壤。

6. 工艺流程和关键设备

其工艺流程如图 5.7-1 所示。

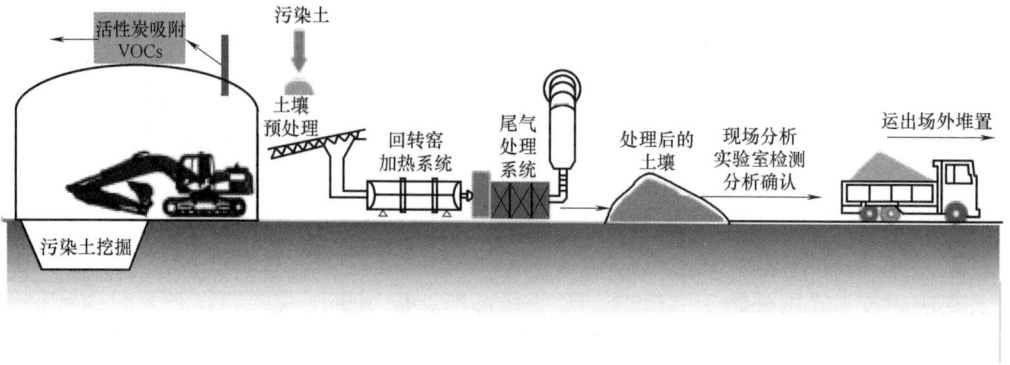

图 5.7-1　热脱附技术工艺流程

7. 主要工艺及设备参数

（1）污染土壤进料阶段：将污染土壤转运至贮存车间内的预处理区域，粒径小于50mm 的土块直接被送入回转窑，超规格的土块经过破碎后再次返回振荡筛进行筛分。

（2）回转窑加热阶段：将污染土壤均匀加热到设定的温度（300℃～500℃），并按照设定速率向窑尾输送，在此期间土壤中的污染物充分气化挥发。

（3）尾气处理阶段：尾气处理系统包括二燃室、急冷塔、布袋除尘器和酸性气体洗涤塔等。烟囱上装有烟气实时在线监测装置，经过处理后的尾气达标排放。

异位热脱附技术主要设备参数如表 5.7-3 所示。

异位热脱附技术主要设备参数　　　　　　　　　　　　　　　　表 5.7-3

指标	说明	指标	说明
平均处理能力	30t/h	占地面积	1900m²
回转窑工作温度	300℃～500℃	氧化焚烧室工作温度	1200℃
氧化燃烧室气体停留时间	＞2s	氧化焚烧室污染物去除率	99.99999％

8. 成本分析

本项目实际工程中热脱附部分费用包括：人工费、挖运费、设备折旧、设备运输和安装/拆除费、燃料费、动力费、检修及维护费等，约为 1000 元/m³。

9. 修复效果

已处理污染土壤 10000 吨，处理后污染土壤浓度达到修复目标。

（案例提供单位：北京建工环境修复股份有限公司）

5.7.3　水泥窑协同处置技术（Co-processing inCementKiln）

水泥窑是发达国家焚烧处理工业危险废物的重要设施，已得到了广泛应用，即使难降解的有机废物（包括 POPs）在水泥窑内的焚毁去除率也可达到 99.99％到 99.9999％。从技术上水泥窑协同处置完全可以用于污染土壤的处理，但由于国外其他污染土壤修复技术发展较成熟，综合社会、环境、经济等多方面考虑，国外水泥窑协同处置技术在污染土壤处理方面应用相对较少。表 5.7-4 列出的是国外水泥窑协同处置技术在污染土壤修复方面的应用情况。

国外应用情况 表 5.7-4

序号	场 地 名 称	目标污染物
1	美国德克萨斯州拉雷多市某土壤修复工程(U.S.-Mexico Environmental Program)	PAHs
2	澳大利亚酸化土壤修复	多种有机污染物及重金属等
3	美国 Dredging Operations and Environmental Research Program	PAHs、PCBs
4	德国海德尔堡某场地修复	PCDDs/PCDFs
5	斯里兰卡锡兰电力局土壤修复工程	PCBs

水泥窑协同处置常用于处置各种固体废物（如毒鼠强等剧毒农药）、不合格产品（如含三聚氰胺奶粉、伪劣日化产品等）以及事故污染土壤等。水泥窑协同处置技术受污染土壤性质及污染物性质影响较少，而且我国是水泥生产和消费大国，水泥厂数量多，分布广，因此，目前在国内水泥窑协同处置越来越多应用于污染土壤的处理，特别是重度污染土壤的处理。

我国水泥窑协同处置污染土壤的应用始于 2005 年，某地修建地铁时，发现含六六六、滴滴涕农药类污染土壤 1.6 万 m^3，首次采用水泥窑协同处置污染土壤。2007 年，该技术应用于某染料厂污染场地重金属及染料污染土壤的处置，处置规模达 2.5 万 m^3。2011年，该技术应用于某地某焦化厂污染场地多环芳烃污染土壤的处理，处理规模达到 6 万m^3。截至 2013 年年底，某地已处置约 40 万 m^3 含六六六、滴滴涕、多环芳烃、总石油烃、重金属等污染物的污染土壤。除此以外，某些地区还开展了水泥窑协同处置 POPs 污染土壤的实践。国内案例介绍如下：

【案例 2】

1. 工程背景

某地铁线路规划途经某地原化工区，建设过程中开展的场地调查与风险评估发现，存在多环芳烃污染土壤。为满足项目施工进度的要求，污染土壤采用异位处理至修复目标：萘 50mg/kg，苯并（a）蒽 0.5mg/kg，苯并（b）&（k）荧蒽 0.5mg/kg，苯并（a）芘0.2mg/kg，茚并（1，2，3-cd）芘 0.41mg/kg，二苯并（a，h）蒽 0.22mg/kg。

2. 工程规模

工程规模为 61665m^3。

3. 主要污染物及污染程度

土壤中的污染物为多环芳烃。16 种常见的多环芳烃沸点大多在 200℃～500℃之间，属于半挥发性有机物，均较难被生物降解。调查发现，萘最大检出浓度为 4100mg/kg，苯并（a）蒽 138mg/kg，苯并（b）&（k）荧蒽 393mg/kg，苯并（a）芘 72mg/kg，茚并（1，2，3-cd）芘 144mg/kg，二苯并（a，h）蒽 45.7mg/kg。

4. 技术选择依据

考虑到污染物多环芳烃半挥发性、难被生物降解特性，以及污染物浓度较高特点，同时考虑到污染场地再开发建设项目急迫，对场地污染修复时间短的需求，最终选定水泥窑协同处置技术。

5. 工艺流程和关键设备

工艺流程如图 5.7-2 所示。

具体为：

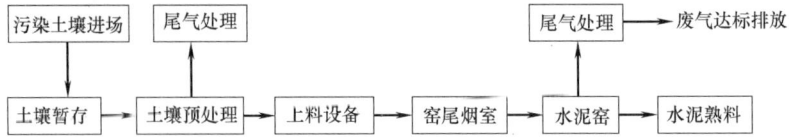

图 5.7-2   工艺流程图

（1）污染土壤进场后暂存的过程中防止对环境的污染；

（2）在密闭设施内对土壤进行筛分预处理，密闭设施配备尾气净化设备，保证筛分过程中产生的废气能达到排放标准；

（3）筛分后土壤运至污染土卸料点，卸料点由密闭输送装置连接至窑尾烟室，卸料区设置防尘帘等密闭措施；

（4）污染土经板式喂料机进入皮带秤计量，计量后的土壤经提升机提升后由密闭输送装置进入喂料点，送入窑尾烟室高温段焚烧；

（5）污染土壤中的有机物经过水泥窑高温煅烧彻底分解，实现污染土壤的无害化处置，土壤则直接转化为水泥熟料，尾气达标排放，整个过程无废渣排出。

6. 主要工艺及设备参数

根据污染土壤中污染物的性质以及土壤元素组成，本项目污染土壤按照 4% 的添加量进行添加，每天处理污染土壤约 300t，全部处理完 61665m³ 污染土壤用时约 400 天。

水泥窑协同处置的设备主要由上料系统、水泥回转窑及配套系统组成。上料系统主要由存料斗、板式喂料机、皮带计量秤、提升机等组成、水泥回转窑及配套系统主要由五级旋风预热器带预热炉型、新型回转式水泥窑、窑尾高温风机、三次风管、回转窑燃烧器、篦式冷却机、窑头袋收尘器、螺旋输送机、槽式输送机等组成。

7. 成本分析

该项目包含设备改造、水泥产量损失、运行管理费用的处理成本约 800 元/m³，其运行过程中的主要能耗为额外增加的燃料和电消耗。

8. 修复效果

依据设计方案，该项目处理污染土壤 61665m³，在水泥熟料中多环芳烃污染物等目标污染物均未检出，达到修复目标并通过管理部门验收。

（案例提供单位：北京金隅红树林环保技术有限责任公司）

5.7.4   异位化学氧化/还原技术（Ex-Situ Chemical Oxidization/Reduction）

异位氧化/还原处理技术反应周期短、修复效果可靠，在国外已经形成了较完善的技术体系，应用广泛，国外应用案例如表 5.7-5 所示。该技术在国内发展较快，2011 年之后开始在一些工程项目上应用。目前，异位化学氧化/还原技术在国内污染场地修复中的应用越来越广泛。

异位化学氧化/还原技术国外应用案例   表 5.7-5

序号	场地名称	修复药剂	目标污染物	规模
1	美国明尼苏达州木材制造厂	芬顿试剂和活化过硫酸盐	五氯苯酚	656t
2	韩国光州某军事基地燃料存储区	过氧化氢	石油烃	930m³
3	美国马里兰州某赛车场地	某 K 药剂	苯系物、甲基萘	662m³

续表

序号	场地名称	修复药剂	目标污染物	规模
4	加拿大亚伯达某废弃管道场地	过氧化氢	苯系物	8800m³
5	美国阿拉巴马州某场地	某D药剂(强还原性铁矿物质＋缓释碳源)	毒杀芬,滴滴涕,DDD和DDE	4500t
6	美国犹他州图埃勒县军方油库	某D药剂(强还原性铁矿物质＋缓释碳源)	三硝基甲苯,环三亚甲基三硝胺	7645m³

【案例 3】

江苏某钢铁厂污染土壤修复工程,案例介绍如下:

1. 工程背景

该企业始建于 1958 年,是特殊钢生产基地,场地南侧为焦化厂,场地污染区块主要靠近焦化厂附近,主要污染物为多环芳烃类。其中苯并(a)芘、萘、二苯并(a,h)蒽的修复目标值为 1.56mg/kg、2.93mg/kg、1.56mg/kg。施工工期 100 日历天。修复后场地用于居住用地。

2. 工程规模

采用原地异位化学氧化搅拌工艺处理,处理土方量为 3500m³。

3. 主要污染物及污染程度

场地土壤检出率较高的污染物为苯并(a)芘、萘、二苯并(a,h)蒽、苯并(a)蒽、苯并(b)荧蒽、茚并(1,2,3-cd)芘。其中苯并(a)芘最高检出含量为 23.1mg/kg,萘的最高检出浓度为 23.2mg/kg,其他污染物浓度在 10mg/kg~20mg/kg 之间。场地污染深度为 0m~2m。

4. 水文地质条件

该场地表面 1m 左右为素填土,−1.0m~−7.2m 均为粉质黏土。场地内地下水为潜水,初见水位约为−1.5m,稳定水位在−1.0m~−1.8m 左右,地下水受大气降水入渗补给明显。

5. 技术选择

选用原地异位化学氧化搅拌工艺,可实现药剂与污染物的充分混合及反应。药剂采用某 K 药剂(主要成分为过硫酸盐及专利活化剂)。

6. 工艺流程和关键设备

主要工序为:定位放线→土方清挖→筛分预处理→土壤倒运至反应池→药剂投加→机械搅拌 7 天~8 天(pH 值监测)→倒运至待检区反应(氧化剂残留)→验收合格→土壤干化→土壤回填→工程竣工,见图 5.7-3。

7. 关键设备及参数

主要使用挖掘机设备,用于土壤挖掘筛分、药剂添加、土壤搅拌、土壤干化处理等。监测仪器有氧化剂残留测试套件、pH 计等。

8. 成本分析

原地异位反应池化学氧化搅拌费用主要包括反应池建设费

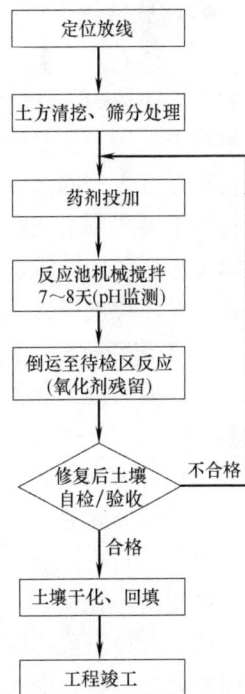

定位放线 → 土方清挖、筛分处理 → 药剂投加 → 反应池机械搅拌 7~8 天(pH 监测) → 倒运至待检区反应(氧化剂残留) → 修复后土壤自检/验收 → 不合格 / 合格 → 土壤干化、回填 → 工程竣工

图 5.7-3 污染土壤化学氧化处理工艺流程图

用、药剂费用、机械设备费用、过程监测费用、检测费用等，其中药剂费用占总修复费用的 40%～50%。综合分析，项目修复费用为 1100 元/m³。

9. 修复效果

检验结果合格。

【案例 4】

华中某有机氯农药污染场地治理工程项目，案例介绍如下：

1. 工程背景

场地原为农药厂，20 世纪 60 年代开始生产有机氯农药六六六和滴滴涕，后来也生产其他农药。农药厂关闭后经过场地污染调查与健康风险评价，六六六和滴滴涕修复目标值分别是 2.1mg/kg 和 37.8mg/kg。该场地大部分污染土壤外运到水泥厂进行水泥窑焚烧处理，部分低浓度（六六六和滴滴涕浓度均低于 50mg/kg）污染土壤采用生物化学还原＋好氧生物降解联合修复技术。施工工期 2 年。

2. 工程规模

29.68 万 m³，其中采用生物化学还原＋好氧生物降解联合修复的土壤 8 万 m³。

3. 主要污染物及污染程度

场地主要污染物为六六六和滴滴涕污染，两者最高浓度分别达 4000mg/kg、20000mg/kg 以上。

4. 土壤理化特征

场地土壤质地类型主要为建筑杂填土和粉质黏土，建筑杂填土集中在 0～2m 土层，污染粉质黏土最深达 9m。

5. 技术选择

有机氯农药污染土壤治理可采用土壤洗脱技术、热脱附修复技术、水泥窑协同处置技术和化学还原-生物氧化联合修复技术等。由于洗脱技术对土壤的质地有一定要求，因此本项目未采用；热脱附设备投入较大，高含水率情况下运行费用高，因此本项目未选用；当地附近有大型的水泥厂，且经过了改造，具备协同处理危险废物的能力，因此对于高浓度污染土壤采用水泥窑焚烧处理的方式；对于部分低浓度污染土壤，采用某 D 药剂（主要成分为强还原性铁矿物质和缓释碳源）的生物化学还原＋好氧生物降解联合修复技术，该技术对环境友好、无毒、节能，修复成本相对较低。

6. 工艺流程和关键设备

（1）项目施工准备阶段时对治理的污染土壤范围进行测量放线，建设药剂修复污染土壤车间；

（2）对污染土壤进行开挖与破碎筛分，去除大块建筑垃圾等杂物；

（3）筛分后的污染土壤运输到车间堆置；

（4）车间内污染土壤添加药剂与旋耕搅拌、加水厌氧处理 5 天，再旋耕好氧处理 3 天，如此循环处理 3 个周期；

（5）自验收采样检测合格待监理确认后出土到待检场堆放，如果检测不合格则继续加药周期处理，直到检测合格为止；

（6）污染土壤全部处理后进行竣工验收。

工艺流程详见图 5.7-4。

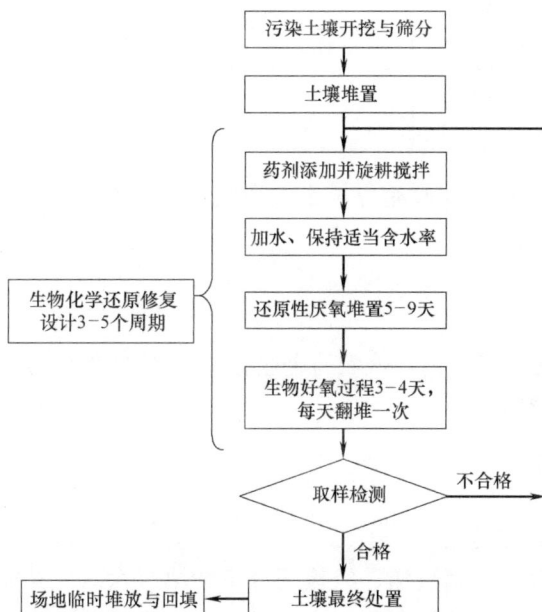

图 5.7-4 生物化学氧化十好氧生物降解联合修复技术工艺流程

7. 关键设备及参数

建设修复车间，污染土壤在车间堆高 60cm，以利于旋耕搅拌与加水厌氧；根据试验，药剂每周期添加 1%；添加药剂后要加水至土壤饱和，保证厌氧 5 天；厌氧后需好氧反应 3 天，每天要旋耕搅拌 2 个来回；处理 3 个周期后采样自验，自检合格后土壤到待检场堆放。主要设备有液压驱动筛分斗、旋耕机。

8. 成本分析

生物化学还原＋生物氧化联合修复技术涉及的成本主要包括修复车间建设费、土方工程费、药剂费、人工机械费、旋耕费用和采样检测费用等，污染土壤的处理成本为 700 元/m³。

9. 修复效果

修复 3 个周期后有机氯农药浓度降低到修复目标值以下，少数污染浓度稍高的土壤药剂处理 5 个周期后达标。

（案例提供单位：北京建工环境修复股份有限公司）

5.7.5 异位土壤洗脱技术 (Ex-Situ Soil Washing)

污染土壤异位洗脱修复技术在加拿大、美国、欧洲及日本等已有较多的应用案例，目前已应用于石油烃类、农药类、POPs 类、重金属等多种污染场地。国外典型应用案例如表 5.7-6 所示。

异位土壤洗脱技术应用案例 表 5.7-6

序号	场地名称	目标	规模	效果
1	美国新泽西州 king of Prussia 超级基金场地	Cr、Cu、Ni	19200t	＞90％重金属经物理分离后去除
2	加拿大蒙特利尔市的 7 块宗地	Cu、Pb、Zn	22300t	—

续表

序号	场地名称	目标	规模	效果
3	美国加州 Santa Maria	石油、PCBs、PAHs	30-65t/h	石油烃去除率 99％
4	加拿大蒙特利尔 LonguePointe	Pb	150000t	93％

我国在 20 世纪 90 年代就开始异位土壤洗脱修复技术的研究，目前已有工程应用案例。国内案例介绍如下：

【案例5】

1. 项目背景

项目位于某有机氯农药厂内，该农药企业有 40 多年的生产历史，于 2000 年关闭，后该地块规划为城市建设用地。

2. 工程规模

工程规模为 1000m³。

3. 主要污染物及污染程度

主要污染物为六六六和滴滴涕；经检测分析杂填层六六六初始浓度为 4.52mg/kg～46.4mg/kg，滴滴涕初始浓度为 9.81mg/kg～33.2mg/kg。

4. 污染物及土壤理化特征

六六六和滴滴涕属于有机氯农药，疏水性强，溶解度低，在环境中持久存在，难于通过生物和化学方式降解。项目处理土壤主要为杂填层，其碎石、石砾等粗粒（2mm～10mm）含量在 58％左右，砂粒（0.3mm～2mm）含量接近 25％，细粒（小于 0.3mm）在 17％左右。

5. 技术选择

综合以上污染物特性、污染物浓度、土壤特征，选择异位土壤洗脱技术对场地杂填土进行处理。

6. 工艺流程和关键设备

（1）采用挖掘机将土壤从污染区域转运至原土堆放区。

（2）采用挖掘破碎机对原土进行初级破碎后，转运至进料土堆放区，进行二次粉碎筛分后，装载至进料仓中。

（3）通过输送带输入至湿法振动筛分设备，对污染土进行分级，将物料按粒径分为大于 10mm 的粗料，2mm～10mm 的砂砾以及小于 2mm 的细粒。

（4）通过皮带输送带，使粗料进入滚筒洗石机，在滚筒洗石机内通过水流的冲刷、物料与滚筒内壁、物料之间的摩擦作用，粗料表面的黏粒经过滤孔进入集水箱，排放至细粒暂存池内，而清洗干净的粗料则输送到粗料堆放区。

（5）通过皮带输送带将砂砾进入螺旋洗砂机，通过冲刷和摩擦作用，表面黏粒通过后端溢流口进入黏粒暂存池，清洗干净的砂砾则通过螺旋推送及皮带传输到砂砾堆放区。

（6）振动筛分后的细粒泥浆通过滑槽进入到泥浆暂存池。

（7）暂存池中泥浆通过管道输入高频振动筛，对泥浆进行二次筛分处理，进一步将细粒进行减量化，大于 0.3mm 的细砂进入螺旋洗砂机处理，小于 0.3mm 的黏粒泥浆通过管道输送到增效洗脱装置。

（8）通过加药系统向洗脱装置中加入增效剂后，开启搅拌装置进行增效洗脱处理。

（9）停止搅拌，静置 2h 或更长时间，黏粒和洗脱液自然分层后，上清液通过分层排放管道进入洗脱液存放箱进行循环使用；下部黏粒则通过洗脱罐底部管道输送到泥水分离系统。

（10）黏粒与絮凝剂分别经过管道输送，并在混合器内充分混合后，输送到泥水分离单元，分离后的黏粒进入黏粒收集箱，洗脱废水进入废水收集箱。

（11）废水经过多级物化处理后，去除有毒有害物质，最后进入回用水箱。增效剂大部分留在溶液中，可以回用到增效洗脱系统。

7. 主要工艺及设备参数

增效洗脱土壤修复系统总体处理能力：50 吨 t/d。筛分系统设计处理能力 10t/h。增效洗脱装置单体容积 12m³。增效洗脱液固比为 3∶1～4∶1，洗脱时间 2h，增效剂为非离子表面活性剂。

8. 成本分析

系统设备运行成本约 300 元/m³，运行过程中能耗为系统设备的电耗，约为 36kWh/m³；主要物耗为增效剂表面活性剂和废水处理药剂、絮凝剂等，成本约为 240 元/m³。

9. 修复效果

经过水洗和增效洗脱处理后，总体上物料的六六六去除率为 88.5%，滴滴涕去除率为 85.8%，达到了去除率 85% 以上修复目标要求，通过了工程项目验收。

（案例提供单位：环境保护部南京环境科学研究所）

5.7.6 原位化学氧化还原技术（In Situ Chemical Oxidation & Reduction）

该技术在国外已经形成了较完善的技术体系，应用广泛。据美国环保署统计，2005～2008 年应用该技术的案例占修复工程案例总数的 4%。应用案例如表 5.7-7 所示。

该技术在国内发展较快，已有工程应用。

原位化学氧化还原技术应用案例 表 5.7-7

序号	场地名称	目标污染物	规模	污染介质	氧化剂/还原剂
1	Peterson/Puritan, Inc. Superfund Site, Cumberland, RI 美国超级基金项目	Aesenic(砷)	—	地下水	溶氧
2	Washington State 美国华盛顿州某重金属污染场地	Cr⁶⁺（六价铬）	16000m³	土壤	硫基专利还原剂
3	荷兰某金属处理公司	三氯乙烯、二氯乙烯	—	土壤	芬顿试剂臭氧/过氧化物
4	美国丹佛市某制造厂	苯系物	900m³	地下水	双氧水
5	加拿大安大略省某军事基地	三氯乙烯、四氯乙烯	2500m³	地下水	高锰酸钾

国内案例介绍如下：

【案例 6】

1. 工程背景

某原农药生产场地，场地调查与风险评估发现场地中部分区域存在土壤或地下水污染，主要污染物为邻甲苯胺、对氯甲苯、1，2-二氯乙烷，需要进行修复。

2. 工程规模

土壤污染量约 25000m³，地下水污染面积约 6000m²，深度 18m。

3. 主要污染物及污染程度

根据场地调查数据，土壤中的主要污染物为邻甲苯胺、对氯甲苯、1,2-二氯乙烷，最大污染浓度分别为 10.6mg/kg、36mg/kg、8.9mg/kg。地下水中的主要污染物为邻甲苯胺、1，2-二氯乙烷，最大污染浓度分别为 1.27mg/kg、2mg/kg。土壤的修复目标值为对氯甲苯 6.5mg/kg，邻甲苯胺 0.7mg/kg，1,2-二氯乙烷 1.7mg/kg。

4. 技术选择

综合场地污染物特性、污染物浓度及土壤特征以及项目开发需求，选定原位化学氧化技术进行非挖掘区地下水污染治理。

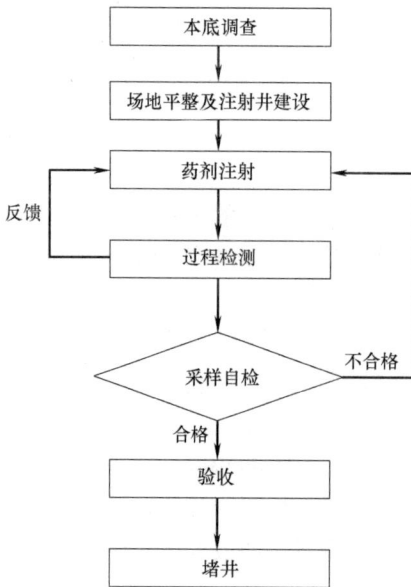

图 5.7-5　工艺流程图

5. 工艺流程和关键设备

地下水原位化学氧化现场处置工艺流程如下图 5.7-5 所示。

具体步骤为：

（1）测定地下水污染物浓度、pH 值等参数，作为污染本底值；

（2）进行系统设计，建设注射井、降水井及监测井；

（3）配置适当浓度的药剂溶液，向污染区域进行注射；

（4）药剂注射完成一段时间后，采样观察地下水气味、颜色变化情况，并对地下水污染物浓度进行过程监测；

（5）连续监测达标区域停止药剂注射，污染浓度检出较高，或颜色明显异常、异味较重的区域，则增加药剂注射量或加布注射井，直至达到修复标准。

6. 主要工艺及设备参数

项目主要工艺如图 5.7-6 所示。

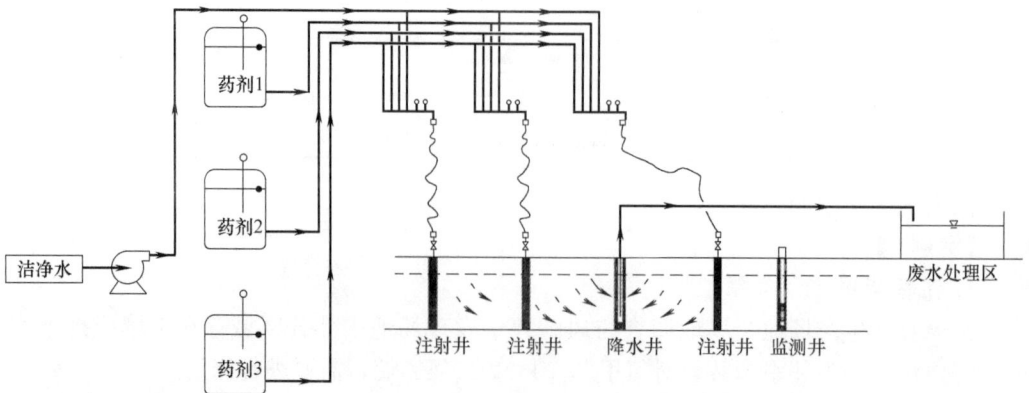

图 5.7-6　项目主要工艺示意图

7. 成本分析

该地下水原位化学氧化处置项目的投资、运行和管理费用约 2000 元/m^2～2500 元/m^2（深度约 18m），约合 110 元/m^3～150 元/m^3，其运行过程中的主要能耗为离心泵的电耗，约为 1.5 kWh/m^3。

8. 修复效果

修复后地下水中邻甲苯胺和 1,2-二氯乙烷浓度分别低于修复目标值，满足修复要求并通过环保局的修复验收。

（案例提供单位：中节能大地环境修复有限公司）

5.7.7 土壤植物修复技术（Soil Phytoremediation）

该技术修复成本相对低廉，相关配套设施已能够成套化生产制造，在国外已广泛应用于重金属、放射性核素、卤代烃、汽油、石油烃等污染土壤的修复，技术相对比较成熟，国外部分应用案例信息如表 5.7-8 所示。

植物修复技术应用案例　　　　　　　　　　　　　　　　表 5.7-8

序号	场地名称	目标污染物	选用植物	规模
1	Argonne,Illinois	VOC(挥发性有机物)(CL,PCE,TCE)	杂交杨树、杂交柳树	5 英亩(约合 20234.28m²)
2	Milwaukee,Wisconsin	PAHs(多环芳烃)PCBs(多氯联苯)	玉米杂交种、沙洲柳树、当地草	1007m³
3	Trenton,NJ；Fort Dix,NJ	铅	印度芥子、向日葵、黑麦、大麦	1594m³
4	Palmerton,Pennsylvania	重金属	冰草、黑麦草等	850 英亩(约合 3439827.96m²)
5	Blue Ridge Mountains of Virginia	砷	蜈蚣草	20 英亩(约合 80937.13m²)

我国对植物修复技术处理重金属的实验研究起步较早，相继开展了铜、铅、锌、镉和砷等污染土壤的植物修复研究。1999 年起国内开展了砷的超富集植物筛选和砷污染土壤的植物修复研究，用于砷污染农田土壤修复。本技术在国内发展已比较成熟，已广泛用于重金属污染土壤的修复。2009 年，利用化学—植物修复技术处理日本遗弃化学武器引起的农田有机砷污染土壤，对该技术进行了工程应用示范，用于修复数百公顷有机砷污染土壤。国内案例介绍如下：

【案例 7】

1. 工程背景

某地因开矿和尾矿大坝损坏引起农田大面积砷污染，经场地调查与风险评估，砷污染土壤面积总计约 1000 余亩。先期进行了 17 亩蜈蚣草治理砷污染土壤示范工程，直接采用种植蜈蚣草、蜈蚣草＋桑树套种技术，将污染土壤修复至 30mg/kg 以下。

2. 工程规模

工程规模为 17 亩。

3. 主要污染物及污染程度

土壤污染物为砷，另有铅、锌和镉污染。砷的检出浓度超出国家环境标准 5～10 倍，最高超出 50 倍以上。

4. 土壤理化特性

土壤 pH 值范围为 3.8～7.0，大部分区域呈酸性，重污染区 pH 低至 3.8。

5. 技术选择

主要进行重金属污染与酸污染修复。在进行砷、铅等复合污染土壤的植物修复过程中，应充分考虑修复植物对这些重金属的抗性、耐性和富集性，以及酸污染对修复植物的毒害，搭配适宜的富集植物蜈蚣草以修复重金属复合污染与酸污染土壤。富集砷的蜈蚣草晾干后采用焚烧方式处理。

6. 工艺流程及关键设备

富集植物育苗设施、种植所需的农业翻耕设备、灌溉设备、施肥器械、焚烧炉、尾气处理设备等。

7. 主要工艺及设备参数

主要包括场地调查、育苗、移栽、田间管理、刈割和安全焚烧。蜈蚣草采用孢子育苗，育苗温室温度控制在 20℃～25℃，湿度 60%～70%。种植密度约 7000 株/亩。在田间种植条件下，蜈蚣草叶片含砷量高达 0.8%。蜈蚣草生长至 0.5m 时收割，年收割 4 次。收获的蜈蚣草晾干后，通过添加重金属固定剂，进行安全焚烧处理。

8. 成本分析

包含建设施工投资、设备投资、运行管理费用。处理成本约 2 万～3 万元/亩。运行过程中的主要能耗为灌溉、焚烧和尾气处理的电耗，另外有田间管理的人工成本。

9. 修复效果

污染土壤中砷的浓度降低至修复目标 30mg/kg 以下，满足修复要求。

（案例提供单位：总参某部）

5.7.8　生物堆技术（Biopile）

生物堆技术修复成本相对低廉，相关配套设施已能够成套化生产制造，在国外已广泛应用于石油烃等易生物降解污染土壤的修复，技术成熟。美国环保局、美国海军工程服务中心等机构已制定并发布了本技术的工程设计手册。国外部分应用案例信息如表 5.7-9 所示。

生物堆技术应用案例　　　　　　　　　　表 5.7-9

序号	场地名称	目标污染物	规模
1	南澳大利亚某燃料油污染场地	石油烃	2000m³
2	北青衣土壤净化工程	石油烃	65000m³
3	竹高湾财利船厂土壤修复	石油烃	57000m³
4	比利时某炼油厂	石油烃	15000m³
5	加拿大亚伯达某场地	石油烃	27000m³

2008 年，某研究院对该技术进行了工程应用示范，用于修复某地某焦化厂石油烃、苯系物、多环芳烃复合污染土壤，示范规模 450m³。2010 年，该技术再次应用于某地铁线施工场地苯胺污染土壤的修复，修复规模达 49920m³。2012 年，某农药厂应用该技术修复苯系物等有机物污染土壤，修复规模达 10 万 m³。通过以上案例的工程应用，该技术在国内发展已比较成熟，相关核心设备已能够完全国产化。国内案例介绍如下：

【案例 8】

1. 工程背景

某原化工区，场地调查与风险评估发现存在苯胺污染土壤约 49920m³。为满足项目施工进度及项目建设施工方案的要求，这部分污染土壤采用异位处理使苯胺浓度小于 4mg/kg。

2. 工程规模

工程规模为 49920m³。

3. 主要污染物及污染程度

主要污染物为苯胺，最大检出浓度为 5.2mg/kg。苯胺饱和蒸汽压为 0.3，辛醇-水分配系数为 0.9，具备一定的挥发性，能在负压抽提下部分通过挥发而去除。同时，研究表明，其在好氧条件下的生物降解半衰期为 5 天~25 天，降解性能较好。

4. 土壤理化特征

污染土壤以中砂为主，有机质含量相对较低，污染物"拖尾"效应较弱。其通气性能较好，本征渗透系数达到 10^{-6} cm²，有利于氧气的均匀传递。

5. 技术选择

考虑到污染较轻，污染物的挥发性和生物易降解性，以及土壤有机质含量低、渗透性较好及修复成本等因素，选定批次处理能力大、设备成熟、运行管理简单、无二次污染且修复成本相对较低的生物堆技术。

6. 工艺流程和关键设备

其工艺流程如图 5.7-7 所示。

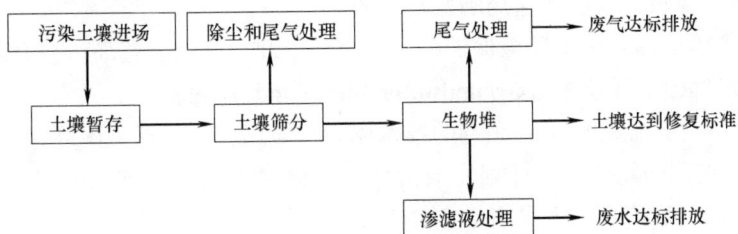

图 5.7-7 工艺流程图

具体为：

（1）污染土壤首先进入土壤暂存场暂存，然后根据土壤处置的进程安排，取土进行土壤筛分，筛分设施配备除尘和尾气净化设备，保证筛分过程中产生的粉尘和废气能达到排放标准。

（2）筛分后的土壤和卵石运入土壤处置场，卵石铺设在生物堆的最底层，用于抽气管网的气体分配和保护。

（3）运行生物堆对污染土壤进行处理，并定期监测污染物的去除程度和抽气量、压力、温度、湿度、堆内氧气含量等参数。

（4）处理过程中产生的废气进入尾气净化设备处理，渗滤液进入废水处理设施。

（5）修复后的土壤达到修复目标后可用于填埋造地，尾气净化后达标排放，废水处理后按照修复方案的废水利用标准进行回用。

7. 主要工艺及设备参数

考虑到该项目的土方量及甲方要求的修复工期，该项目采用模块化设计，单个批次总共建设3个堆体，批次处理能力为$10000m^3$，每个堆体配置独立的抽气控制设备进行控制，每个堆体的设计处理时间为1.5个月，堆体剖面结构如图5.7-8所示。

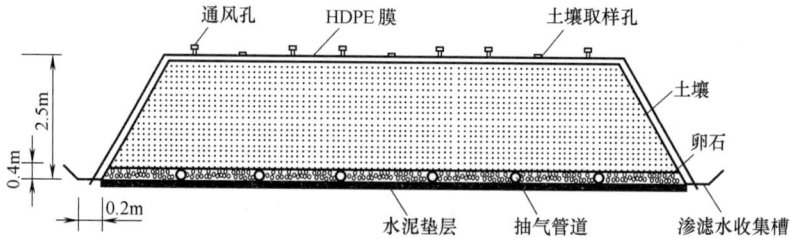

图5.7-8　生物堆堆体剖面图

该项目生物堆的设备主要由抽气设备、气液分离设备和尾气净化设备组成。抽气设备主要由真空泵、空气真空球阀和系统排气口等组成；气液分离设备由真空平衡分离排液灌、自动排液泵、过滤器和空气真空球阀组成；尾气净化设备由活性炭吸附塔、取样口和排气口组成。

8. 成本分析

该项目包含建设施工投资、设备投资、运行管理费用的处理成本约350元/m^3。

9. 修复效果

依据设计方案，该项目$49920m^3$污染土壤中苯胺的浓度均降低至修复目标4.0mg/kg以下，满足修复要求并通过环保局的修复验收。

（案例提供单位：北京市环境保护科学研究院，北京金隅生态岛科技有限公司）

5.7.9　地下水抽出处理技术（Groundwater Pump and Treat）

该技术在国外已经形成了较完善的技术体系，应用广泛。据美国环保署统计，1982～2008年期间，在美国超级基金计划完成的地下水修复工程中，涉及抽出处理和其他技术组合的项目798个。应用案例见表5.7-10。

抽出处理修复地下水技术应用案例　　　　　　　　　　表5.7-10

序号	场地名称	目标污染物	规模	费用
1	Hamptonbug NY	挥发性有机化合物和多环芳烃类	83000t	约300万美元
2	Intertialmarsh along San FranciscoBay	挥发性有机化合物	12.6英亩（约合50990.39m^2），峰值处理量为700万加仑（26497.88m^3）废液每年	2500万美元
3	Acid Brook Delta and PomptonLake	三氯乙烯和四氯乙烯	200000t污染土壤和沉积物	
4	Lowr Loery Landfill of Aapahoe	溶剂和金属废料,成品油,杀虫剂,污染污泥,颜料,轮胎,动物尸体,家居废物,医疗废物	480英亩（约合1942491.08m^2），13800万加仑（约和522386.83m^3）废液	
5	Helena Chemical Co. landfill	杀虫剂	13.5英亩（约合54632.56m^2）	

抽出处理技术适用范围广，是地下水污染治理主要技术之一。该技术在国内已有工程

应用。国内案例介绍如下：

【案例9】

1. 工程背景

某电子企业在场地环境调查期间，发现厂区内土壤和地下水受到了总石油烃类化合物（TPH）的污染，该类污染物质主要来源于化学品泄漏和含有污水的排水系统。该修复工程的工期为半年，通过异位修复技术，清除场地内污染源，使场地内的污染土壤和地下水得到有效治理。修复目标值参考荷兰标准干预值（Dutch Intervention Value），即土壤样品检出的总石油烃不超过 5000mg/kg，地下水样品检出的总石油烃不超过 0.6mg/L。经可行性分析，该场地的污染土壤采用挖出—外运处置的方法进行治理，而污染地下水采用抽出—处理和原位化学氧化的方法进行联合治理。

2. 工程规模

土壤：168m³；地下水：130m³，其中包括 LNAPL（轻质非水相液体）污染物 0.2m³。

3. 主要污染物及污染程度

土壤和地下水中的污染物为总石油烃烷基苯类组分（C15—C28），污染范围调查期间，在监测井中发现有 8mm 厚的 LNAPL 污染物和石油类气味，涉及区域面积约 150m²。

4. 水文地质特征

根据现场地面以下 5m 内的钻孔试验结果确定场地浅层地质基本情况：0～2.0m 深度为回填土，以夹杂砾石和砂的黏土为主；2.0m～5.0m 深度以黏土为主，夹杂砂或砾石。地下水稳定水位在地下 1.2m～1.9m，流向为由西北向东南，水力梯度约为 0.02，地下水流速为 0.08m/a～0.18m/a。地下水 pH 为 6.44～7.12，溶解氧浓度为 1.30mg/L～2.73mg/L，氧化还原电位为 −66.9～−47mV，电导率为 0.55mS/cm～1.39mS/cm。

5. 技术选择

污染场地污染物为总石油烃烷基苯类组分（C15—C28），在地下水中浓度最高达到 $1.09 \times 10^5 \mu g/L$，且在监测井中观察到 LNAPL 污染物和石油类气味；污染物特征符合抽出处理技术适用的污染物类型，因此，污染场地选用抽出处理技术治理。

6. 工艺流程

抽出处理系统由气动隔膜泵和空压机组成的抽出装置，隔油池与活性炭吸附单元组成的处理装置及相应的管路和仪表系统共同构成，工艺流程见图 5.7-9。

具体流程为：抽提井中的 LNAPL 污染物和污染地下水首先会通过气动隔膜泵和空压机组成的装置被抽出地面；抽出后的 LNAPL 污染物和地下水会在隔油池内进行分离，分离出的 LNAPL 污染物作为危险废物外运处置，分离出的地下水通过活性炭吸附处理后外运至有资质的废水处理厂处理。

7. 关键设备及工艺参数

抽提井采用 UPVC 材质，井径 100mm，井深 5.0m，其中筛管位于地下 1m 至地下 4m 的位置。共设置 10 口抽提井，总共运行 30d。单个抽提井每天的抽提时间 8h。

8. 成本分析

去除 1m³ 含 LNAPL 的污染地下水的费用约为 900 元。

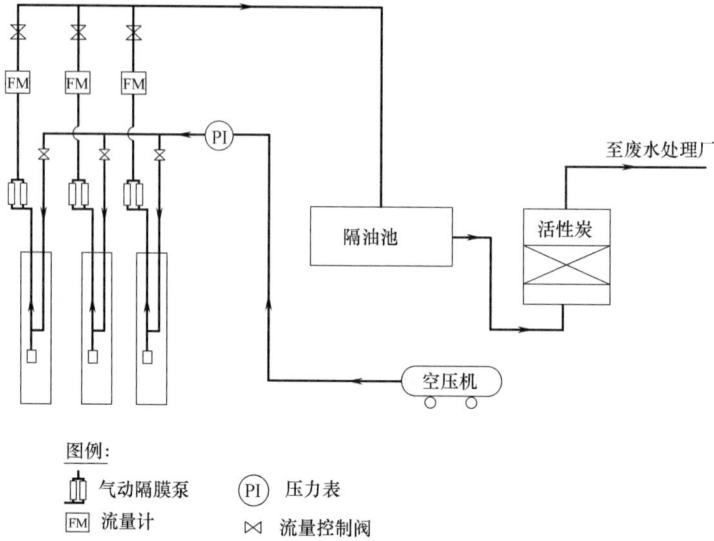

图例：
⊓ 气动隔膜泵   (PI) 压力表
FM 流量计   ⋈ 流量控制阀

图 5.7-9 工艺流程图

9. 修复效果

在 180d 的运行时间内，抽出—处理系统从 10 口井中总共抽出约 130m³ 流体（LNA-PL 和受污染的地下水），其中去除 LNAPL 污染物 0.2m³，修复完成后，监测井中没有观察到 LNAPL 污染物。由结果可知，抽出—处理技术对场地 LNAPL 污染物的去除有较好的效果。后续原位化学氧化处理实施后，地下水最终达到修复目标。

（案例提供单位：艾奕康环保技术顾问（广州）有限公司）

5.7.10 多相抽提技术（Multi-Phase Extraction（MPE）

MPE 技术在国外已被广泛应用，技术相对比较成熟，国外部分应用案例信息如表 5.7-11 所示。同时，美国陆军工程部等机构已制定并发布了本技术的工程设计手册。

MPE 技术国外应用案例   表 5.7-11

序号	场地名称	NAPL	处理前污染物浓度	处理后污染物浓度	处理范围	处理深度
1	美国印第安纳某加油站	LNAPL	苯：21ppm	未检出	169760ft³	10ft～20ft
2	捷克某空军基地	LNAPL	PCE：0.4ppm	PCE：0.1ppm	2200lbs	26ft
3	美国加利福尼亚某工业场地	LNAPL DNAPL	TCE：7ppm～20ppm	TCE：0.46ppm～0.88ppm	4500 ft³	3.5ft～13ft

国内对 MPE 技术处理污染土壤和地下水的工程应用起步较晚，仅有少数中试研究，尚无大规模的工程应用示范和自主研发的 MPE 设备。国内案例介绍如下：

【案例 10】

1. 工程背景

我国某化工企业历史上曾发生化工原料泄漏事故，场地环境调查发现厂区大面积的土壤和地下水受到了甲苯的污染，并在发生泄漏的化学品仓库下发现了明显的轻质非水相流体（LNAPL）污染物。该修复工程的工期要求为 2 年，修复目标为甲苯浓度降至饱和溶解度的 1% 以下，以便进一步开展原位修复技术。

2. 工程规模

中试工程，227.5m³。

3. 主要污染物及污染程度

土壤和地下水中的污染物为甲苯，污染调查阶段揭露的甲苯 LNAPL 层厚度为 7.8cm～64.1cm，涉及区域面积约 350m²。

4. 水文地质特征

根据现场地面以下 5m 内的钻孔试验结果确定场地浅层地质基本情况：0～0.9m 深度为混凝土；0.9m～2.0m 深度以粉质黏土为主，夹杂碎石，潮湿；2.0m～3.0m 深度为粉质黏土，潮湿至饱和状态；3.0m～5.0m 深度为砂质粉土，饱和。潜水位在地下 1.8m～2.2m，流向为由东向西，水力梯度约为 0.5‰，现场粉质黏土层横向渗透系数为 0.012m/d，砂质粉土层横向渗透系数为 0.15m/d。

5. 技术选择

该污染场地污染物为甲苯，是一种挥发性有机污染物，不易溶于水，且在该场地地下水中浓度已超过自身溶解度，形成了 LNAPL 相。该污染物特征符合多相抽提技术适用的污染物类型，因此，可选用多相抽提技术处理该污染场地。

6. 工艺流程

抽提装置由气水分离器、真空泵、活性炭吸附器及相应的管路和仪表系统构成，工艺流程见图 5.7-10。

具体的流程为：抽提井中的 LNAPL 和受污染的地下水首先会通过真空泵被抽出地面；在抽提井附近区域的 LNAPL 会随着地下水对井的补给一起进入抽提井内而被抽出。被真空泵抽出的土壤气体、地下水以及 LNAPL 会在

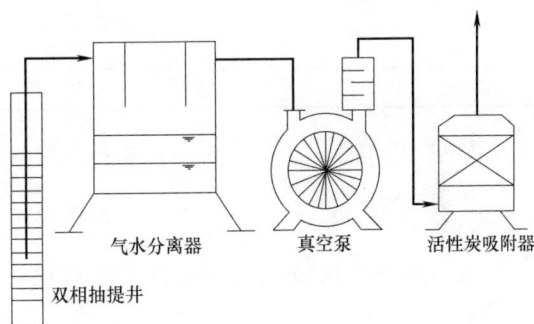

图 5.7-10 工艺流程

气水分离器内进行气水分离，分离出的气相部分通过活性炭吸附处理后排入大气，分离出的液相部分则在气水分离器内进一步通过重力作用分离，得到的上层 LNAPL 污染物作为危险废物处置，下层受污染的地下水则送现场污水处理站处理后达标排放。

7. 关键设备及工艺参数

抽提井采用 UPVC 材质，井径 25mm，井深 3.5m，其中筛管位于地下 1m 至地下 3m 的位置。多相抽提中试系统的运行以单个抽提井逐一轮流抽提方式进行，总共运行 25d。单个抽提井每天的抽提时间在 0.5 小时内，25d 的累积抽提时间共约 8h。抽提时系统真空度控制在 −0.065MPa，抽提井井头真空度控制在 −0.03MPa，平均气体抽提流量为 80L/min～100L/min。

8. 成本分析

去除 1kg LNAPL 的费用约为 385 元。

9. 修复效果

在 25d 的运行时间内，多相抽提系统从 9 口井中总共抽出约 720L 流体（LNAPL 和部分受污染的地下水），通过不同方式总共去除甲苯污染物约 125kg。中试前后 LNAPL

厚度变化见表 5.7-12。单个抽提井中甲苯平均去除速率约为 1.75kg/h。甲苯大部分以 LNAPL 形式去除。由中试运行结果可知，多相抽提装置对场地 LNAPL 污染物的去除有较好的效果。多相抽提系统的抽提影响半径约 6.0m，系统运行过程中场地的地下水水位与系统运行前相比略有下降。由于中试工程在 25d 内已取得了较好的修复效果，因此，可以预期在 2 年内利用该技术可将该污染场地地下水中甲苯的浓度降至饱和溶解度的 1％以下，即无 LNAPL 存在，并达到修复目标。

MPE 处理前后抽提井中 LNAPL 厚度变化　　　　表 5.7-12

抽提井	LNAPL 厚度（cm）	
	处理前	处理后
1	16.2	0.5
2	39.2	3.5
3	14.3	0.4
4	12.7	<0.1
5	19.5	1.1
6	7.8	<0.1
7	15.4	1.4
8	64.1	2.7
9	8.0	<0.1

（案例提供单位：上海格林曼环境技术有限公司）

本章参考文献

[1] 北京市地方标准. 场地环境评价导则（DB11/T 656—2009）[S]. 北京市质量技术监督局发布，2009.

[2] 中华人民共和国环境保护部. 污染场地术语（HJ 682—2014）[S]. 北京：中国环境科学出版社，2014.

[3] 中华人民共和国环境保护部. 场地环境调查技术导则（HJ25.1～4—2014）[S]. 北京：中国环境科学出版社，2014.

[4] 中华人民共和国环境保护部. 工业企业场地环境调查评估与修复工作指南（试行）. 环境保护部办公厅发布，公告 2014 年第 78 号.

[5] 中华人民共和国环境保护部.《2014 年污染场地修复技术目录（第一批）》，环境保护部办公厅发布，公告 2014 年第 75 号.

[6] 北京市地方标准. 污染场地勘察规范（DB11/T 1311—2015）[S]. 北京市规划委员会、北京市质量技术监督局联合发布，2016.

[7] 北京市地方标准. 污染场地修复技术方案编制导则（DB11/T 1280—2015）[S]. 北京市质量技术监督局发布，2016.

[8] 北京市地方标准. 污染场地修复工程环境监理技术导则（DB11/T 1279—2015）[S]. 北京市质量技术监督局联合发布，2016.